识图一本通系列丛书

焊工识图一本通

◎ 王希波 编

机械工业出版社
CHINA MACHINE PRESS

本书根据焊接工人的识图要求，将机械制图知识与焊接专业知识结合起来，突出了焊接专业的特色，有针对性地讲述了机械制图基础知识、组合体、机件的表达方法、零件图与装配图、焊缝符号及标注方法、焊接装配图、典型焊接装配图的识读和展开图。

本书通俗易懂、实用性强，是焊接人员的好帮手。本书可供初、中级焊工培训和自学之用，也可作为技工院校、中等职业学校的教学用书。

图书在版编目（CIP）数据

焊工识图一本通/王希波编. —北京：机械工业出版社，2012.12（2025.7 重印）

（识图一本通系列丛书）

ISBN 978-7-111-40947-2

Ⅰ.①焊…　Ⅱ.①王…　Ⅲ.①焊接-识图　Ⅳ.①TG4

中国版本图书馆 CIP 数据核字（2012）第 309272 号

机械工业出版社（北京市百万庄大街 22 号　邮政编码 100037）
策划编辑：侯宪国　责任编辑：侯宪国
版式设计：霍永明　责任校对：张晓蓉　纪　敬
封面设计：张　静　责任印制：张　博
北京机工印刷厂有限公司印刷
2025 年 7 月第 1 版第 3 次印刷
169mm×239mm · 13.5 印张 · 248 千字
标准书号：ISBN 978-7-111-40947-2
定价：45.00 元

电话服务　　网络服务
客服电话：010-88361066　机　工　官　网：www.cmpbook.com
010-88379833　机　工　官　博：weibo.com/cmp1952
010-68326294　金　书　网：www.golden-book.com
封底无防伪标均为盗版　机工教育服务网：www.cmpedu.com

前言 Preface

当今，焊接加工技术广泛应用于宇航、航空、核工业、造船、建筑及机械制造等工业生产领域。现代自动焊接技术的应用极大地提高了焊接质量，减轻了从业人员的劳动强度，同时，对焊接技术工人的知识和技能的要求也越来越高。而焊接图样是焊接技术文件中的重要内容，焊接识图是焊接技术工人必须掌握的知识，只有读懂设计图样和焊接装配施工的相关工艺文件，才能制造出合格的产品。

本书依据最新技术制图、机械制图和焊接国家标准，根据焊接国家职业标准对操作工人的识图需要，从培养实用型、技能型、技术应用型人才出发，遵循“必需与实用”原则，系统阐述了焊接技术工人在焊接生产中需要掌握的相关识图知识。主要内容有机械制图基础知识、组合体、机件的表达方法、零件图与装配图、焊缝符号及标注方法、焊接装配图、典型焊接装配图的识读和展开图。

本书所选图例紧密结合焊接生产实际，且将平面图与三维立体图有机结合起来对照讲解，降低了学习的难度。

因编者水平有限，书中难免有不妥之处，恳请读者批评和指正。

编　者

目录 Contents

目录 Contents

目录 Contents

第 8 章 展开图

绪　　论

机械图样是按照投影原理绘制的，准确表达机械、部件或零件的形状、结构和大小的图样。图 0-1 所示为液化石油气瓶；图 0-2 所示为其焊接装配图。机械图样在焊接结构和产品的设计、生产和维修中起着非常重要的作用。在焊接图样上，确切地说明了焊接件的形状、大小、材料、焊缝要求等内容。焊接工程人员需要看懂焊接装配图才能按照图样要求完成结构的焊接装配。

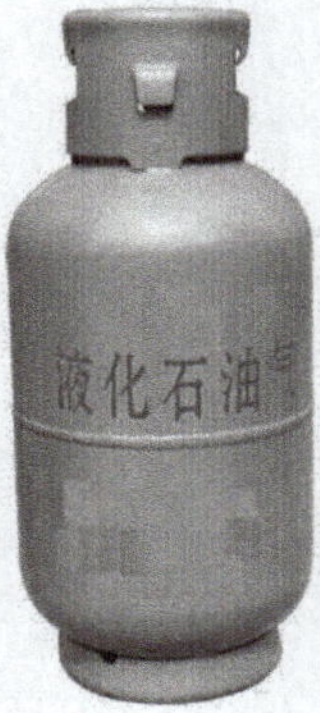

图 0-1　液化石油气瓶

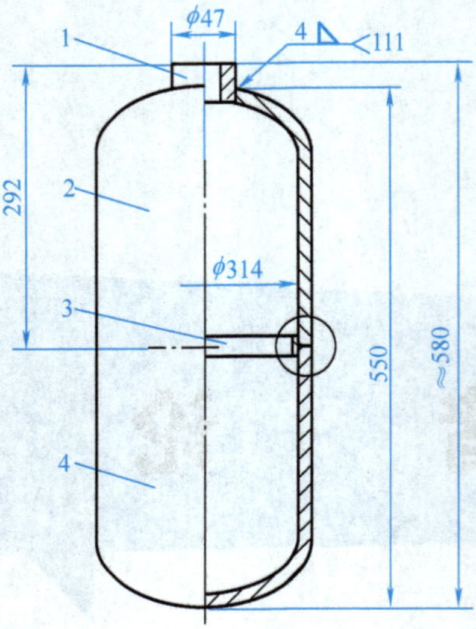

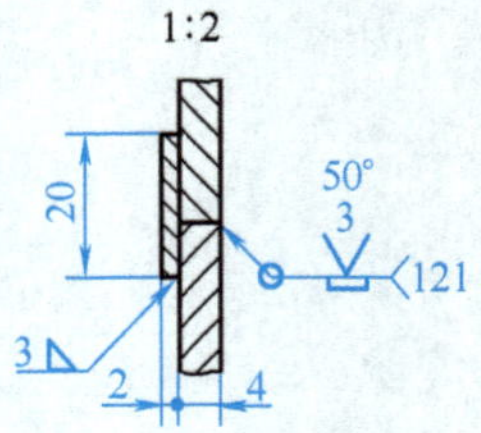

技术要求

1.焊缝应圆滑过渡，不出现尖角与咬边。

2.瓶嘴与上封头焊后进行100%无损检测。

3.钢瓶材料可采用16MnHR或用20R、20RP代替。

4.焊后去应力退火。

序号	代号	名称	材料	数量	备注
4		下封头	16MnR	1	
3		垫板	Q235	1	
2		上封头	16MnR	1	
1		瓶嘴	16MnR	1	

液化石油气瓶		比例	材料	数量	(图号)
		1:4		20	
制图		(单位)			
校核					

图 0-2　液化石油气瓶的焊接装配图

第1章 Chapter

机械制图基础知识

1.1 制图基本规定

1.1.1 图线

1. 图线的种类

机械图样由各种图线绘制而成，常用图线的线型及应用见表 1-1。图线的应用如图 1-1 所示。

表 1-1　常用图线的线型及应用（摘自 GB/T 4457.4—2002）

名　称	线　型	线　宽	一般应用
粗实线	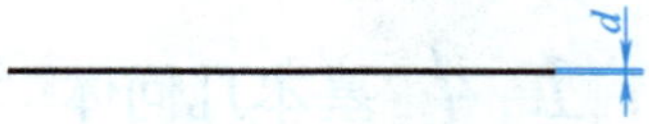	*d*（优先采用 0.5mm 和 0.7mm）	可见轮廓线
细实线		*d*/2	尺寸线、尺寸界线、指引线、短中心线、剖面线、重合断面的轮廓线
细点画线	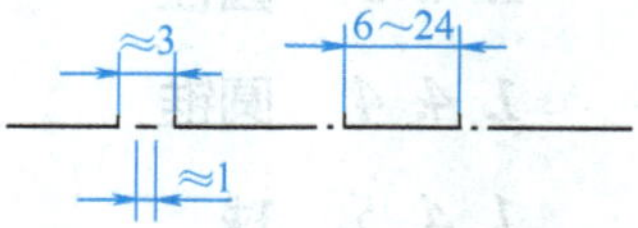	*d*/2	轴线、对称中心线
细虚线		*d*/2	不可见轮廓线
波浪线		*d*/2	断裂处边界线；视图与剖视图的分界线①
双折线	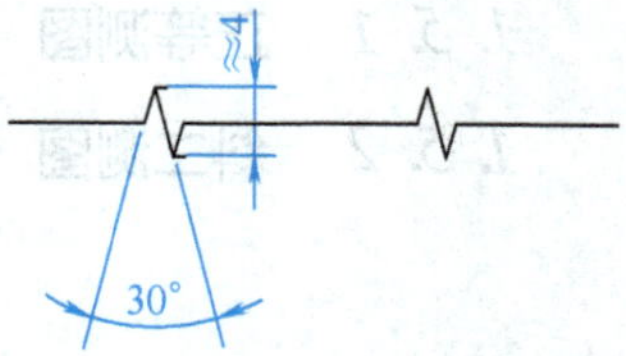	*d*/2	
细双点画线		*d*/2	相邻辅助零件的轮廓线、可动零件的极限位置的轮廓线、中断线

① 在一张图样上一般采用一种线型，即采用波浪线或双折线。

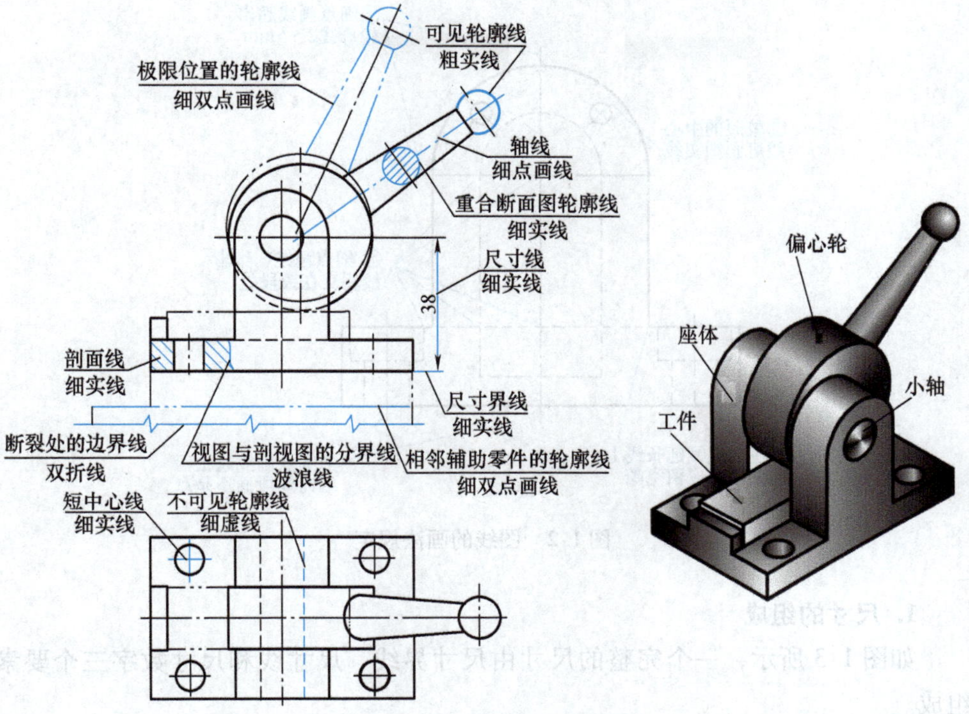

图 1-1　偏心轮夹紧机构

2. 图线的画法规定

1）同一图样中同类图线的宽度应保持一致。细虚线、细点画线、细双点画线、双折线等的线段长度和间隔应各自大致相等。

2）细点画线和细双点画线的起止两端一般为线段而不是点（图 1-2①）。细点画线超出轮廓线 2 ~5mm（图 1-2②）。

3）当图形较小时，可用细实线代替细点画线（图 1-2③）。

4）细虚线画在粗实线的延长线上时，细虚线应留有空隙（图 1-2④）。

5）细点画线、细虚线和其他图线相交或自身相交时，应是线段相交（图 1-2⑤）。

1.1.2　尺寸标注

图形只能表达物体的形状，而其大小则由尺寸来确定。标注尺寸时，必须严格遵守国家标准的有关规定，保证看图者都能读懂图样上的尺寸，而不会产生误解。

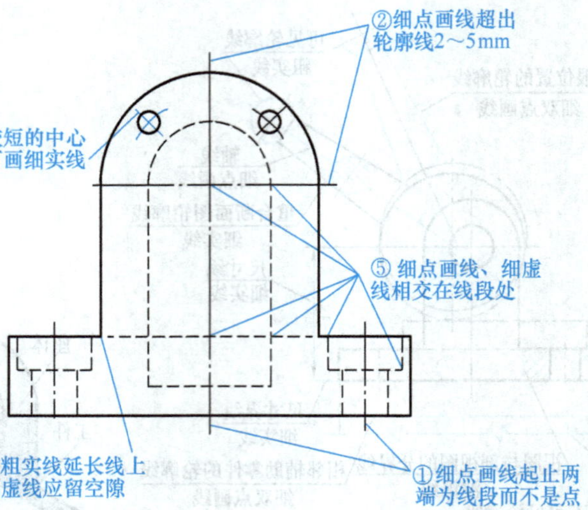

图 1-2　图线的画法规定

1. 尺寸的组成

如图 1-3 所示，一个完整的尺寸由尺寸界线、尺寸线和尺寸数字三个要素组成。

（1）尺寸界线　尺寸界线用细实线绘制，它由图形的轮廓线、对称中心线、轴线等处引出，也可利用轮廓线、轴线、对称中心线作为尺寸界线，如图 1-4 所示。

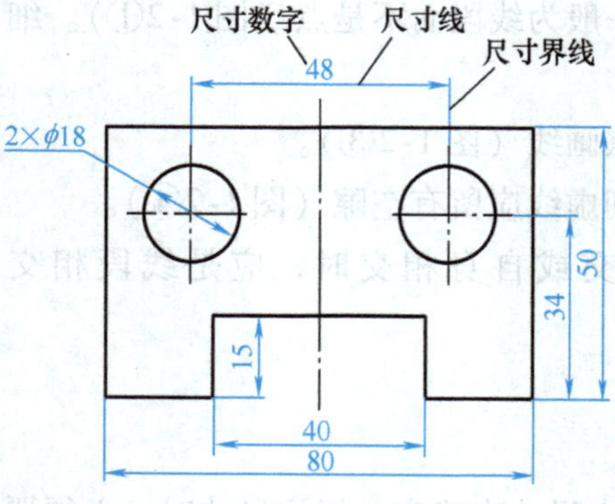

图 1-3　尺寸的组成

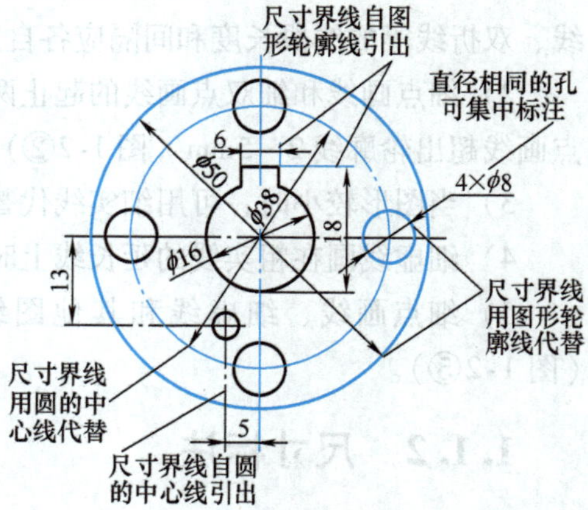

图 1-4　尺寸界线的画法

（2）尺寸线　尺寸线也用细实线绘制，而且不能用其他图线代替，一般也不得与其他图线重合或画在其延长线上。标注线性尺寸时，尺寸线必须与所注的线段平行。标注并列尺寸时，小尺寸在内、大尺寸在外，尽量避免尺寸线和尺寸界线相交。

尺寸线的终端有两种形式，如图 1-5 所示。图 1-5a 所示为箭头终端形式（图中 d 为粗实线宽度）；图 1-5b 所示为斜线终端形式（图中 h 为尺寸数字的高度）。一般情况下，多采用箭头终端形式。

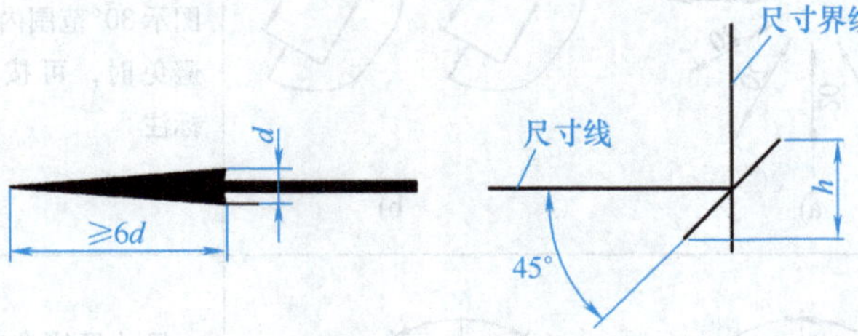

图 1-5　尺寸线的终端形式
a）箭头　b）斜线

（3）尺寸数字　尺寸数字有线性尺寸数字和角度尺寸数字两种。线性尺寸一般以 mm 作为尺寸单位，在图中不标单位代号，如图 1-6 所示；角度尺寸数字一般以“°、′、″”为单位，需要标单位代号。尺寸数字不允许被任何图线所穿过，当无法避免时，可将图线在尺寸数字处断开。

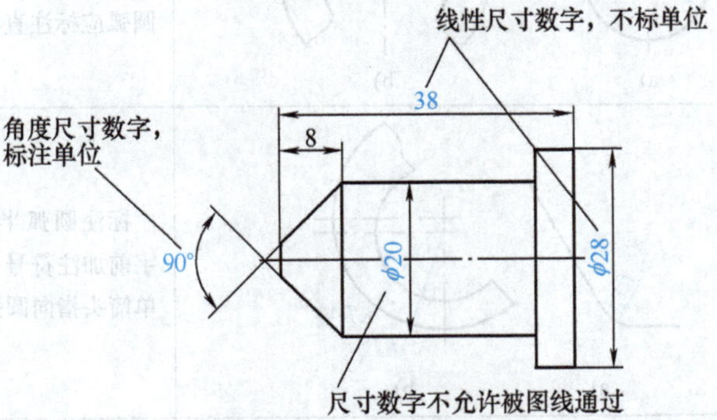

图 1-6　尺寸数字的标注

2. 常见尺寸标注方法

在图样上经常需要标注的尺寸有线性尺寸、角度尺寸、圆、圆弧等，国家标准对其标注的方法有严格规定。常用尺寸标注方法示例见表 1-2。

表 1-2　常用尺寸标注方法示例

标注内容	示　例	说　明
线性尺寸	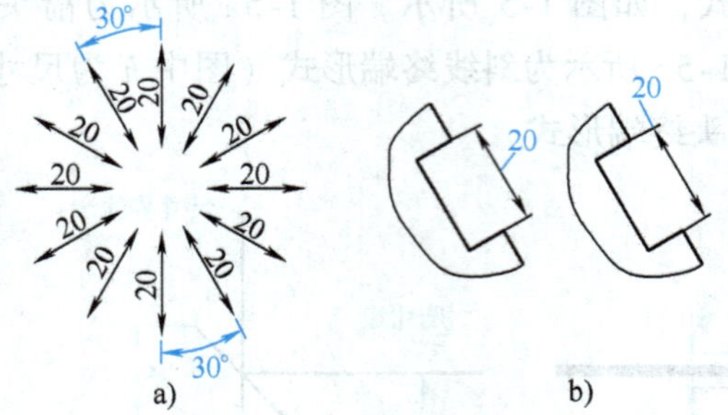	线性尺寸的尺寸数字应按图 a 所示的方向书写，并尽量避免在图示 30°范围内标注尺寸。当无法避免时，可按图 b 所示的形式标注
角度尺寸	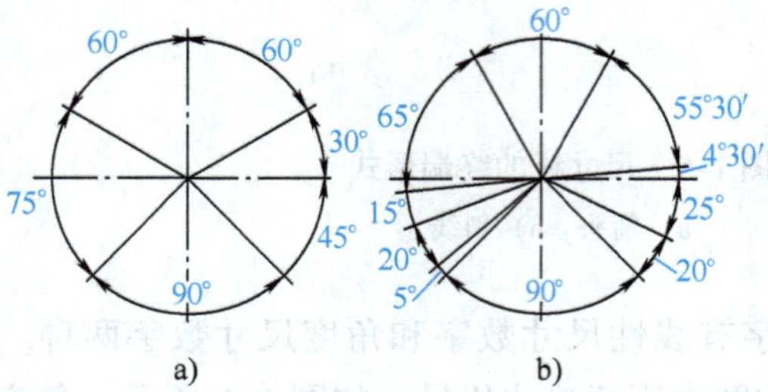	尺寸界线按径向引出，尺寸线绘制成圆弧，圆心是角的顶点。角度的尺寸数字一律水平书写，一般注写在尺寸线的中断处，必要时可标注在尺寸线的上方、外面，或引出标注
圆	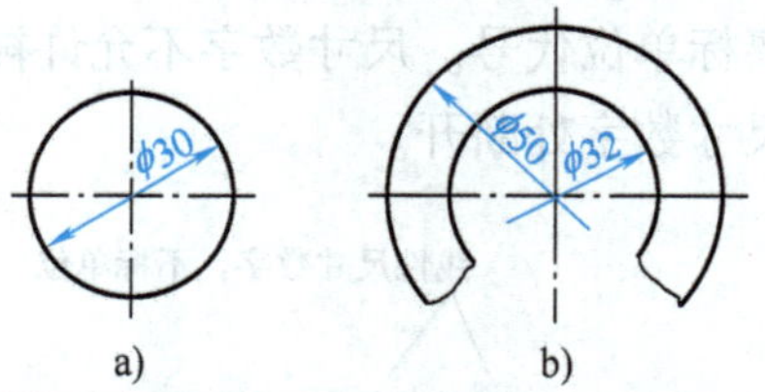	标注圆的直径时，应在尺寸数字前加注符号“ϕ”，大于半圆的圆弧应标注直径
圆弧	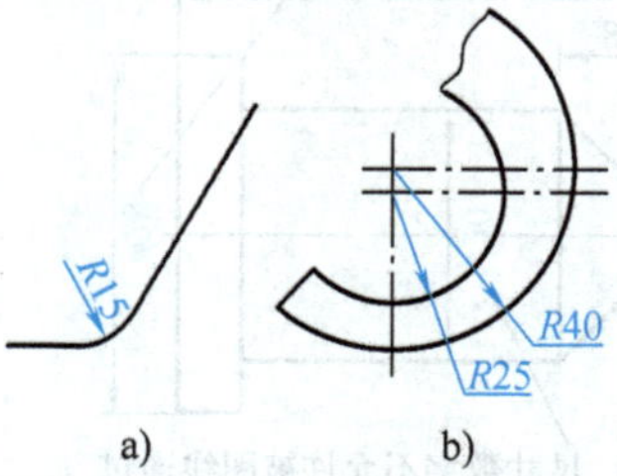	标注圆弧半径时，应在尺寸数字前加注符号“R”，尺寸线上的单箭头指向圆弧
小尺寸	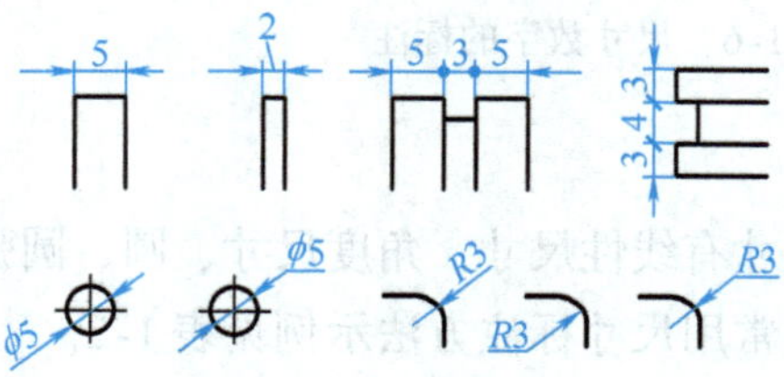	小尺寸的箭头可绘制在尺寸线外面，或用小圆点代替箭头；尺寸数字也可注写在图形外面或引出标注

（续）

标注内容	示例	说明
球面	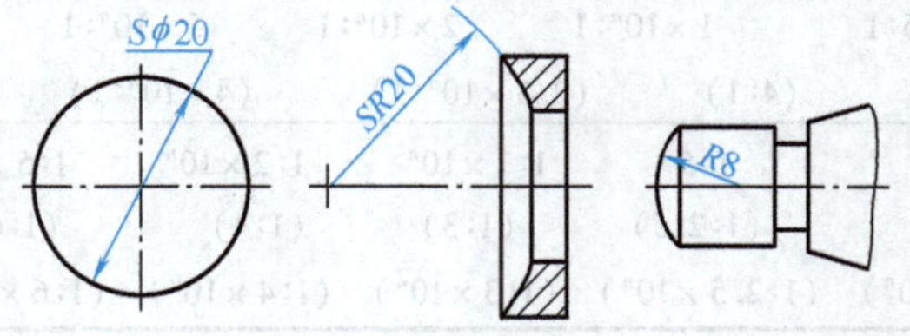 a) b) c)	标注球面的直径或半径尺寸时，应在“ϕ”或“R”前再加注符号“S”，如图 a、b 所示 在不致引起误解时，也允许省略符号“S”，如图 c 所示
大圆弧	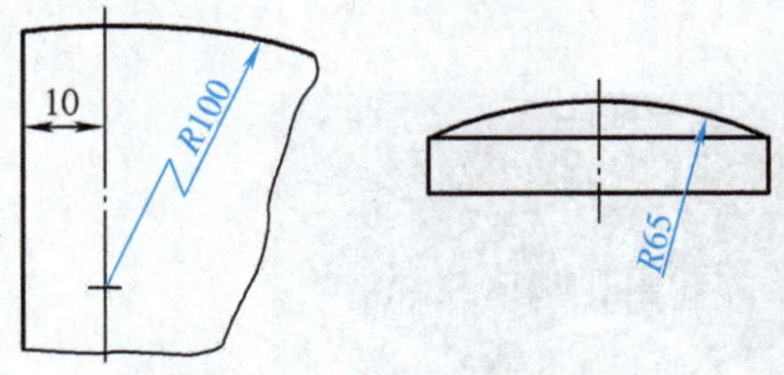 a) b)	当圆弧的半径过大或在图纸范围内无法标注出其圆心位置时，可按图 a 所示形式标注。若不需要标出其圆心位置时，可按图 b 所示形式标注

3. 尺寸标注的基本规则

1）机件的真实大小应以图样上所标注的尺寸数值为依据，与图形的大小及绘图的准确度无关。

2）图样中的尺寸以毫米（mm）为单位时，不需标注计量单位的代号或名称，如采用其他单位，则必须注明相应计量单位的代号或名称。

3）图样中所标注的尺寸为该图样所示机件的最后完工尺寸，否则应另加说明。

4）机件的每一尺寸一般只标注一次，并应标注在反映该结构最清楚的图形上。

1.1.3 比例

1. 比例的概念

在绘制机械图样时，需要根据机件的复杂程度将测量到的尺寸进行缩小、放大（或按原值）。图形与其实物相应要素的线性尺寸之比称为比例。

2. 比例的种类

比例分为原值比例、放大比例和缩小比例。比值为 1 的比例称为原值比例，比值大于 1 的比例称为放大比例，比值小于 1 的比例称为缩小比例。绘图时可根据需要选择表 1-3 中的比例，尽量采用原值比例。图 1-7 所示为用不同比例画出的扇面，从图中可以看出，相应尺寸的数值都相同。

表 1-3 绘图比例（摘自 GB/T 14690—1993）

原值比例	1:1
放大比例	2:1　5:1　$1\times10^n:1$　$2\times10^n:1$　$5\times10^n:1$ (2.5:1)　(4:1)　$(2.5\times10^n:1)$　$(4\times10^n:1)$
缩小比例	1:2　1:5　$1:1\times10^n$　$1:2\times10^n$　$1:5\times10^n$ (1:1.5)　(1:2.5)　(1:3)　(1:4)　(1:6) $(1:1.5\times10^n)$　$(1:2.5\times10^n)$　$(1:3\times10^n)$　$(1:4\times10^n)$　$(1:6\times10^n)$

注：1. n 为正整数。

2. 括号内的比例尽量不采用。

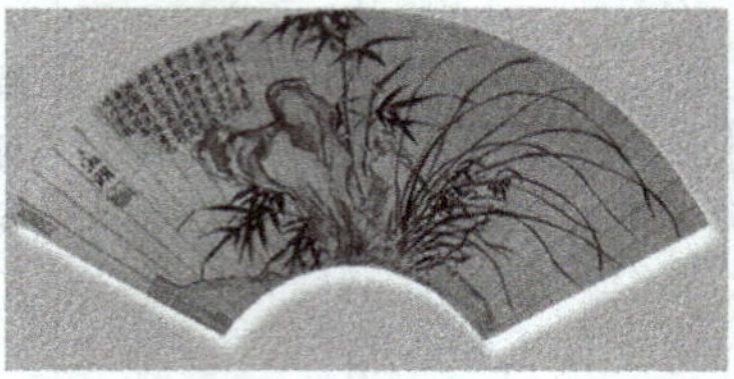

a)

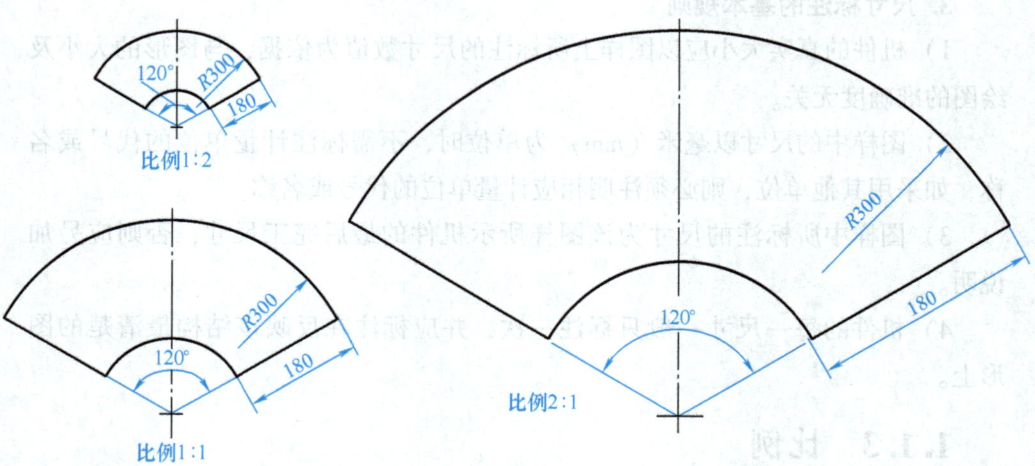

b)

图 1-7 用不同比例绘制的扇面

a）实物图 b）不同比例的图形

提示

1）图样上标注的尺寸数值是机件的实际大小，它与画图时采用的比例无关，与画图的准确度也无关。

2）比例一般应标注在图样标题栏的比例栏内，局部放大图的绘图比例可标注在视图的上方。

1.2 三视图

1.2.1 投影法

如图 1-8 所示，太阳光照射在人身上，在地面上产生影子。影子在某些方面反映了人的形状特征，这种现象称为投影现象，将其加以抽象和总结就形成了投影法。投影法就是指用一组射线通过物体射向预定平面而得到图形的方法。在投影时，光源（太阳）称为投射中心，光线称为投射线，地面称为投影面，影子称为投影。工程上常用的投影法分中心投影法和平行投影法。

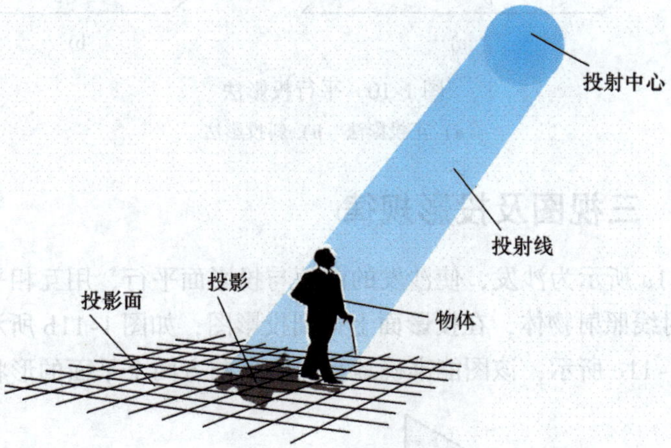

图 1-8 投影法

1. 中心投影法

投射线汇交于一点的投影方法称为中心投影法。如图 1-9 所示，从光源 S 出发的一系列光线照射平面（$\triangle ABC$），在投影面 P 上得到投影（$\triangle abc$）。由图 1-9 可知，当 $\triangle ABC$、投影面 P、光源 S 三者之间的相对位置发生变化时，投影（$\triangle abc$）的形状和大小也要发生相应的变化。可见中心投影法的投影不能反映物体的真实大小，因此，机械图样中很少

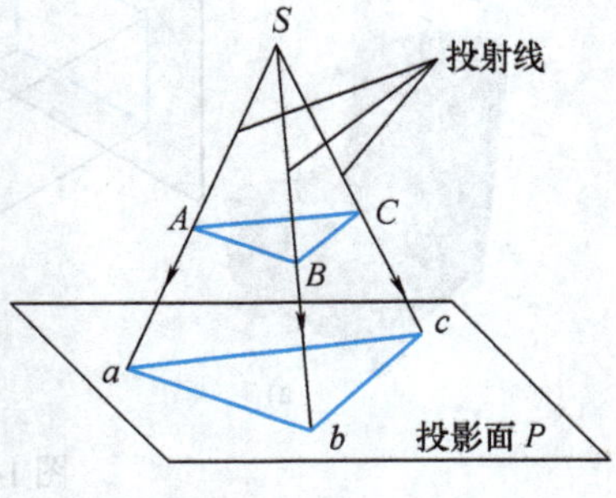

图 1-9 中心投影法

采用。

2. 平行投影法

投射线互相平行的投影方法称为平行投影法。

根据投射线与投影面所成角度的不同，平行投影法又分为正投影法和斜投影法，如图 1-10 所示。正投影法是最常用的一种投影方法，正投影法得到的图形称为正投影图或视图。

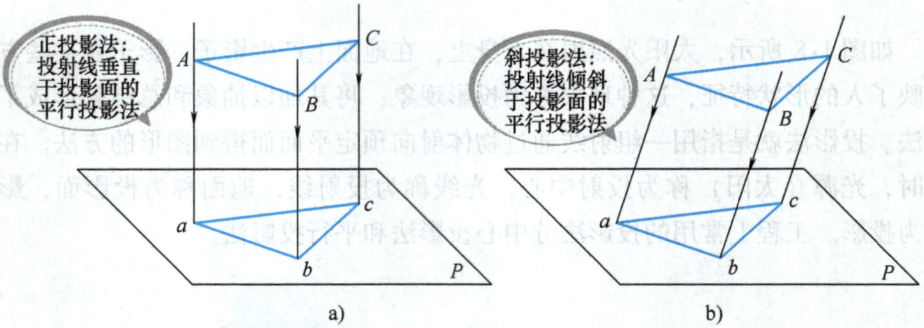

图 1-10　平行投影法

a）正投影法　b）斜投影法

1.2.2　三视图及投影规律

如图 1-11a 所示为沙发，使沙发的前面与投影面平行，用互相平行且与投影面垂直的投射线照射物体，在投影面上得到投影图，如图 1-11b 所示。沙发的正投影图如图 1-11c 所示，该图能准确地反映沙发前方两个平面的形状和大小。

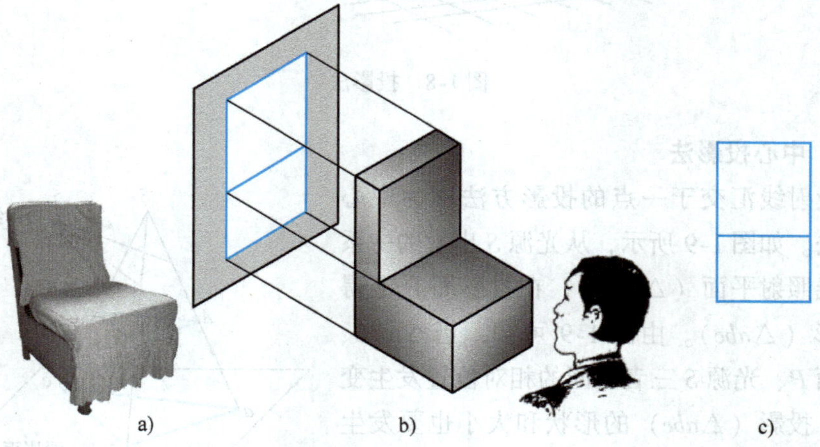

图 1-11　沙发及其正投影

a）沙发　b）沙发正投影图的形成　c）沙发的正投影图

图 1-11c 只能表达沙发前方两个平面的形状，但不能完整地表达沙发的全部形状，沙发上方两个平面和侧面的形状则无法反映。要想表达沙发的完整形状，就必须从沙发的几个方向进行投射，画出几个视图。

1. 三投影面体系

通常在物体的后面、下面和右面放置三个投影面，如图 1-12 所示。

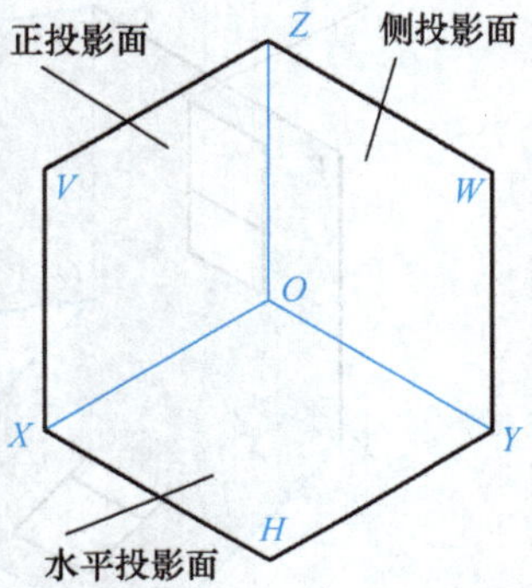

图 1-12 三投影面体系

一般把正对着观察者的投影面称为正投影面（用 *V* 表示），水平放置的投影面称为水平投影面（用 *H* 表示），右边侧立的投影面称为侧投影面（用 *W* 表示）。这三个投影面的组合称为三投影面体系。

在三投影面体系中，两投影面的交线称为投影轴。其中 *V* 面与 *H* 面的交线为 *X* 轴，*H* 面与 *W* 面的交线为 *Y* 轴，*V* 面与 *W* 面的交线为 *Z* 轴；三条投影轴构成了一个空间直角坐标系，三轴的交点称为坐标原点（用 *O* 表示）。

2. 三视图的形成

将物体放在三投影面体系中，用正投影法分别向三个投影面投射，得到物体的三视图，如图 1-13 所示。

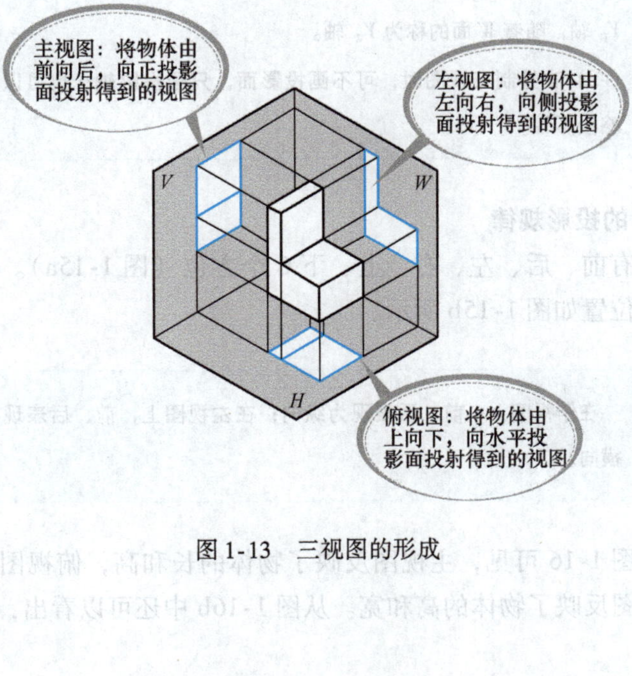

图 1-13 三视图的形成

3. 三投影面体系的展开

物体的三面投影图可以确定物体形状。为了能在一张图纸上同时反映出这三个投影图，还需要将三个投影面展开，如图 1-14 所示。

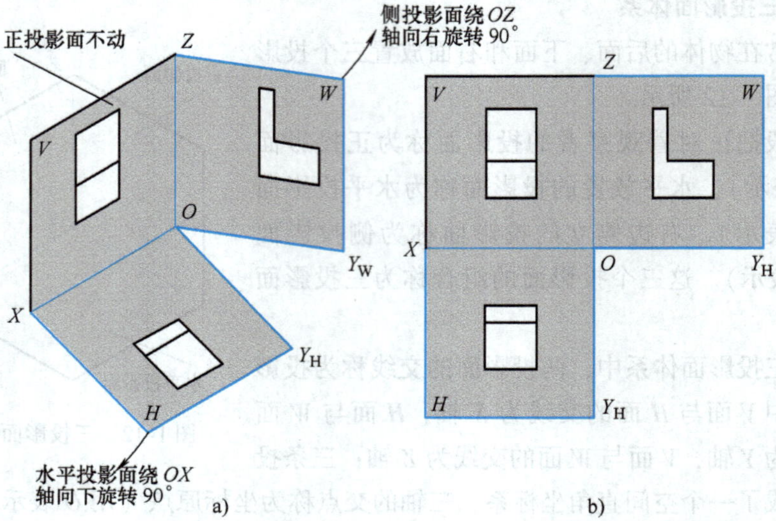

图 1-14　三投影面体系的展开

提示

1）三投影面体系展开时，Y 轴变成了两条，随着 H 面的称为 Y_H 轴，随着 W 面的称为 Y_W 轴。

2）在绘制三视图时，可不画投影面，只画投影轴；也可以省略投影轴。

4. 三视图的投影规律

空间物体有前、后、左、右、上、下 6 个方位（图 1-15a）。物体 6 个方位在三视图中的位置如图 1-15b 所示。

提示

在俯视图上，前、后表现为纵向；在左视图上，前、后表现为横向。

对比分析图 1-16 可见，主视图反映了物体的长和高，俯视图反映了物体的长和宽，左视图反映了物体的高和宽。从图 1-16b 中还可以看出，俯视图在主视

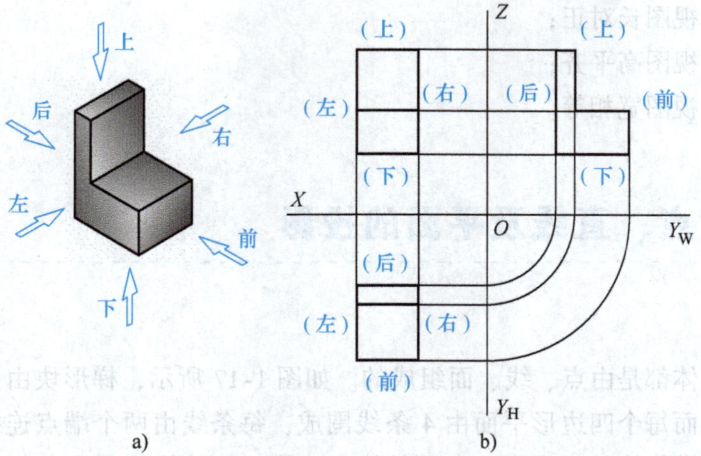

图 1-15　立体图与三视图的方位对照

a）立体图　b）三视图

图的下方，主、俯视图相应部分的连线为互相平行的竖直线，即其对应要素的长度相等，且左右两端对正；左视图在主视图右侧，主、左视图相应部分的连线为水平直线，即其对应要素的高度相等，且上下平齐；俯视图与左视图均反映物体的宽度，所以俯、左视图对应部分的宽度相等。因此可归纳出三视图的投影规律：

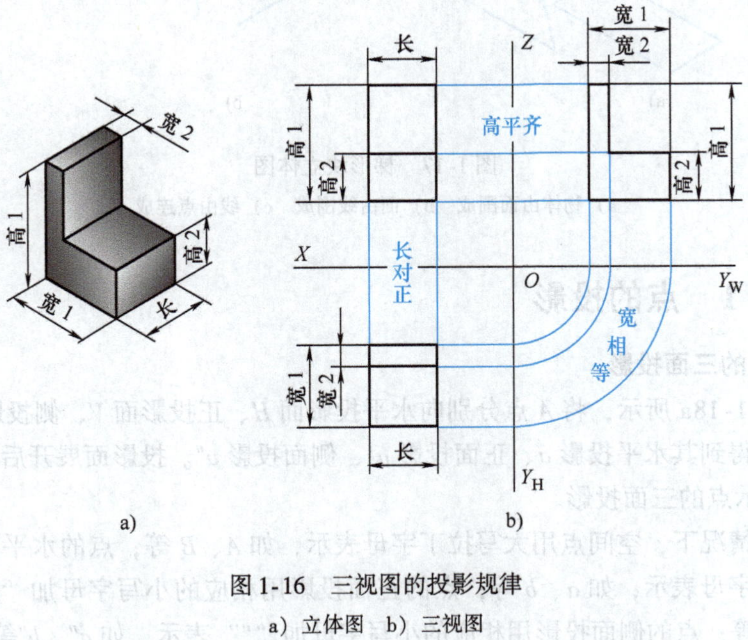

图 1-16　三视图的投影规律

a）立体图　b）三视图

主、俯视图长对正；
主、左视图高平齐；
俯、左视图宽相等。

1.3 点、直线及平面的投影

任何物体都是由点、线、面组成的。如图 1-17 所示，梯形块由 6 个四边形平面围成，而每个四边形平面由 4 条线围成，每条线由两个端点连接而成。因此，要想看懂物体的三视图，必须掌握点、线、面等物体基本几何元素的投影特性。

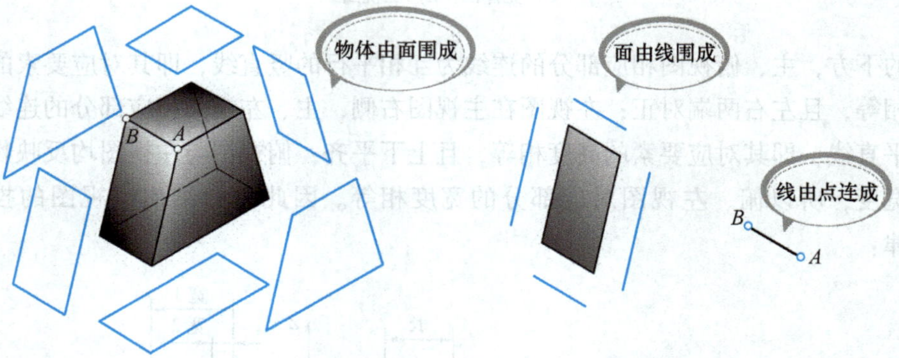

图 1-17　梯形块立体图
a）物体由面围成　b）面由线围成　c）线由点连成

1.3.1　点的投影

1. 点的三面投影

如图 1-18a 所示，将 A 点分别向水平投影面 H、正投影面 V、侧投影面 W 投射，分别得到其水平投影 a、正面投影 a'、侧面投影 a''。投影面展开后，得到图 1-18b 所示点的三面投影。

一般情况下，空间点用大写拉丁字母表示，如 A、B 等；点的水平投影用相应的小写字母表示，如 a、b 等；点的正面投影用相应的小写字母加“′”表示，如 a'、b'等；点的侧面投影用相应的小写字母加“″”表示，如 a''、b''等。

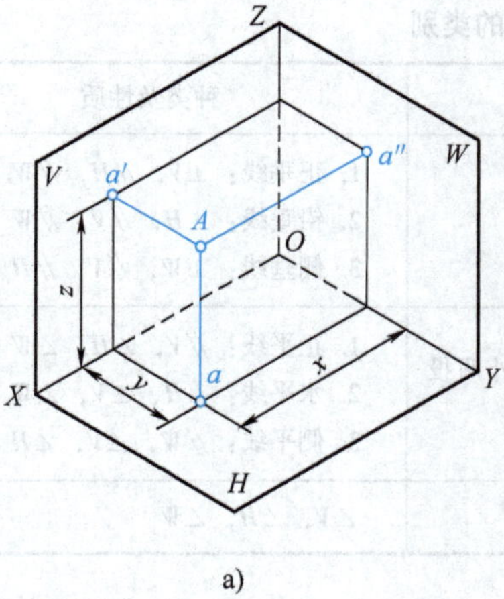

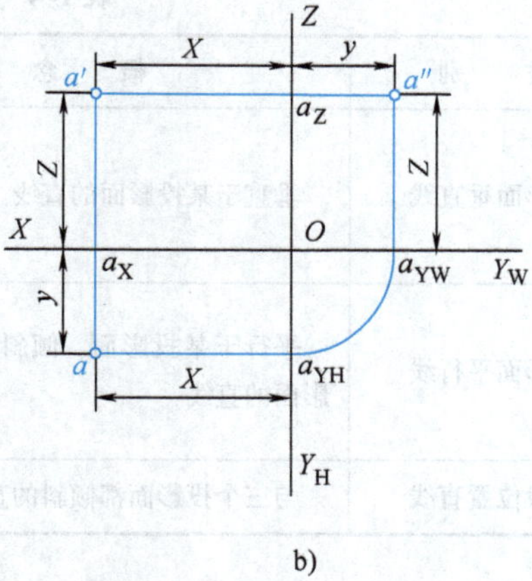

图 1-18　点的三面投影

2. 点的投影特性

如图 1-18 所示，$a'a \perp OX$；$a'a'' \perp OZ$；$aa_X = a''a_Z$。

不难看出，点的投影特性和物体三视图的投影规律是一致的。

3. 重影点的概念

在图 1-19 中，点 *A* 和点 *C* 的水平投影重合，该两点称为水平投影面的重影点。点 *A* 和点 *C* 在向水平投影面投射时，先投射到 *C* 点，*C* 点为可见的；后投射到 *A* 点，则 *A* 点不可见，此时 *A* 点水平投影的标记在图中注写为“（*a*）”。

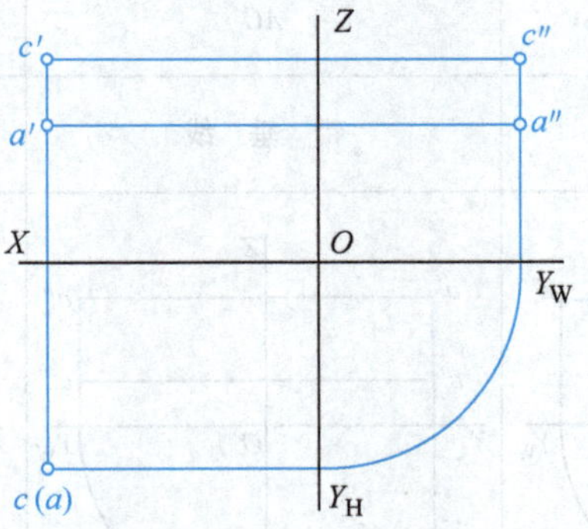

图 1-19　重影点

1.3.2　直线的投影

根据直线相对于投影面的不同位置可将直线分为投影面垂直线、投影面平行线和一般位置直线三种，具体见表 1-4。

表 1-4　直线的类别

类　别	概　念	种类及性质
投影面垂直线	垂直于某投影面的直线	1. 正垂线：⊥V，//H，//W 2. 铅垂线：⊥H，//V，//W 3. 侧垂线：⊥W，//V，//H
投影面平行线	平行于某投影面，倾斜于另外两投影面的直线	1. 正平线：//V，∠H，∠W 2. 水平线：//H，∠V，∠W 3. 侧平线：//W，∠V，∠H
一般位置直线	与三个投影面都倾斜的直线	∠V，∠H，∠W

1. 投影面垂直线

由图 1-20 所示长方体的立体图可知，其上的三条棱线 AB、AC、AD 分别垂直于正投影面、水平投影面和侧投影面。因此，AB 是正垂线，AC 是铅垂线，AD 是侧垂线，其三面投影及投影特性见表 1-5。

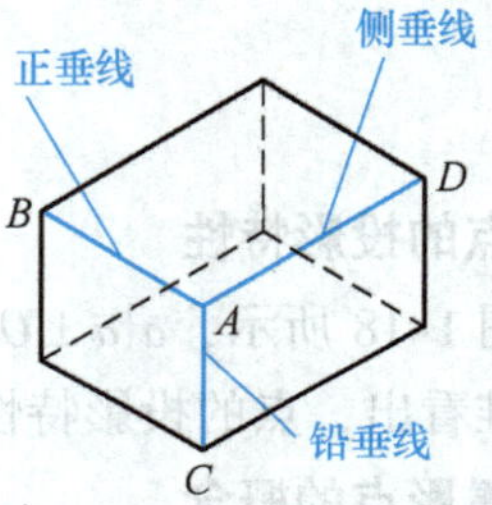

图 1-20　投影面垂直线

表 1-5　投影面垂直线的投影特性

直线	AB	AC	AD
名称	正　垂　线	铅　垂　线	侧　垂　线
投影图	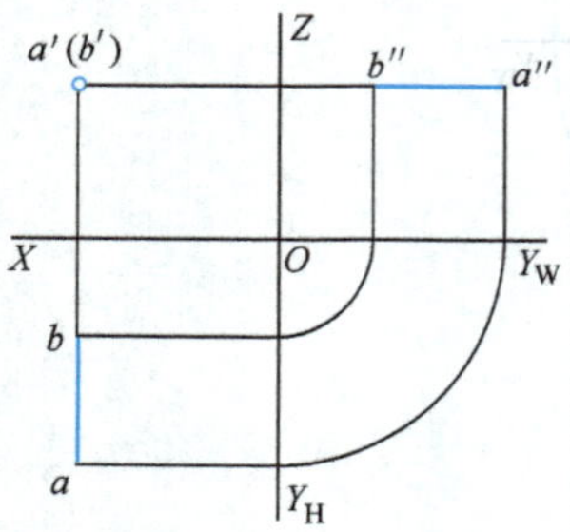	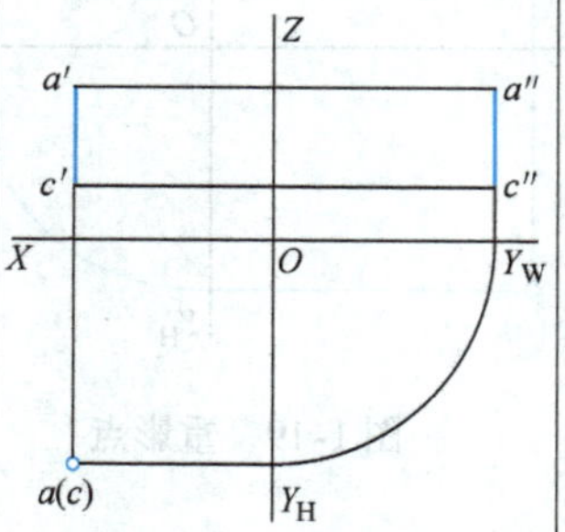	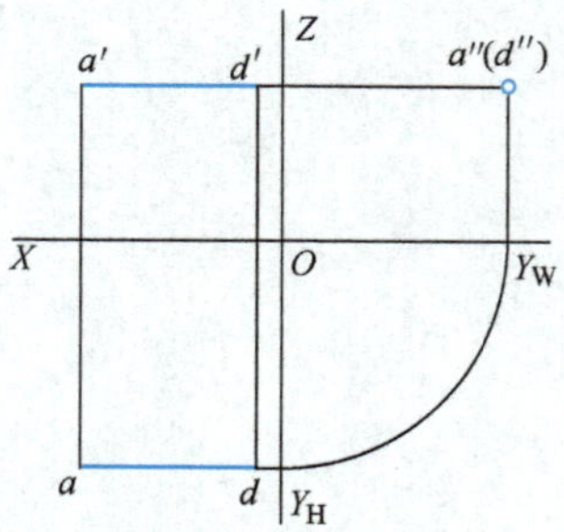
投影特性	1. 在所垂直的投影面上的投影积聚为一点 2. 在两个所平行的投影面上的投影为反映实长的横线或竖线		

2. 投影面平行线

由图 1-21 所示割角长方体的立体图可知，其上三条棱线 *CD*、*BD*、*BC* 分别平行于正投影面、水平投影面和侧投影面。因此，*CD* 是正平线，*BD* 是水平线，*BC* 是侧平线，其三面投影及投影特性见表 1-6。

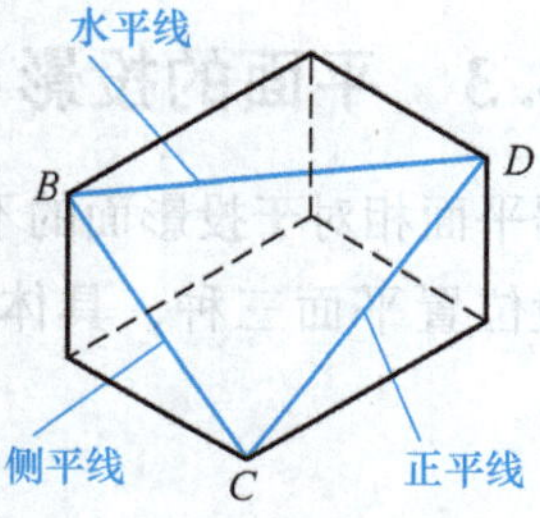

图 1-21　投影面平行线

表 1-6　投影面平行线的投影特性

直线	*CD*	*BD*	*BC*
名称	正　平　线	水　平　线	侧　平　线
投影图	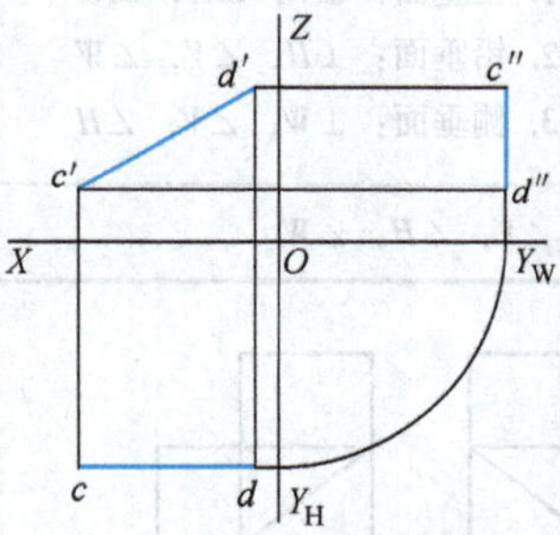	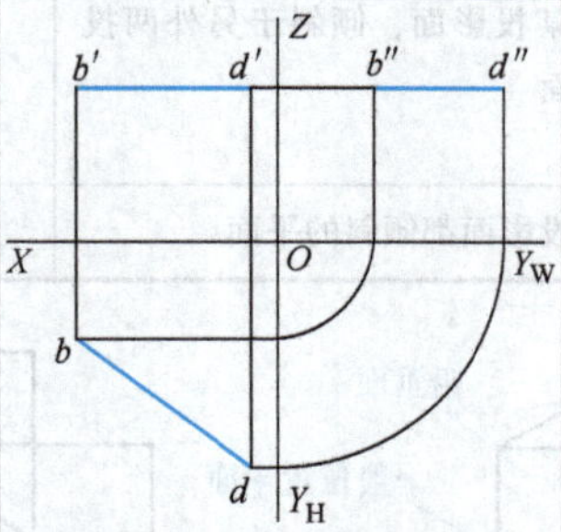	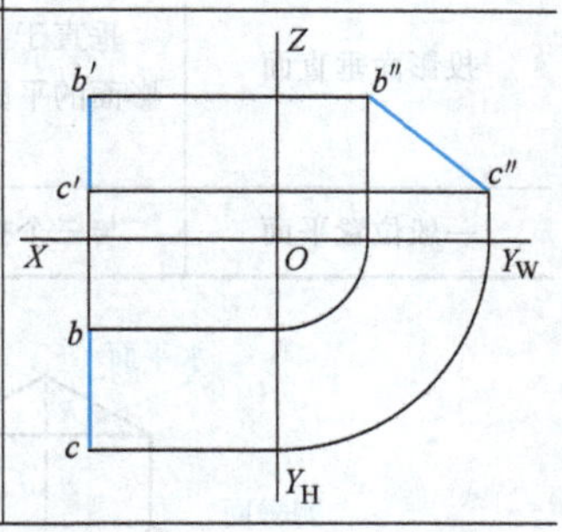
投影特性	1. 在所平行的投影面上的投影为反映实长的斜线 2. 在两个所倾斜的投影面上的投影为缩短的横线或竖线		

3. 一般位置直线

一般位置直线 *AB* 的空间立体图如图 1-22a 所示，其三面投影如图 1-22b 所示。

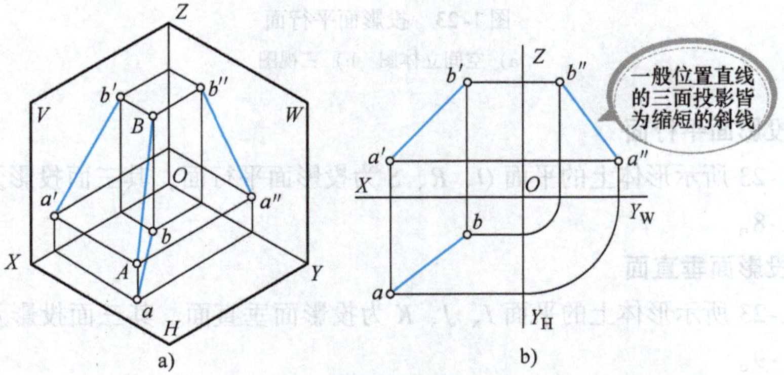

图 1-22　一般位置直线

a）空间立体图　b）三视图

1.3.3 平面的投影

根据平面相对于投影面的不同位置可将平面分为投影面垂直面、投影面平行面和一般位置平面三种，具体见表 1-7 所示。各种位置平面的位置如图 1-23 所示。

表 1-7 平面的类别

类 别	概 念	种类及性质
投影面平行面	平行于某投影面的平面	1. 正平面：//V，⊥H，⊥W 2. 水平面：//H，⊥V，⊥W 3. 侧平面：//W，⊥V，⊥H
投影面垂直面	垂直于某投影面，倾斜于另外两投影面的平面	1. 正垂面：⊥V，∠H，∠W 2. 铅垂面：⊥H，∠V，∠W 3. 侧垂面：⊥W，∠V，∠H
一般位置平面	与三个投影面都倾斜的平面	∠V，∠H，∠W

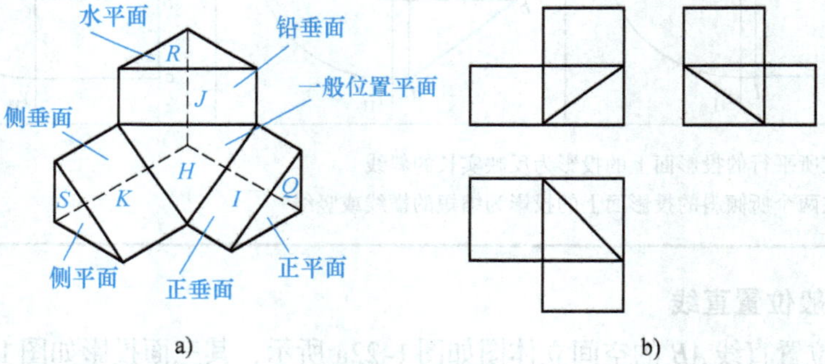

图 1-23 投影面平行面

a) 空间立体图 b) 三视图

1. 投影面平行面

图 1-23 所示形体上的平面 Q、R、S 为投影面平行面，其三面投影及投影特性见表 1-8。

2. 投影面垂直面

图 1-23 所示形体上的平面 I、J、K 为投影面垂直面，其三面投影及投影特性见表 1-9。

表 1-8　投影面平行面的投影特性

平面	Q	R	S
名称	正平面	水平面	侧平面
投影图	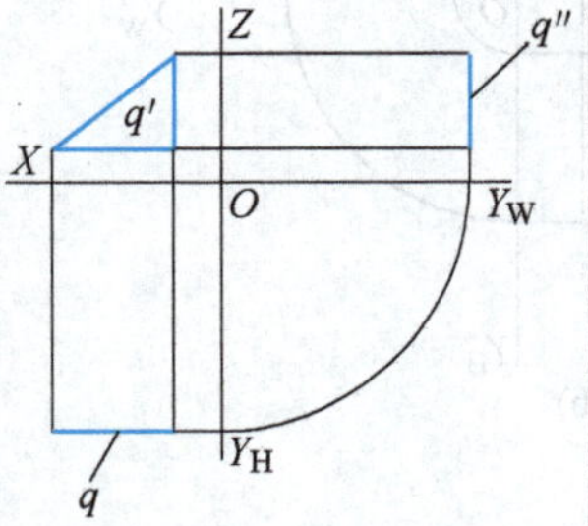	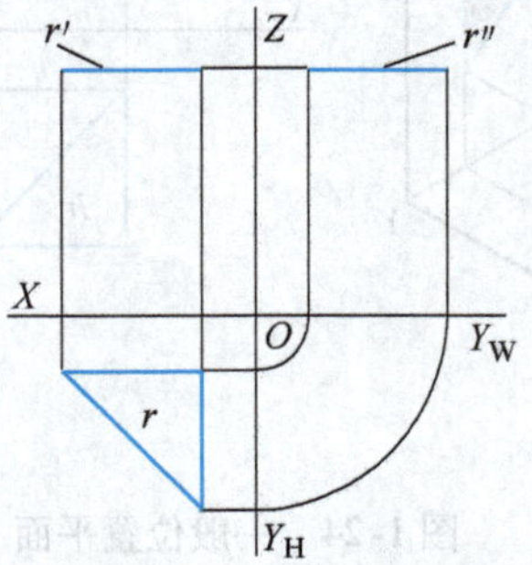	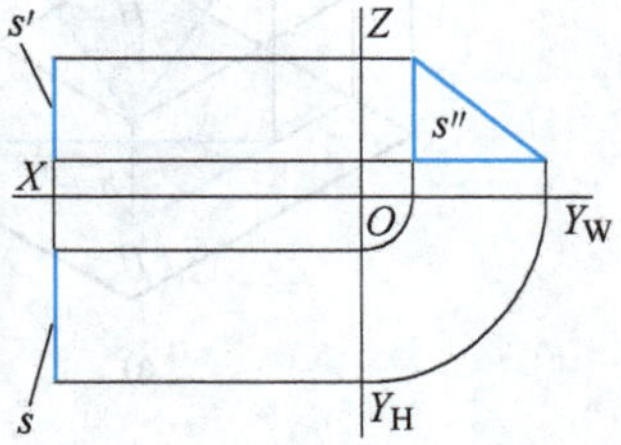
投影特性	1. 正面投影反映实形 2. 水平投影为横线，侧面投影为竖线	1. 水平投影反映实形 2. 正面投影和侧面投影皆为横线	1. 侧面投影反映实形 2. 正面投影和水平投影皆为竖线

表 1-9　投影面垂直面的投影特性

平面	I	J	K
名称	正垂面	铅垂面	侧垂面
投影图	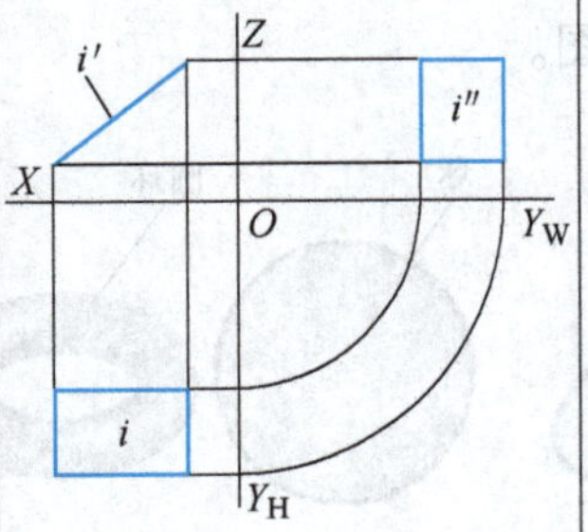	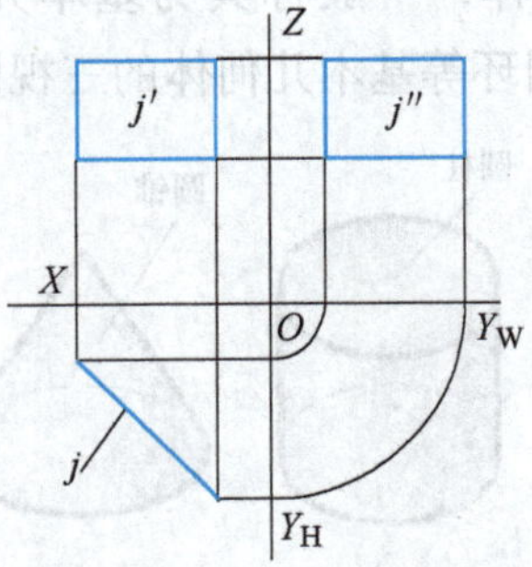	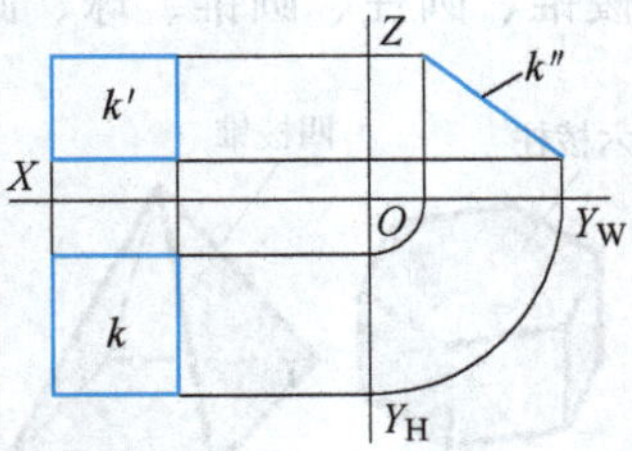
投影特性	1. 正面投影为斜线 2. 水平投影和侧面投影为原实形的类似形	1. 水平投影为斜线 2. 正面投影和侧面投影为原实形的类似形	1. 侧面投影为斜线 2. 正面投影和水平投影为原实形的类似形

3. 一般位置平面

如图 1-24 所示，平面 H 为一般位置平面，其空间实形为三角形，投影也为三角形。

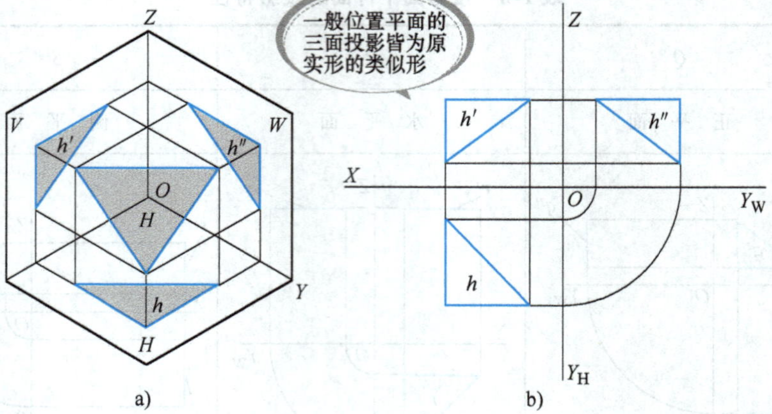

图 1-24　一般位置平面

a) 空间立体图　b) 三视图

1.4 基本几何体

任何复杂的物体都可以认为是由一些基本、简单的形体所组成的，图 1-25 所示为几种常见的基本形体，一般称其为基本几何体。本节重点分析棱柱、棱锥、圆柱、圆锥、球、圆环等基本几何体的三视图。

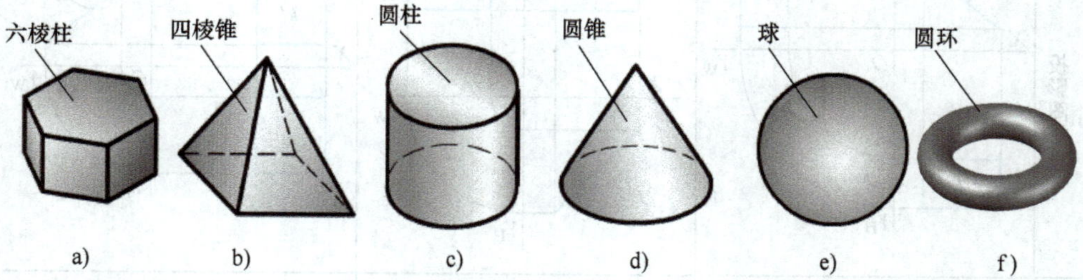

图 1-25　基本几何体

1.4.1　正六棱柱

1. 正六棱柱的三视图

正六棱柱的结构如图 1-26 所示，它由顶面、底面和 6 个侧面组成。

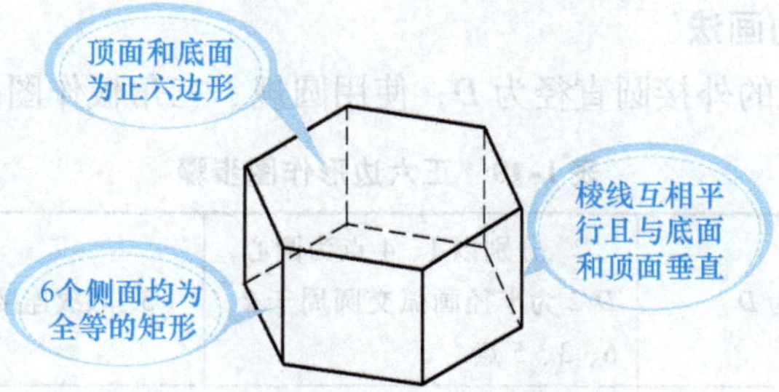

图 1-26　正六棱柱的结构

如图 1-27 所示，将正六棱柱放入三投影面体系，分别向正投影面、水平投影面和侧投影面投射，得到其三视图，如图 1-28 所示。

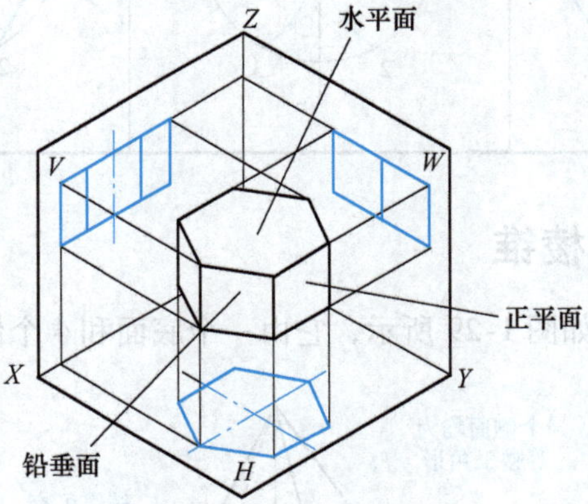

图 1-27　正六棱柱的投影

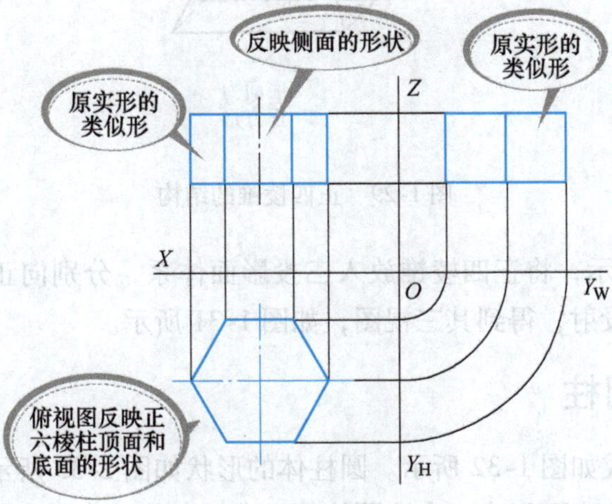

图 1-28　正六棱柱的三视图

2. 正六边形的画法

如果正六边形的外接圆直径为 D，使用圆规、三角板作图的步骤见表 1-10。

表 1-10　正六边形作图步骤

步骤	1. 辅助圆直径为 D	2. 分别以 1、4 点为圆心，$D/2$ 为半径画弧交圆周于 2、6、3、5 点	3. 顺次连接圆周各点成正六边形
图例	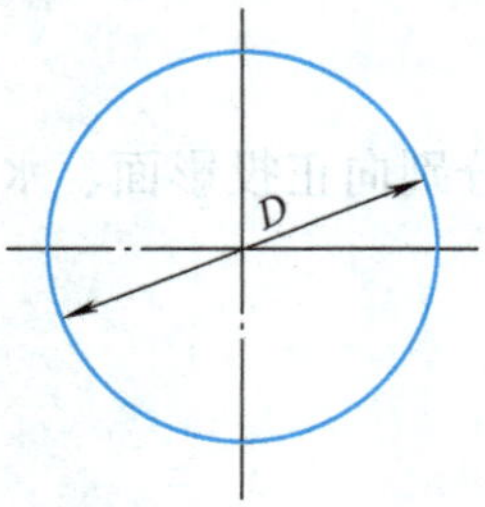	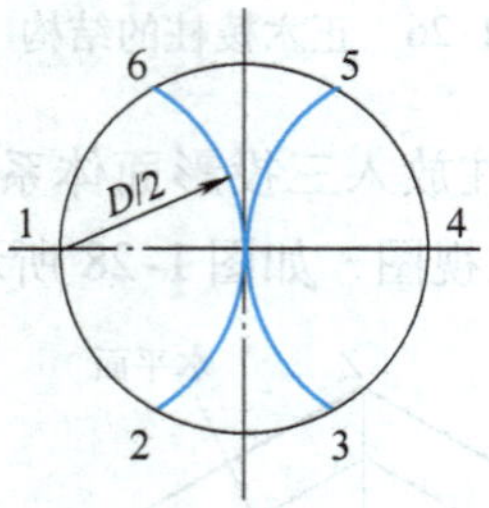	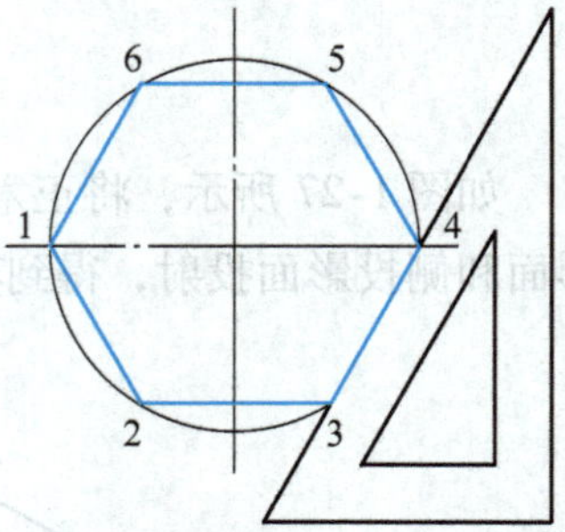

1.4.2　正四棱锥

正四棱锥的结构如图 1-29 所示，它由一个底面和 4 个侧面组成。

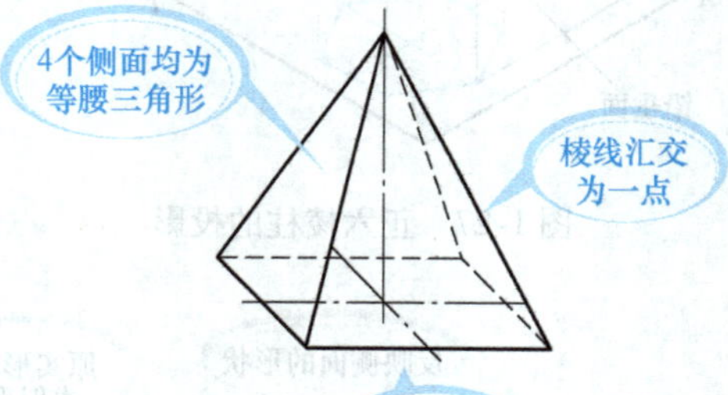

图 1-29　正四棱锥的结构

如图 1-30 所示，将正四棱锥放入三投影面体系，分别向正投影面、水平投影面和侧投影面投射，得到其三视图，如图 1-31 所示。

1.4.3　圆柱

圆柱面的形成如图 1-32 所示。圆柱体的形状如图 1-33 所示，它由一个圆柱面、圆形的顶面和底面组成，在该圆柱面上有四条特殊位置素线，分别是最前素线、最后素线、最左素线和最右素线。将圆柱向三个投影面投射，得其三视图，

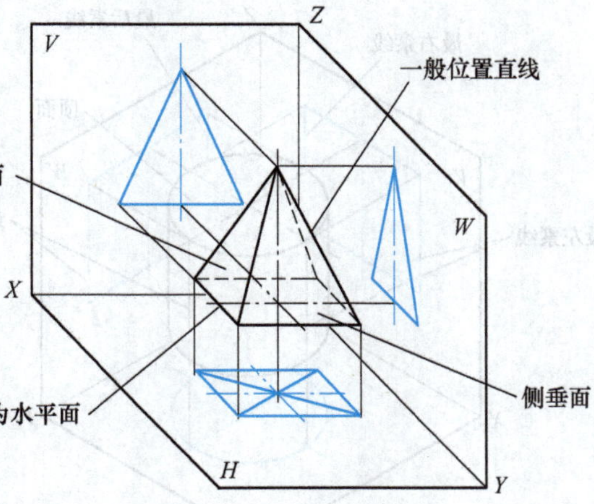

图 1-30 正四棱锥的投影

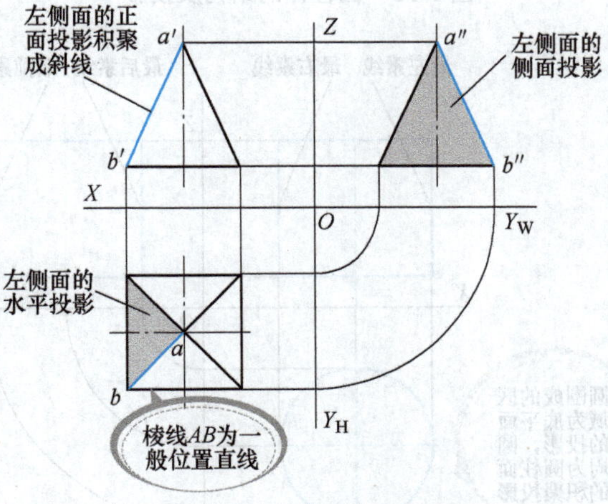

图 1-31 正四棱锥的三视图

如图 1-34 所示。

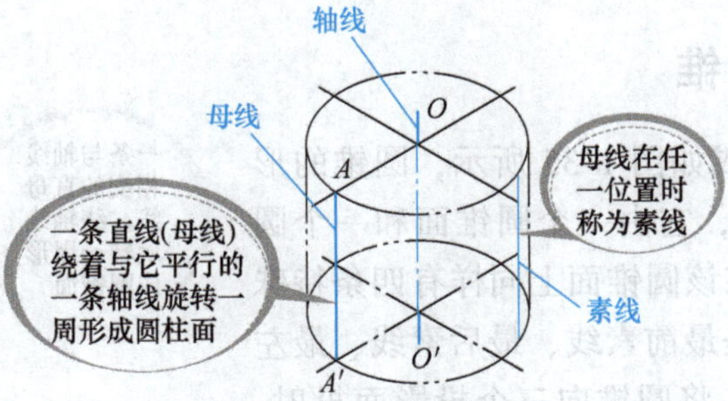

图 1-32 圆柱面的形成

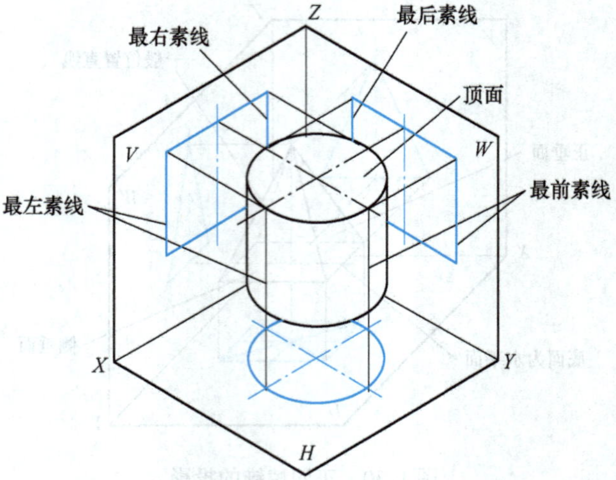

图 1-33　圆柱体的结构及投影

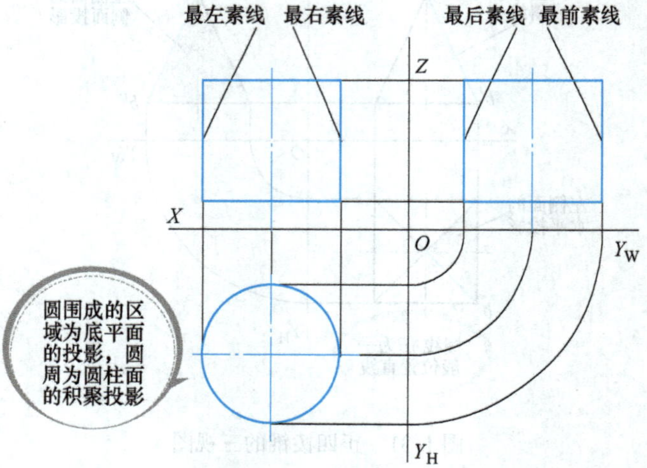

图 1-34　圆柱的三视图

1.4.4　圆锥

圆锥面的形成如图 1-35 所示，圆锥的形状如图 1-36 所示，它由一个圆锥面和一个圆形的底面围成。在该圆锥面上同样有四条特殊位置素线，分别是最前素线、最后素线、最左素线和最右素线。将圆锥向三个投影面投射，得其三视图，如图 1-37 所示。

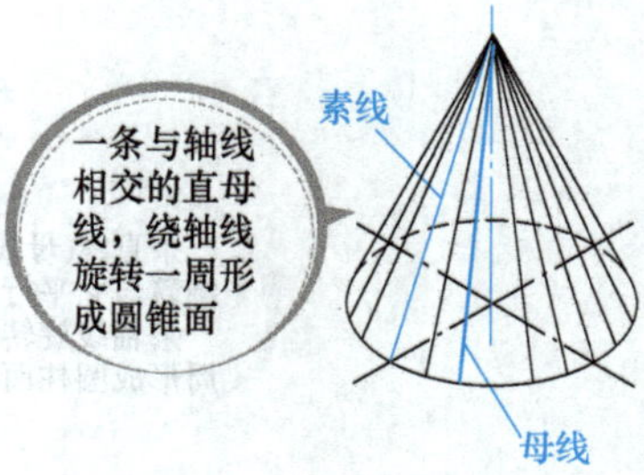

图 1-35　圆锥面的形成

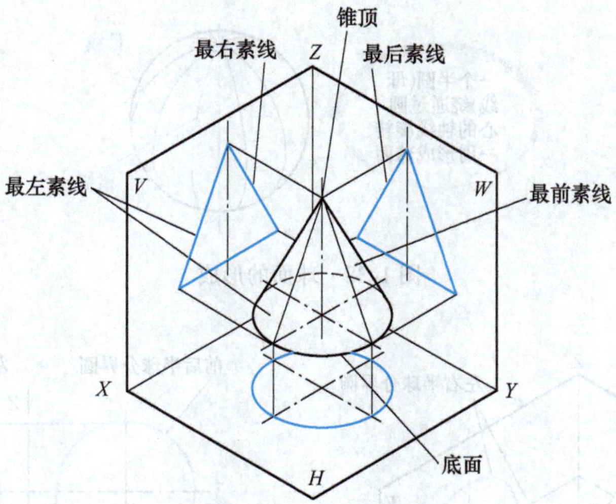

图 1-36 圆锥体的结构及投影

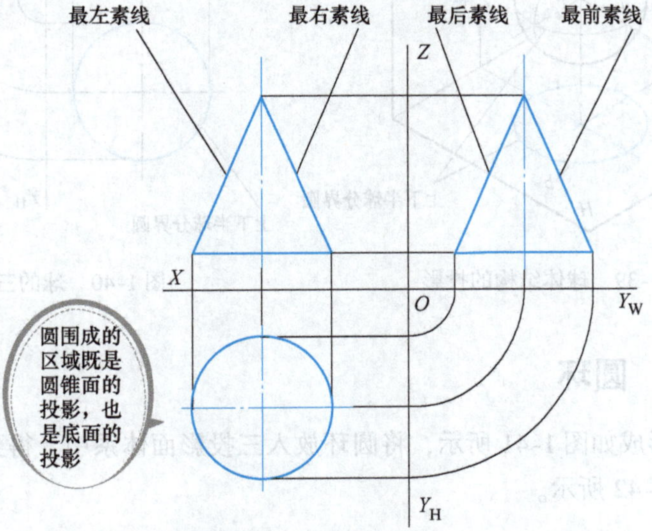

图 1-37 圆锥体的三视图

1.4.5 球

球面的形成过程如图 1-38 所示，在球面上有三条特殊位置的素线圆，分别是前、后半球分界圆，左、右半球分界圆，上、下半球分界圆，如图 1-39 所示。将球向三个投影面投射，得球的三面投影，如图 1-40 所示。球的三面投影分别为三个特殊位置素线圆的投影。

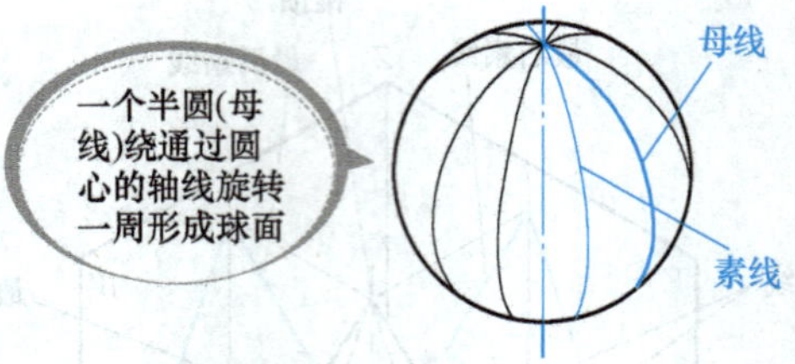

图 1-38　球面的形成

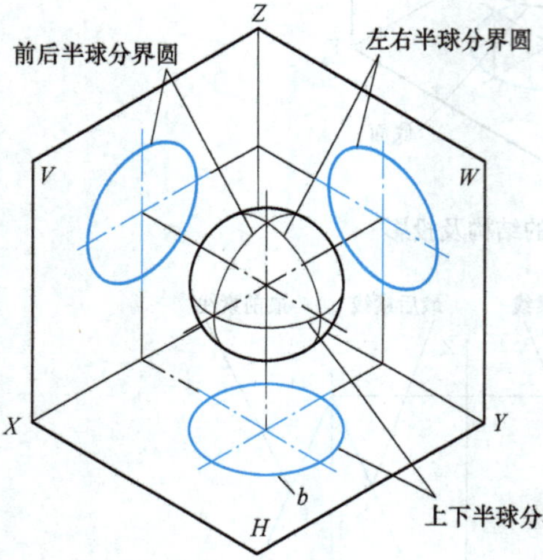

图 1-39　球体结构的投影

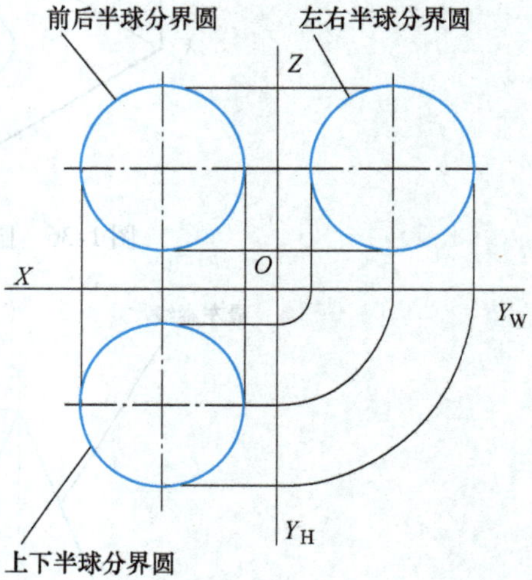

图 1-40　球的三视图

1.4.6　圆环

圆环的形成如图 1-41 所示，将圆环放入三投影面体系中，得到圆环的三面投影，如图 1-42 所示。

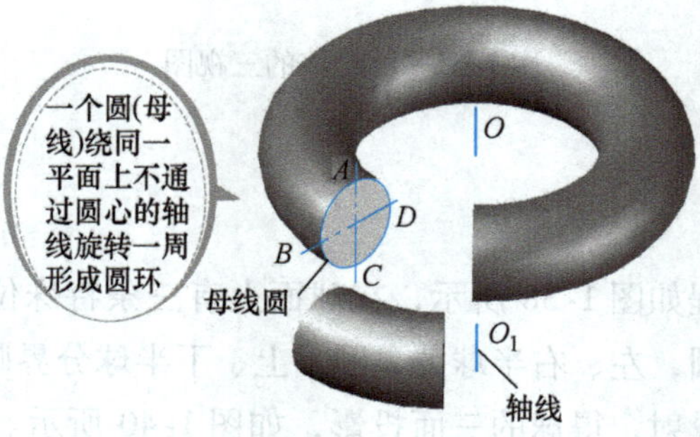

图 1-41　圆环的形成

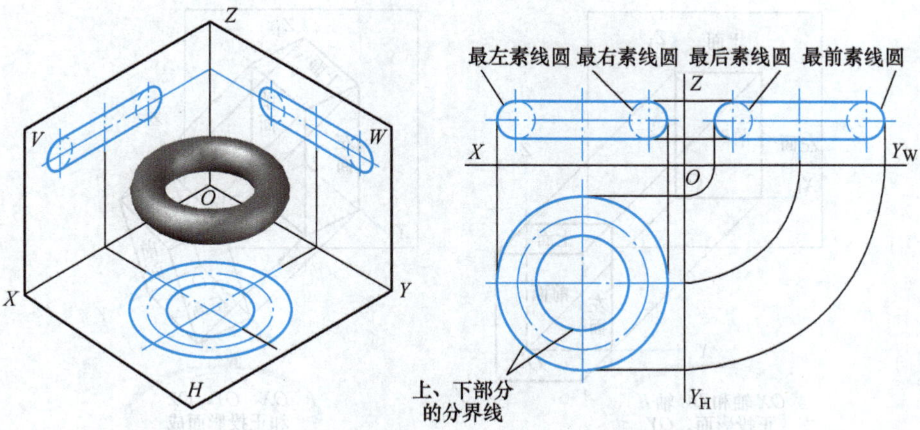

图 1-42 圆环的投影及三视图

a）圆环的投影 b）圆环的三视图

1.5 轴测图

轴测图就是立体图，是物体在平行投影下形成的一种单面投影图。它能在一个图形上同时反映物体长、宽、高三个方向的形状，具有较好的直观性。机械制图中常用的轴测图有正等测图和斜二测图。长方体的正等测图和斜二测图如图 1-43 所示。

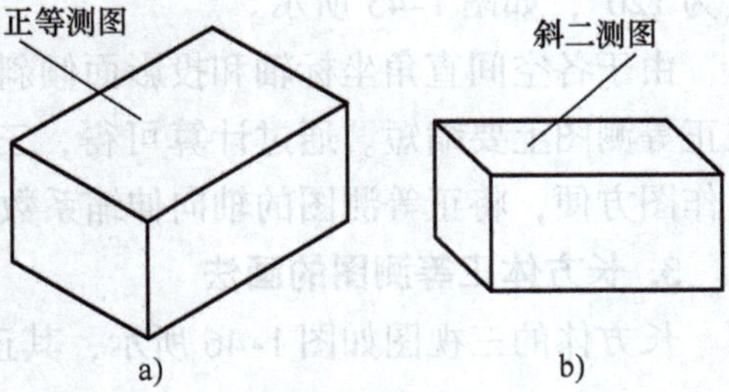

图 1-43 长方体的正等测图和斜二测图

1.5.1 正等测图

1. 正等测图的形成

如图 1-44a 所示，在长方体上建立空间直角坐标系 $OXYZ$，使长方体的前面和正投影面平行，用正投影的方法得到主视图。如果将长方体旋转至图 1-44b 所示位置，使空间直角坐标系的三个坐标轴 OX、OY、OZ 和正投影面成一个相同的夹角（35°16′），再进行正投影，即得到正等测图。很显然，在正等测图中，可以同时看到长方体前面、上面和左面的形状。

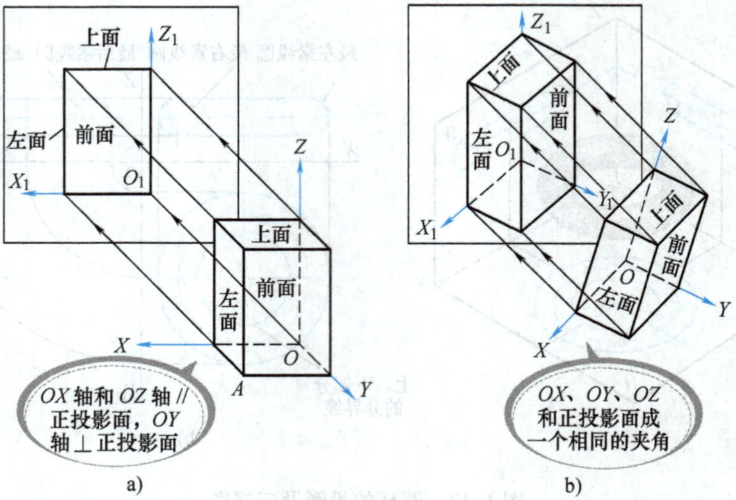

图 1-44 正等测图的形成

a）视图的形成 b）正等测图的形成

2. 正等测图的轴间角和轴向伸缩系数

在进行正等测投影时，物体上空间直角坐标轴 OX、OY、OZ 在投影面上的投影 O_1X_1、O_1Y_1、O_1Z_1 称为轴测轴，轴测轴之间的夹角称为轴间角。由于在形成正等测图时，各空间直角坐标轴和投影面的夹角相等，所以正等测图的轴间角皆为 120°，如图 1-45 所示。

由于各空间直角坐标轴和投影面倾斜，所以和空间直角坐标轴平行的线段，在正等测图上要缩短。通过计算可得，三个轴测轴的轴向伸缩系数为 0.82。为了作图方便，将正等测图的轴向伸缩系数简化为 1。

3. 长方体正等测图的画法

长方体的三视图如图 1-46 所示，其正等测图的画法见表 1-11。

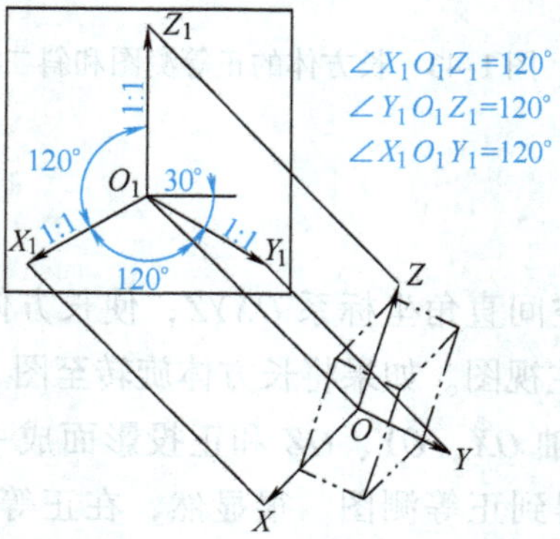

图 1-45 正等测图的轴间角和轴向伸缩系数

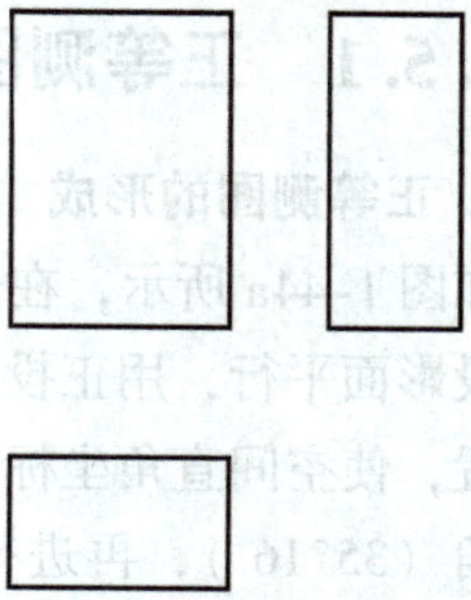

图 1-46 长方体的三视图

表 1-11　长方体正等测图的绘图步骤

步　骤	图　例	步　骤	图　例
1. 确定坐标原点及坐标轴 选取长方体的后、下、右顶点为坐标原点，在三视图中绘制出坐标轴 *OX*、*OY*、*OZ* 的投影	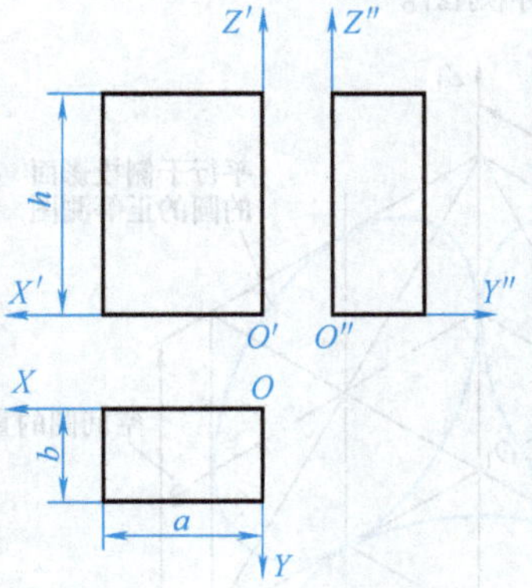	4. 绘制竖棱 从底面四个顶点绘制平行于 O_1Z_1 轴的四条平行线，并按 1:1 的比例取其高度 *h*	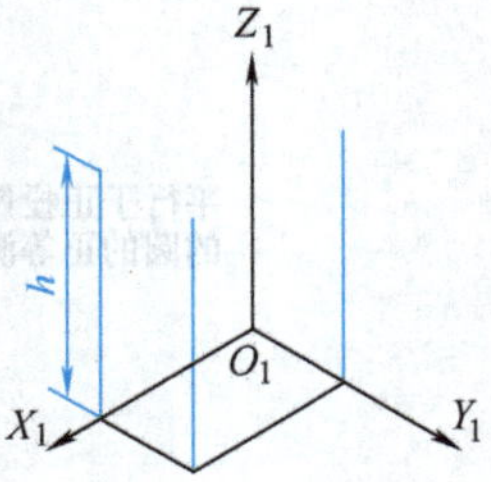
2. 绘制轴测轴 O_1X_1、O_1Y_1、O_1Z_1 将 O_1Z_1 轴画成铅垂线，O_1X_1 轴、O_1Y_1 轴与水平方向成 30°角	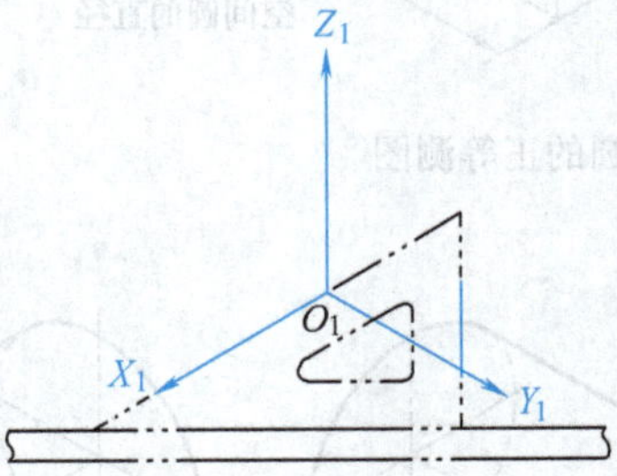	5. 绘制顶面的正等测图 连接竖棱上端点的投影，完成顶面的正等测图	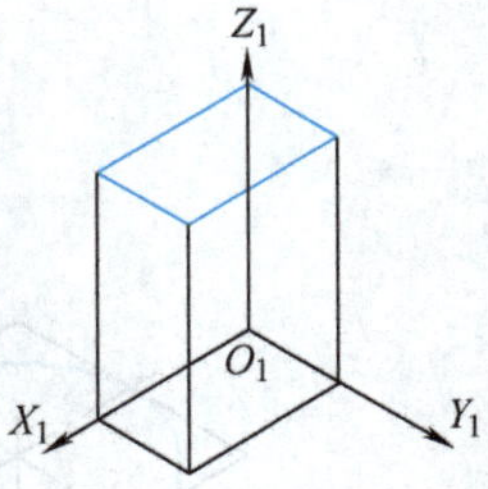
3. 绘制底面的正等轴测图 量取长方体的长度尺寸 *a* 和宽度尺寸 *b*，按 1:1 的比例在轴测轴上截取，绘制出长方体底面的正等测图	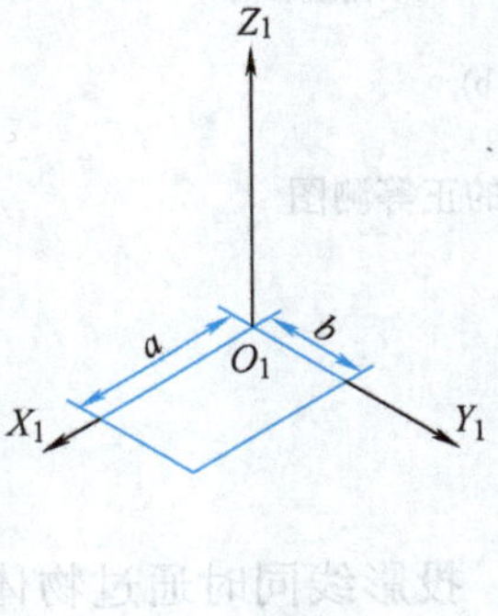	6. 完成长方体的正等测图 擦去不必要的图线，加深可见轮廓线（轴测图一般只绘制物体可见部分），即得长方体正等测图	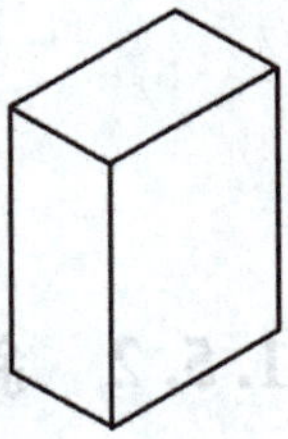

4. 圆柱的正等测图

三视图上平行于坐标面的正方形，在正等测图中投影为菱形；三视图上平行于坐标面的圆，在正等测图中投影为内切于菱形的椭圆，如图 1-47 所示。图 1-48 所示为三个不同方向圆柱的正等测图。

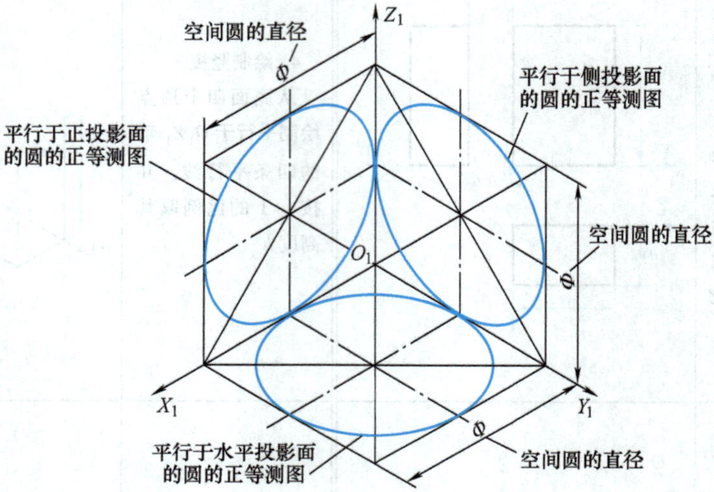

图 1-47　圆的正等测图

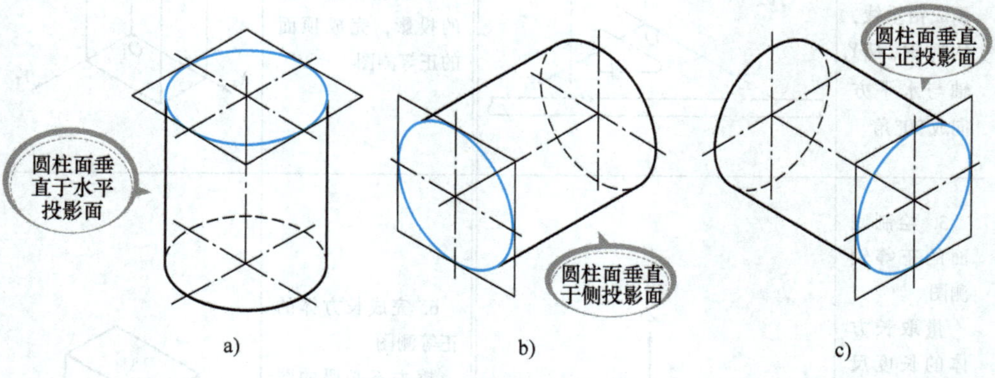

图 1-48　圆柱的正等测图

1.5.2　斜二测图

1. 斜二测图的形成

斜二测图的形成过程如图 1-49 所示，投影线同时通过物体的前面、左面、上面。不难看出，斜二测图采用的是斜投影法。

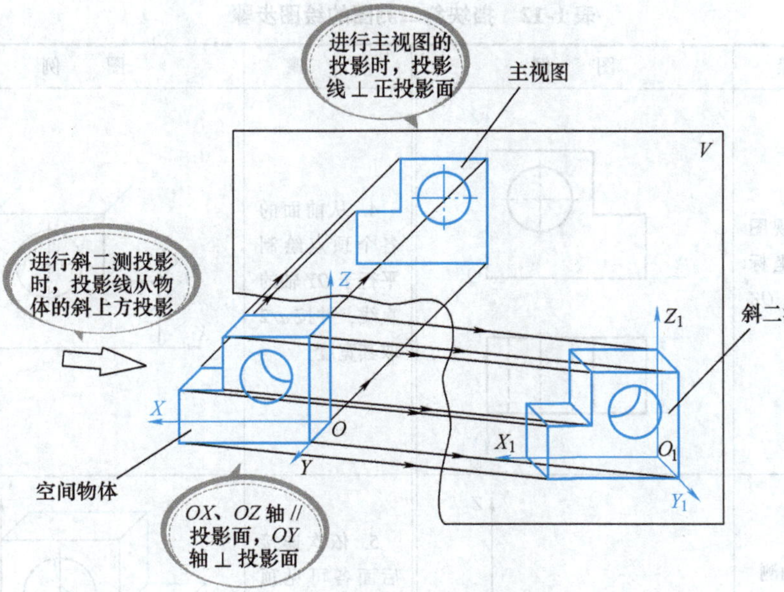

图 1-49　斜二测图的形成

2. 斜二测图的轴间角和轴向伸缩系数

在进行斜二测投影时，由于 OX、OZ 坐标轴和投影面平行，所以斜二测图的轴间角 $\angle X_1O_1Z_1=90°$，且 O_1X_1，O_1Z_1 轴的轴向伸缩系数都为 1。调整投射方向，可使 $\angle X_1O_1Y_1=\angle Y_1O_1Z_1=135°$，且使 O_1Y_1 轴的轴向伸缩系数为 1/2，如图 1-50 所示。因此在三视图宽度方向上量取的尺寸，在画斜二测图时应减半。

3. 斜二测图的绘制

挡块的主、俯视图如图 1-51 所示，其斜二测图的画法见表 1-12。

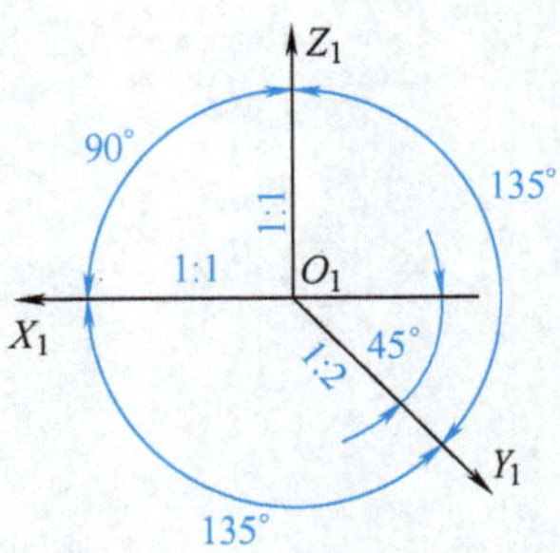

图 1-50　斜二测图的轴间角和轴向伸缩系数

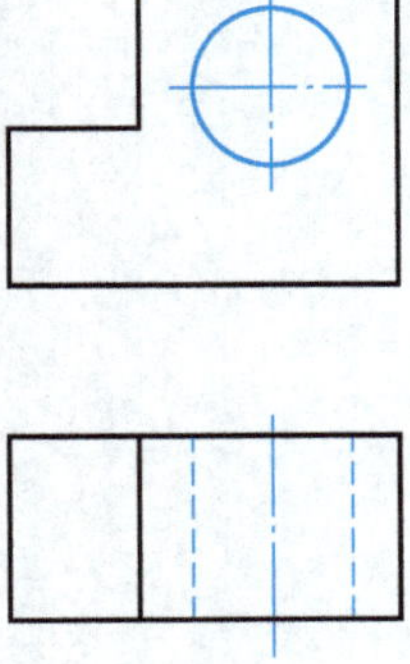

图 1-51　挡块

表 1-12　挡块斜二测图的绘图步骤

步　骤	图　例	步　骤	图　例
1. 在两视图中绘制出坐标轴 OX、OY、OZ 的投影	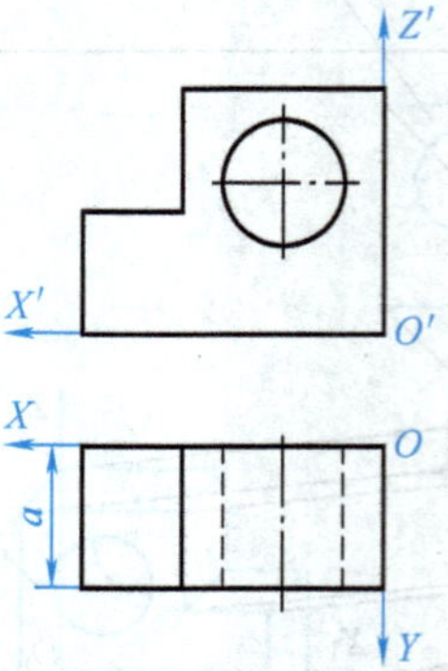	4. 从前面的各个顶点绘制平行于 OY 轴的直线，并按 $a/2$ 取其宽度	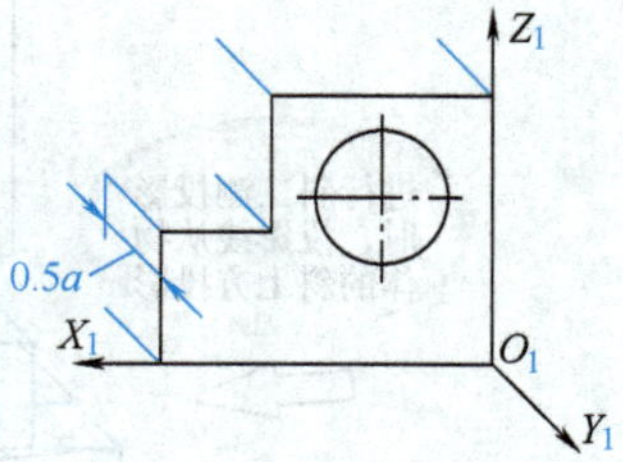
2. 绘制轴测轴 O_1X_1、O_1Y_1、O_1Z_1	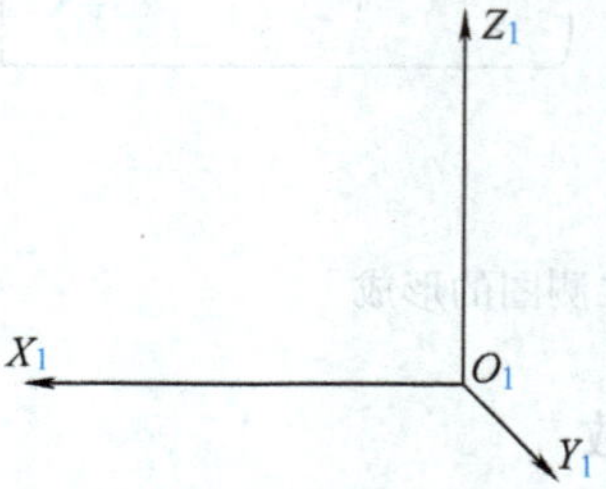	5. 依次连接后面各可见顶点，绘制圆孔后面轮廓圆可见部分的投影	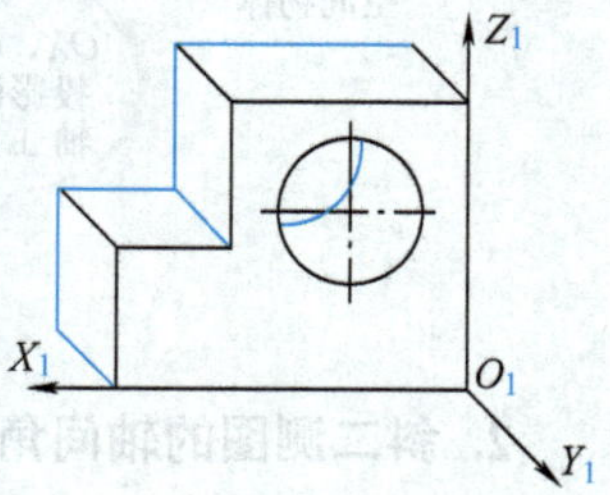
3. 绘制挡块前面的斜二测图	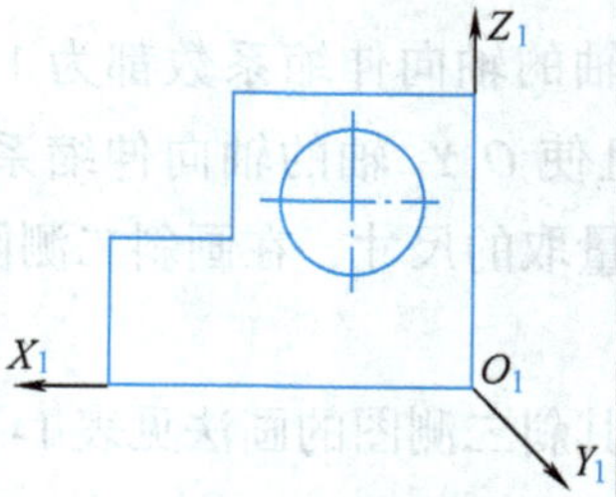	6. 擦去不必要的图线，加深可见轮廓线，即得挡块的斜二测图	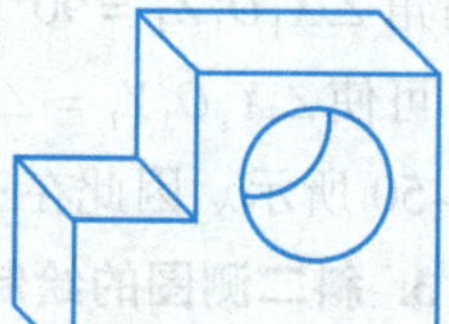

第2章 Chapter 组合体

2.1 圆柱的截割与相贯

2.1.1 圆柱的截割

图 2-1 所示的接头是用几个平面切割一个圆柱体得到的。在图中有许多平面与圆柱面的交线。平面截割曲面立体产生的交线称为截交线，常见的是圆柱截交线。

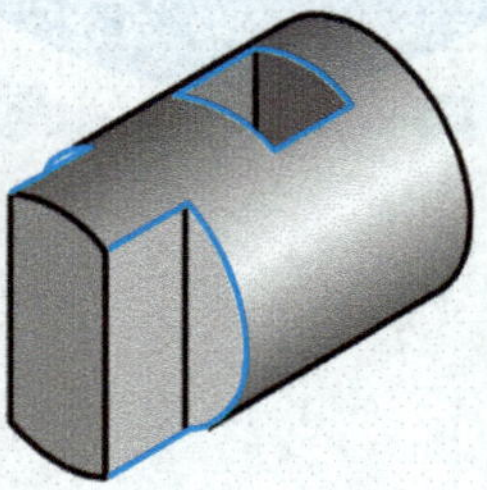

图 2-1 接头

1. 圆柱截交线的种类

根据截割平面与圆柱面轴线的相对位置不同，圆柱截交线有三种情况，见表 2-1。

表 2-1 平面截割圆柱

截平面位置	平行于圆柱轴线	垂直于圆柱轴线	倾斜于圆柱轴线
立体图	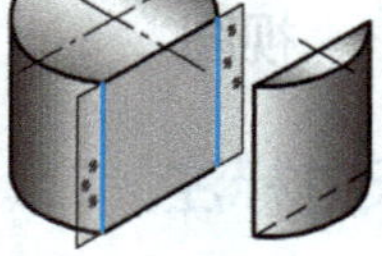	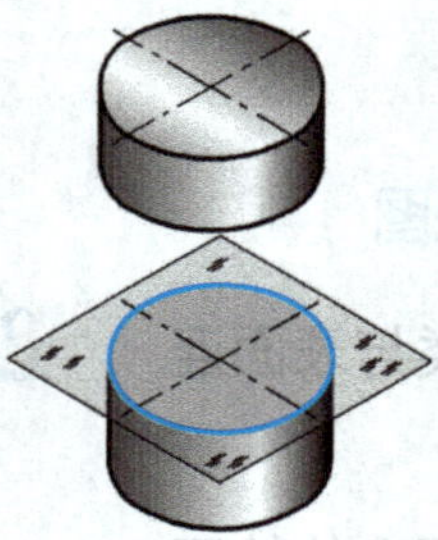	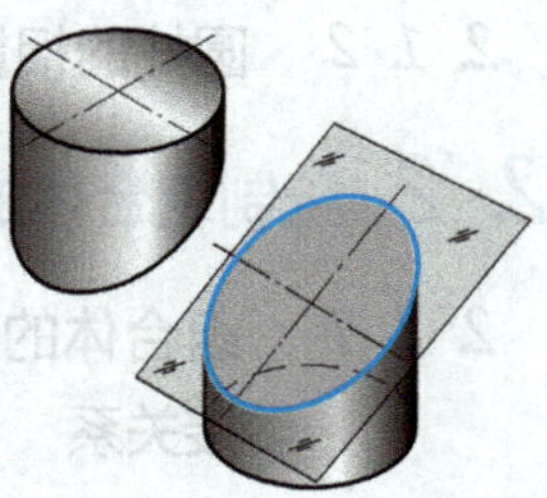
投影图	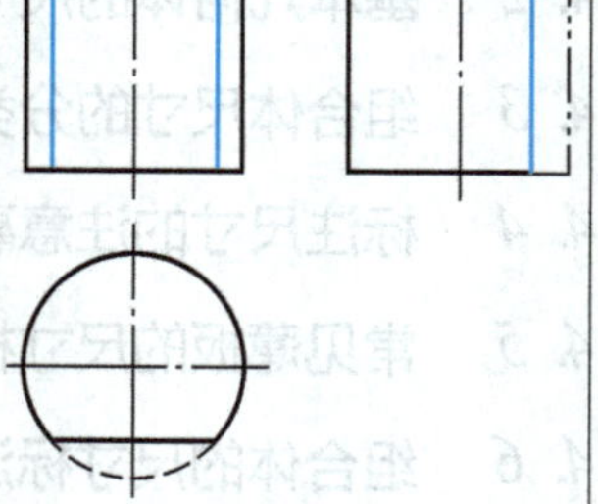	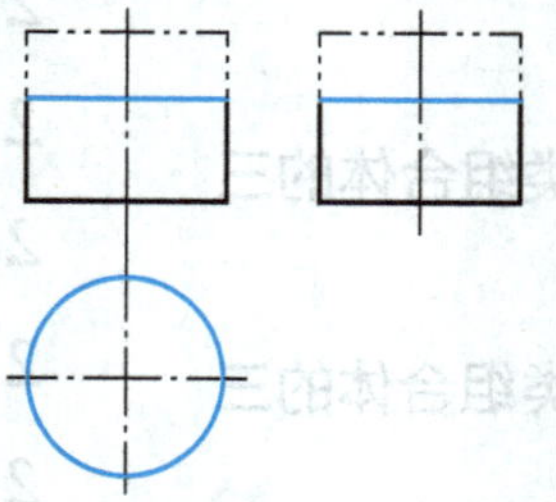	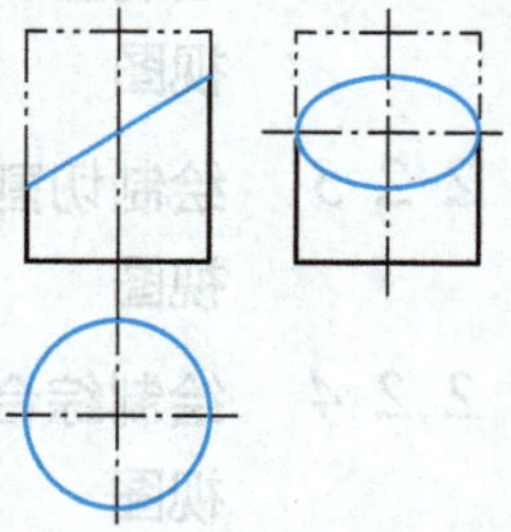
截交线形状	两互相平行的素线	直径等于圆柱直径的圆	椭圆

2. 平面斜割圆柱截交线的画法

图 2-2 所示为斜割圆柱体的立体图和主、俯视图，下面绘制其左视图。

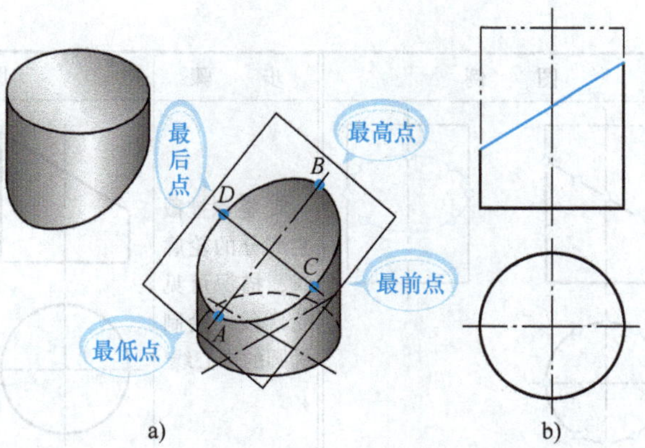

图 2-2 斜割圆柱

a）立体图 b）两视图

（1）分析已知条件 由图 2-2a 不难看出，平面斜割圆柱体时，平面与圆柱面的截交线为椭圆。在该椭圆上有四个特殊点，即最低点 A、最高点 B、最前点 C 和最后点 D。在截交线或相贯线上的最高、最低、最前、最后、最左、最右点及在回转体最外素线上的点称为特殊点，在其他位置的点称为一般点。

由于椭圆（见图 2-2a）是圆柱面和截割平面的共有线，因此它具有两个性质：一是，该椭圆在圆柱面上，具有圆柱面的投影特性——水平投影为圆；二是，该椭圆在正垂截割平面上，具有正垂面的投影特性——正面投影积聚成直线。因此，该截交线的正面投影和水平投影都是已知的。

（2）作图 已知椭圆的两个投影求第三投影时，可先求多个椭圆上点的第三投影，再依次连接各点的投影，具体作图步骤见表 2-2。

表 2-2 绘制切割圆柱的左视图

步 骤	图 例	步 骤	图 例
1. 绘制斜割前圆柱的左视图 2. 求特殊点的投影 找出椭圆四个特殊位置点的正面投影和水平投影，求作其侧面投影	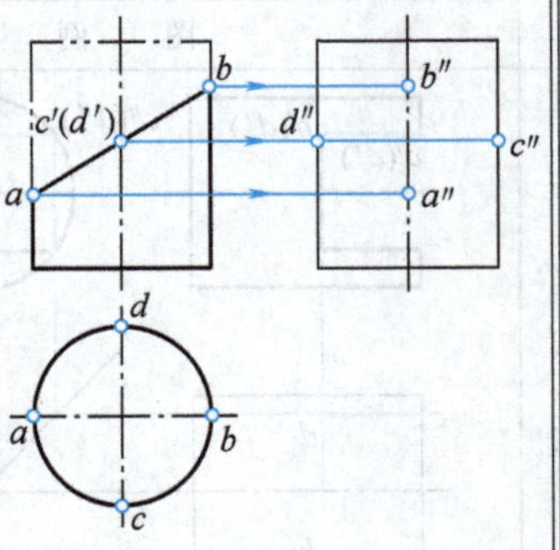	3. 求一般点的投影 在俯视图适当位置找四个一般点的水平投影，按投影规律求出其正面投影，再求出其侧面投影	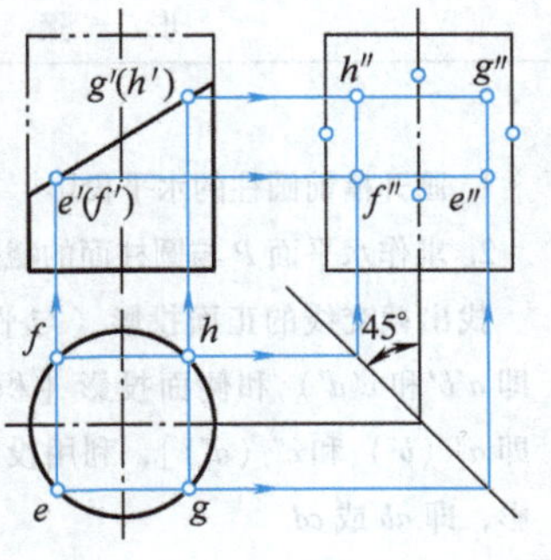

（续）

步　　骤	图　　例	步　　骤	图　　例
4. 光滑连接各点的侧面投影	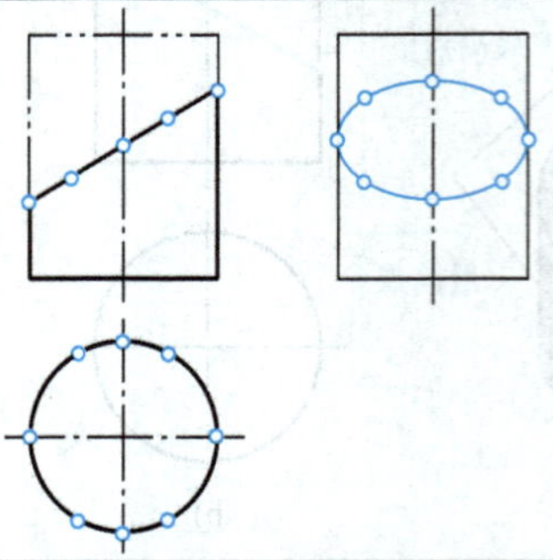	5. 擦除被截割部分的轮廓线，描深可见轮廓线，绘制椭圆的中心线	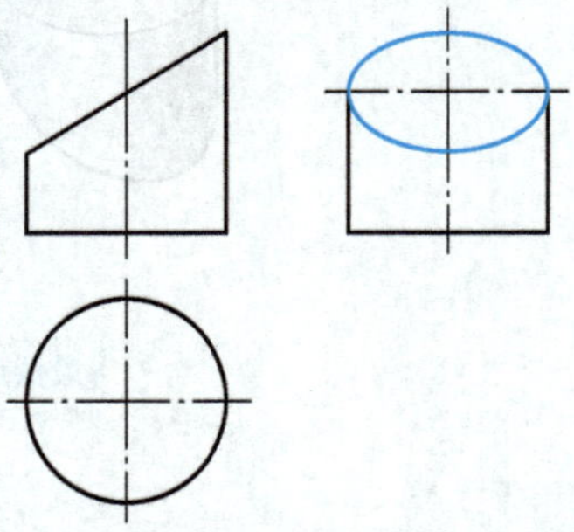

3. 开槽圆柱截交线的画法

开槽圆柱的结构如图 2-3 所示，下面根据主、左视图求作其俯视图。

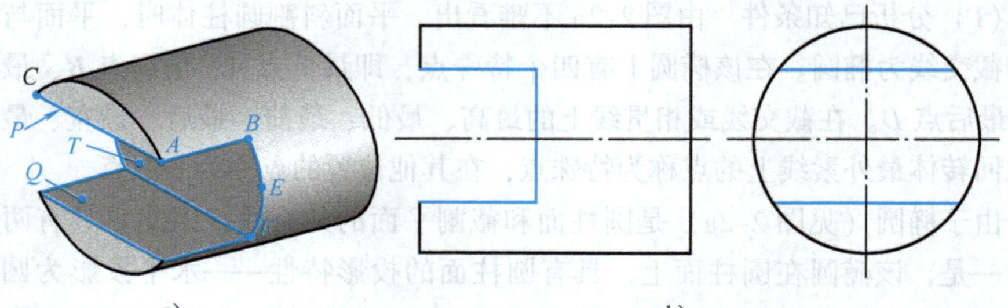

a)　　　　b)

图 2-3　求作开槽圆柱的俯视图

a）立体图　b）主、左视图

该开槽圆柱是在一个圆柱体上用两个平行于圆柱体轴线的平面和一个垂直于圆柱体轴线的平面切了一个矩形槽口，这三个平面切割圆柱时分别产生了截交线。求作开槽圆柱水平投影的步骤见表 2-3。

表 2-3　开槽圆柱的作图步骤

步　　骤	图　　例
1. 画开槽前圆柱的水平投影 2. 求作水平面 P 与圆柱面的截交线 找出截交线的正面投影（与平面 P 的投影重合，即 $a'b'$ 和 $c'd'$）和侧面投影［积聚为圆上的一点，即 a''（b''）和 c''（d''）］，利用投影规律求作水平投影，即 ab 或 cd	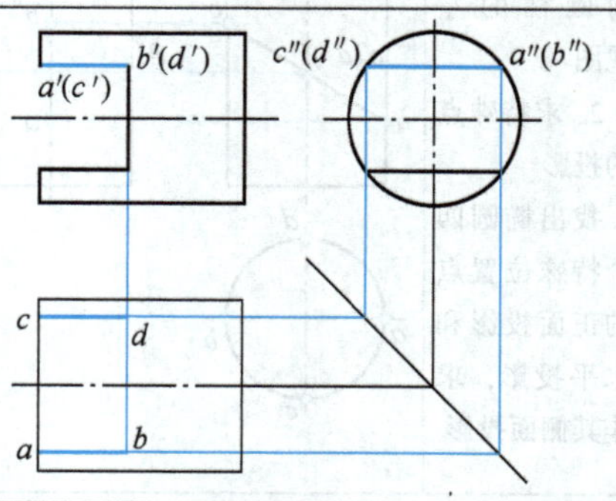

（续）

步　骤	图　例
3. 作出侧平面 *T*（垂直于圆柱体的轴线）的水平投影	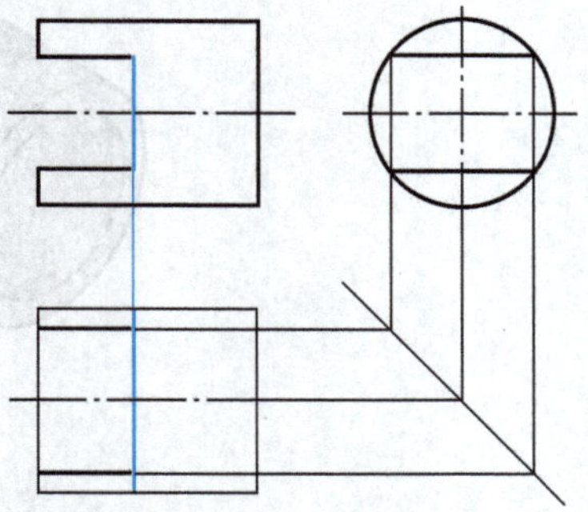
4. 将侧平面 *T* 的水平投影被圆柱面遮挡部分的水平投影画成细虚线，两端可见部分画成粗实线 注意：截交线 *BEF* 为一段圆弧，其水平投影 *bef* 为直线（可见） 平面 *Q* 截割圆柱产生的截交线与平面 *P* 的相同，分析省略	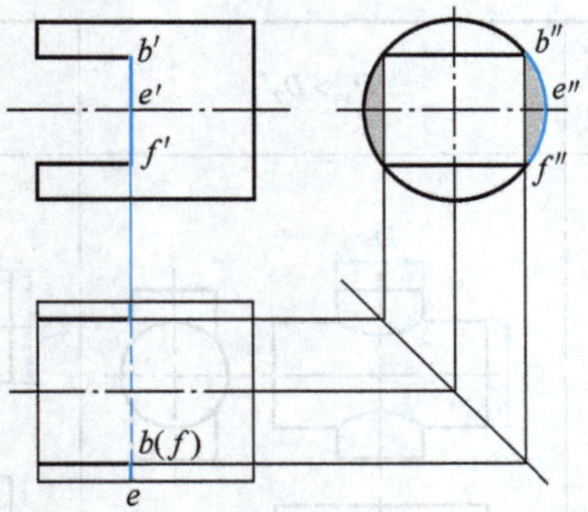
5. 擦除被截割部分的轮廓线和多余的线条，描深可见轮廓线，完成开槽圆柱俯视图的绘制 注意：圆柱开槽时，割去了部分圆柱面的最前素线和最后素线，要把割去部分的素线擦除	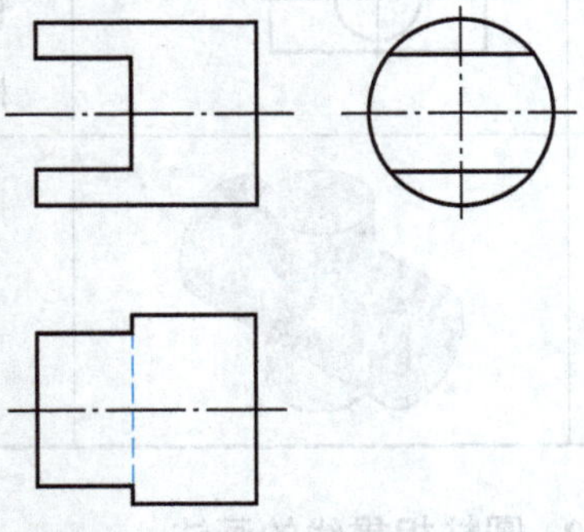

2.1.2　圆柱的相贯

图 2-4 所示为管路中常见的三通，其内、外圆柱面分别相交产生两条封闭的空间曲线。曲面和曲面的交线称为相贯线，常见的是圆柱相贯线。

1. 圆柱相贯线的类型

两圆柱正交相贯的相贯线的形状见表 2-4。一般情况下，相贯线是一条空间曲线。

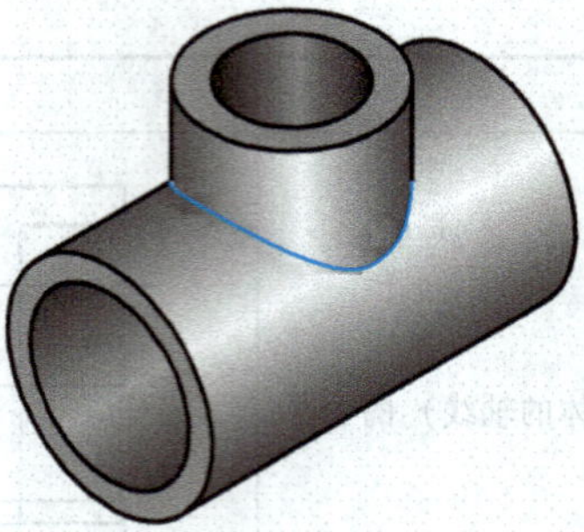

图 2-4　三通

表 2-4　两圆柱正交相贯的相贯线

尺寸变化	$D_1 > D_2$	$D_1 = D_2$	$D_1 < D_2$
三视图	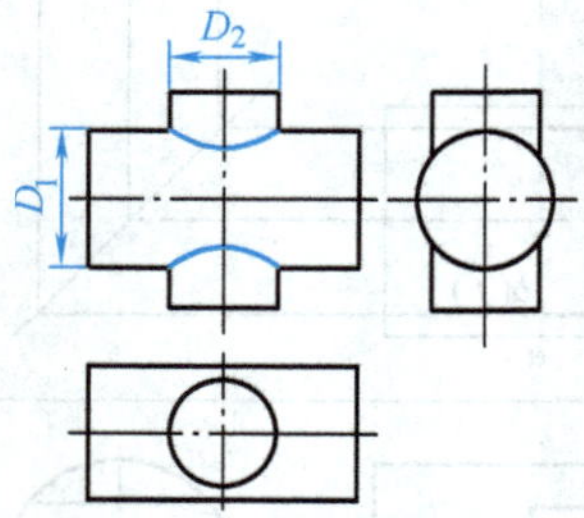	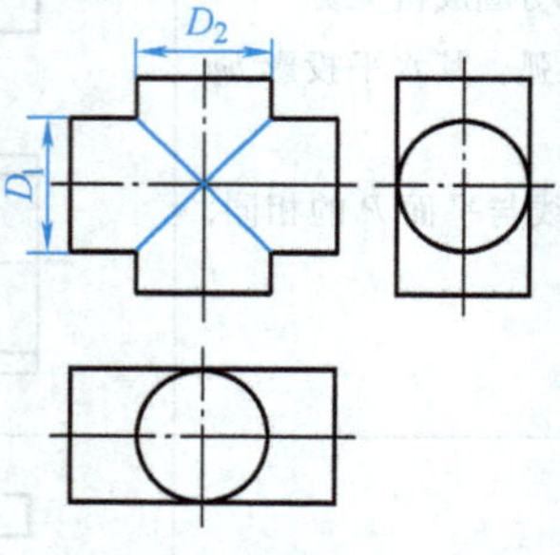 相贯线为平面曲线：椭圆	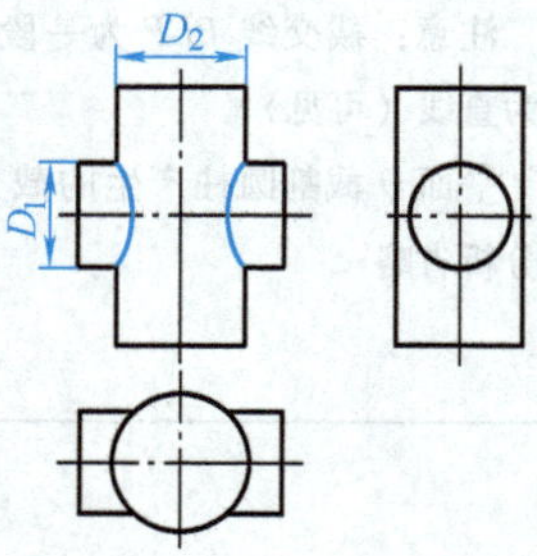
立体图	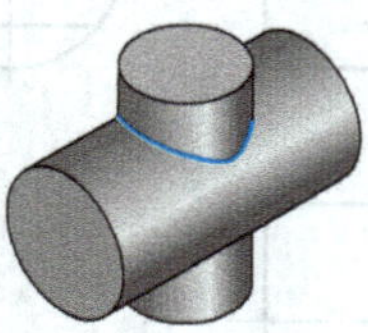	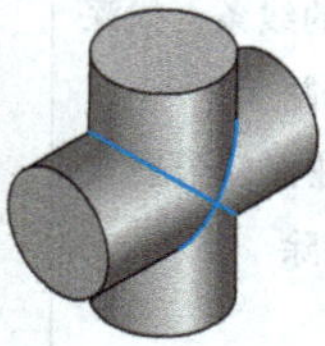	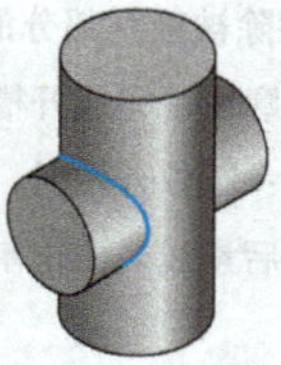

2. 圆柱相贯线的画法

如图 2-5 所示，补画主视图上相贯线的投影。

（1）分析已知条件　由图 2-5 可知，两圆柱直径不同，轴线垂直相交（正交），其中大圆柱的轴线垂直于水平投影面，故大圆柱面水平投影为圆；小圆柱的轴线垂直于侧投影面，故小圆柱面的侧面投影为圆。相贯线（空间封闭曲线）是两圆柱面的交线，也是两圆柱面的共有线，因此具有两圆柱面的投影特性，即相贯线的水平投影与大圆柱面的投影重合（为圆的一部分圆弧），相贯线的侧面投影与小圆柱的侧面投影重合（为整圆）。

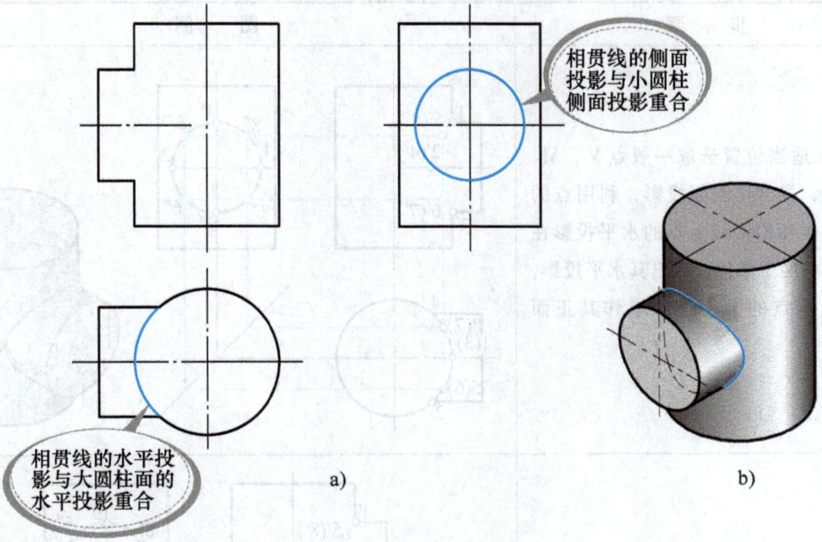

图 2-5　两圆柱正交相贯

a）三视图　b）立体图

（2）作图　图 2-5 所示圆柱相贯线的水平投影和侧面投影是已知的。在作图时，可以先找出相贯线上的特殊点，再在适当位置选取一般点，并根据点的投影规律求作未知投影，最后光滑连接各点，即得相贯线的未知投影。具体作图步骤见表 2-5。

表 2-5　绘制两圆柱的相贯线

步　　骤	图　　例
1. 在左视图上找出相贯线上的最高点Ⅰ和最低点Ⅲ（该两点同时是最左点）、最前点Ⅱ和最后点Ⅳ（该两点同时是最右点）的侧面投影和水平投影，求出正面投影	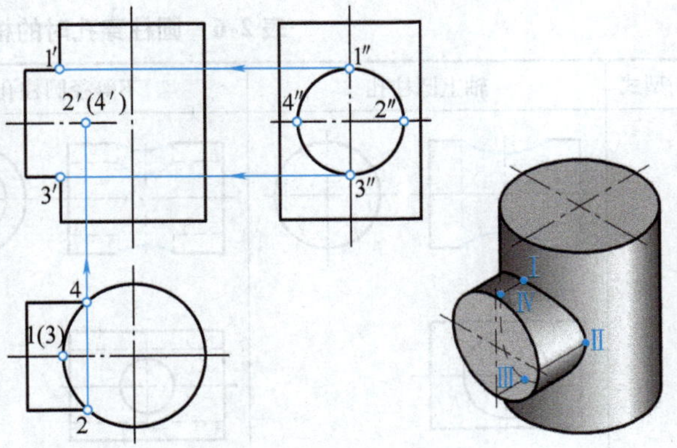

（续）

步　骤	图　例
2. 在适当位置选取一般点Ⅴ、Ⅵ、Ⅶ、Ⅷ，找出其侧面投影，利用点的投影规律和相贯线上点的水平投影在大圆上的两个条件，求出其水平投影，然后根据点的两面投影求作其正面投影	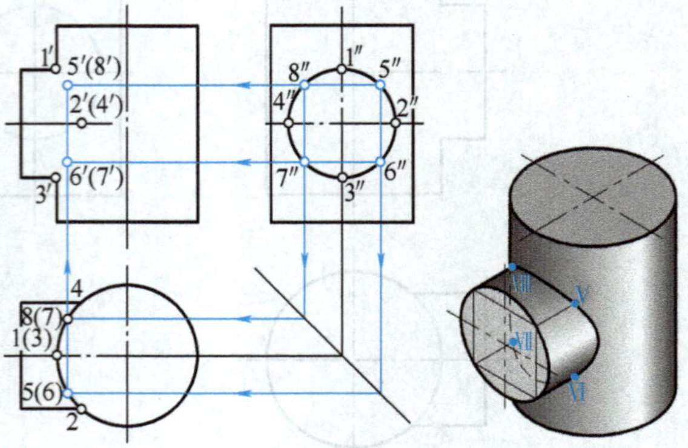
3. 光滑连接各点，擦去多余的图线，描深可见轮廓线	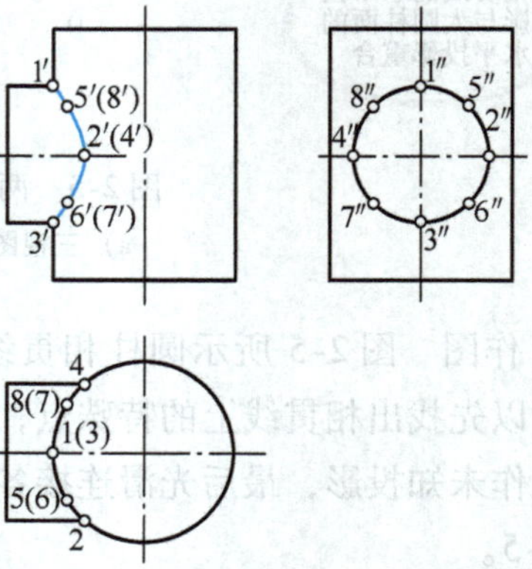

3. 常见圆柱穿孔的相贯线

圆柱穿孔时的相贯线见表2-6。

表2-6　圆柱穿孔时的相贯线

型式	轴上圆柱孔	不等径圆柱孔	等径圆柱孔
三视图	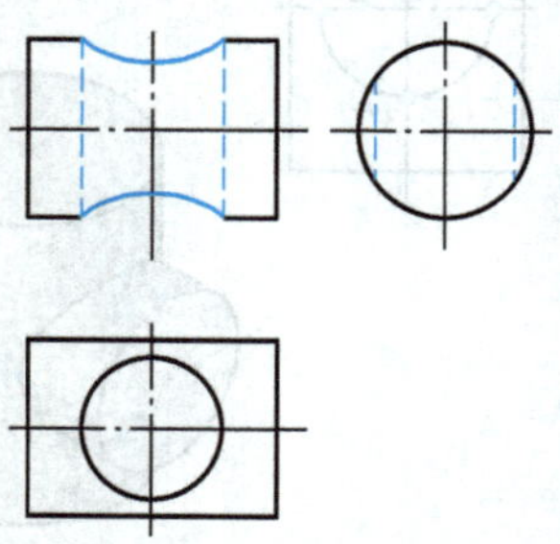	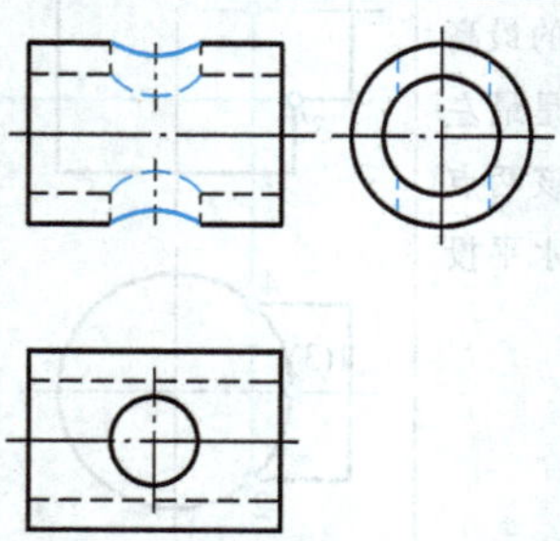	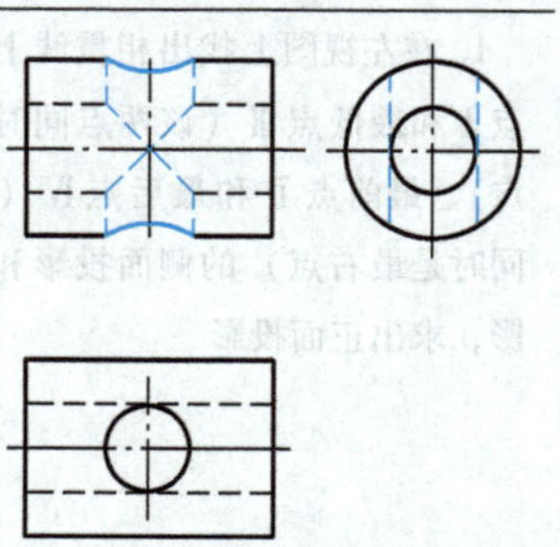

提示

圆柱相贯时，圆柱面上相贯处的最外素线消失。

2.2 绘制组合体的视图

任何复杂的零件都可以看成是由若干基本几何体组合而成的。这种由两个或两个以上的基本几何体组成的形体称为组合体。掌握组合体的画图和读图的基本方法，将为进一步识读机械图样打下基础。

2.2.1 组合体的种类与表面连接关系

1. 组合体的类型

按照形体特征，组合体可分为叠加类组合体、切割类组合体、综合类组合体，其概念、典型图例见表2-7。

表2-7 组合体的类型

类型	叠加类组合体	切割类组合体	综合类组合体
概念	由几个基本几何体叠加而成的组合体	在一个基本几何体上切割去某些形体而形成的组合体	既有叠加，又有切割的组合体
图例		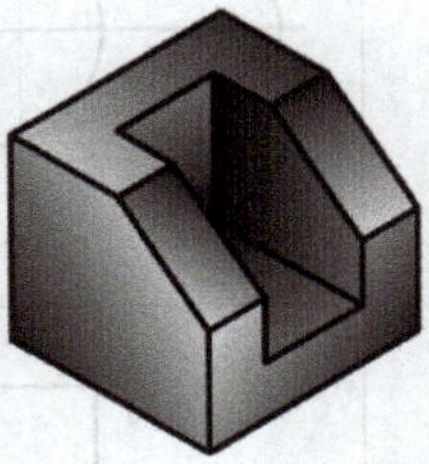	

2. 组合体的表面连接关系

在绘制组合体的三视图时，必须分析清楚形体相邻表面之间的关系，才能保证既不多画线，又不漏画线。形体上相邻两表面的连接关系有共面、相错、相切、相交等，见表2-8。

表 2-8　组合体的表面连接关系

形式	形　　体	正确画法	错误画法
1. 共面　两立体表面处于同一平面内，两相邻表面之间无分界线	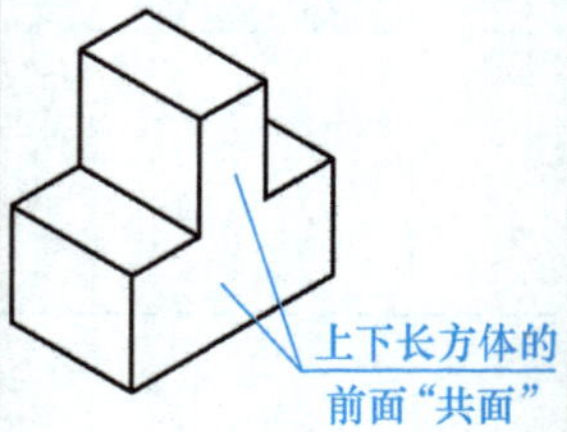	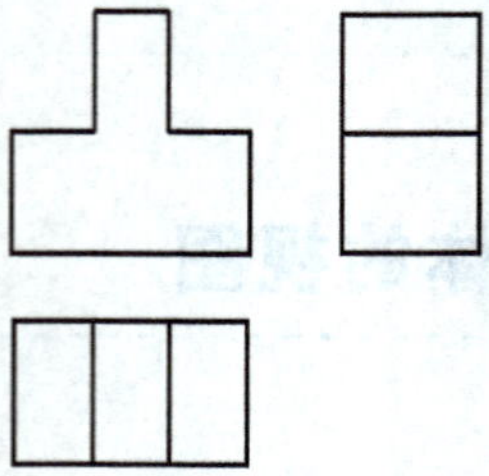	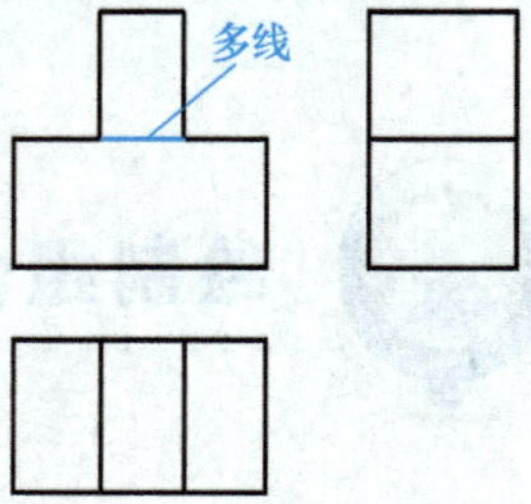
2. 异面　两表面不在同一平面内，两相邻表面之间有分界线	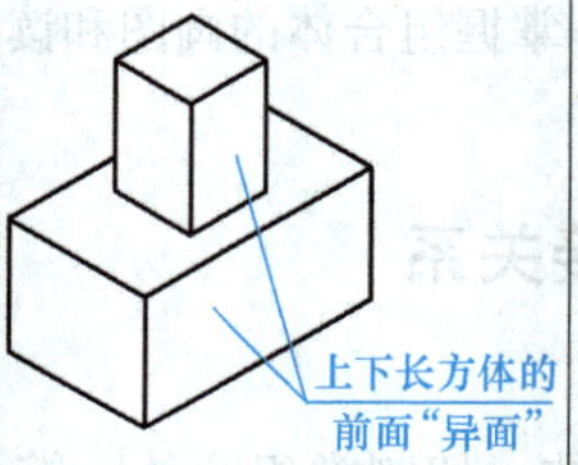	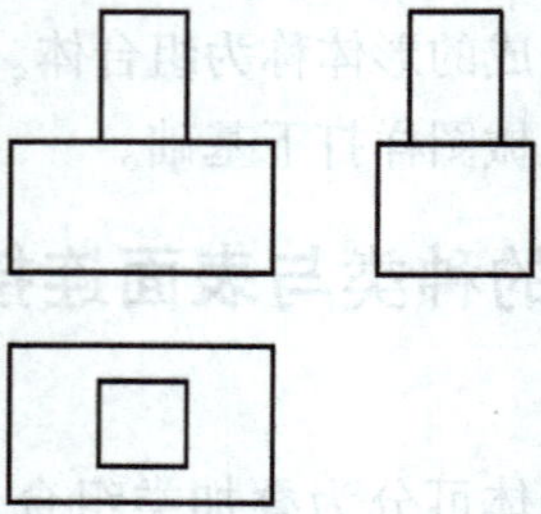	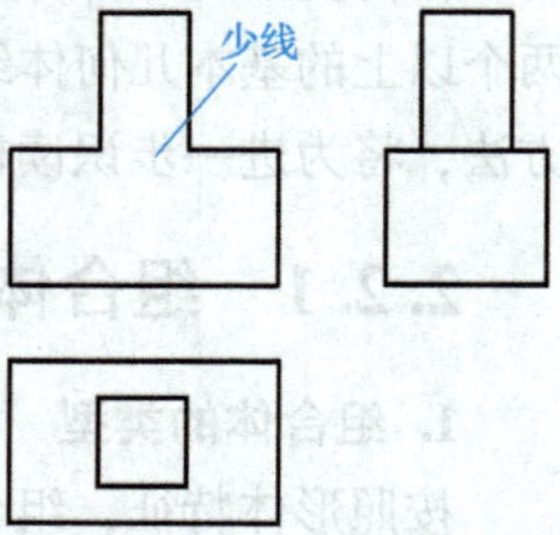
3. 相切　相邻两表面光滑过渡，在相切处不存在轮廓线，即在视图上的相切处不画线	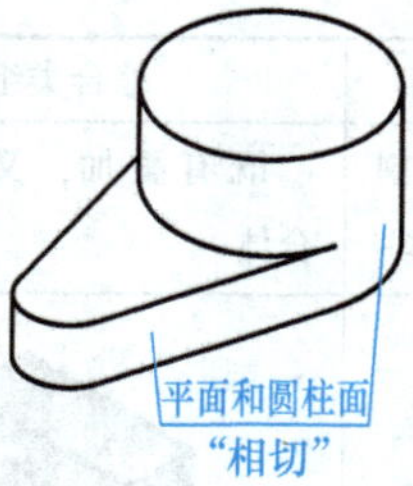	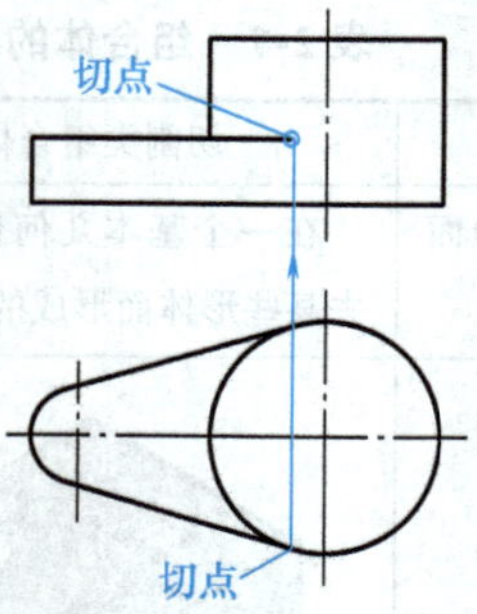	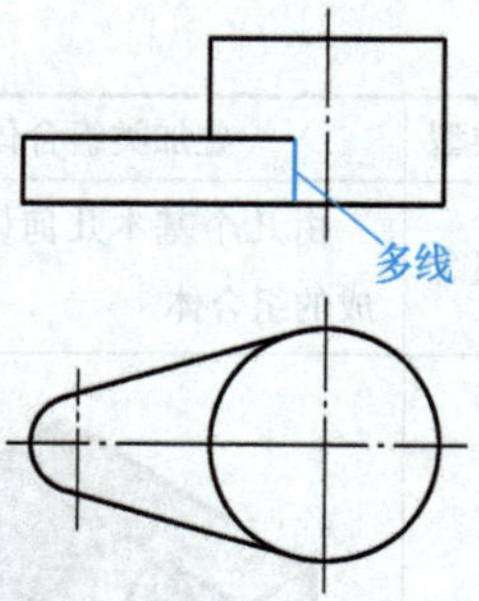
4. 相交　相邻两表面之间在相交处产生交线（截交线或相贯线）	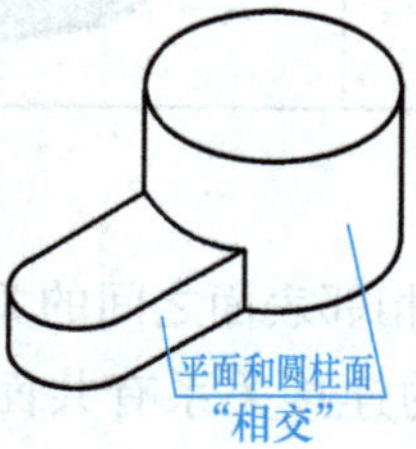	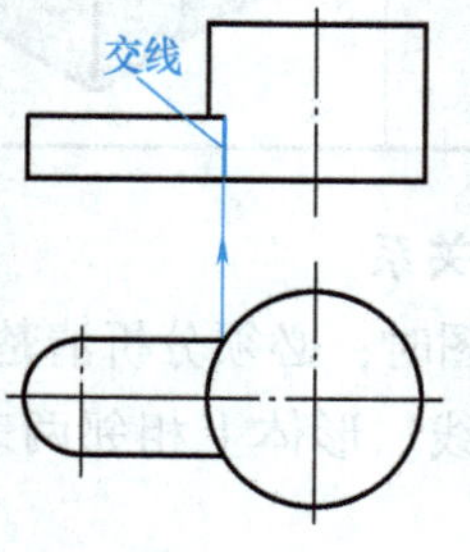	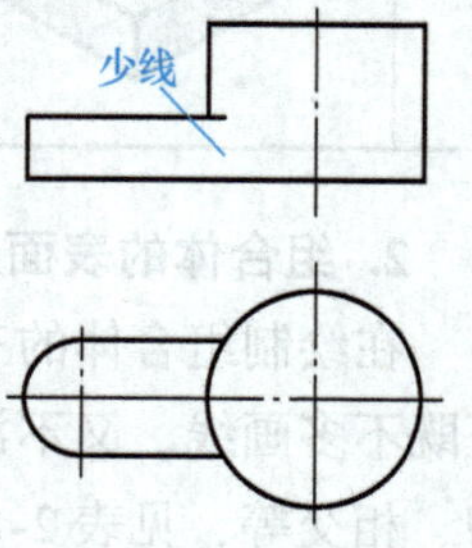

3. 绘制组合体三视图的基本原则

1）先绘主要部分，后绘次要部分。

2）先绘大形体，后绘小结构。

3）先绘可见部分，后绘不可见部分。

4）先绘特殊位置直线（平面），后绘一般位置直线（平面）。

5）三个视图要同时绘制，不要先画完主视图再画其他视图。

2.2.2 绘制叠加类组合体的三视图

画叠加类组合体的三视图时，首先要对组合体进行形体分析，然后逐个画出各个基本形体的三视图，最后分析各形体之间的相对位置和连接关系，擦去不必要的线，完成三视图。下面以图2-6所示支承座为例分析叠加类组合体的画图步骤。

1. 形体分析

首先要分析形成叠加类组合体的各基本形体的形状，然后分析各基本形体间的相对位置关系和表面连接形式。图2-6所示支承座可分解为平板、肋板、连接板和竖板（两块）5个基本形体，如图2-7所示。支承座的结构特点是前后对称，各形体之间的位置关系是：平板和连接板同宽，连接板和竖板同高，平板、连接板和竖板的前、后面共面，肋板下靠平板，右靠连接板。

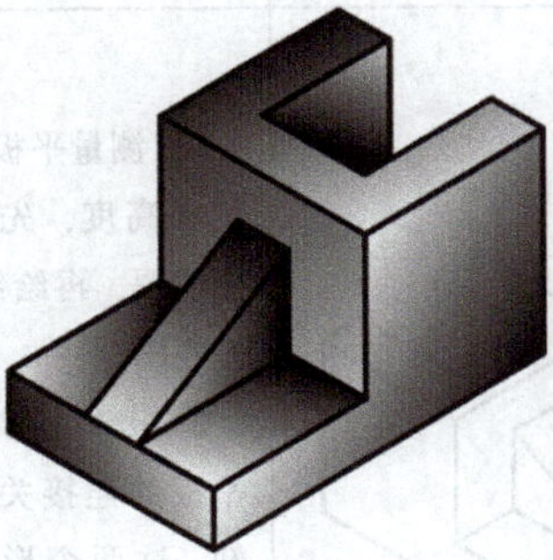

图2-6　支承座

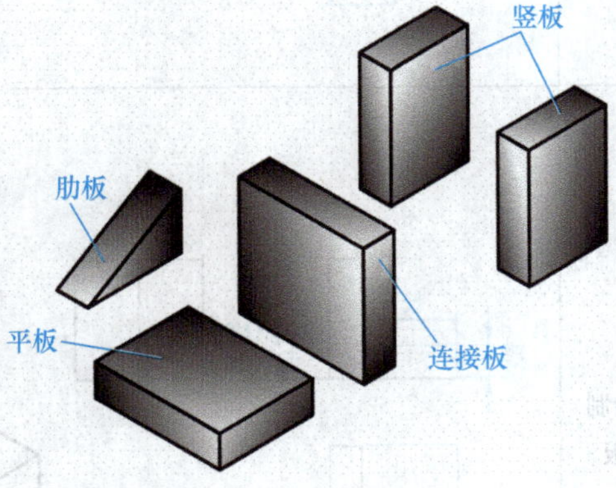

图2-7　支承座的组成

2. 绘制视图

在绘制支承座三视图时，应先绘制三视图的基准线，然后逐一绘制连接板、平板、竖板和肋板的三视图，最后检查校核、描深图形。支承座三视图的绘图方法和步骤见表2-9。

表 2-9 支承座三视图的绘图方法和步骤

步　骤	图　例	方　法
1. 绘制基准线	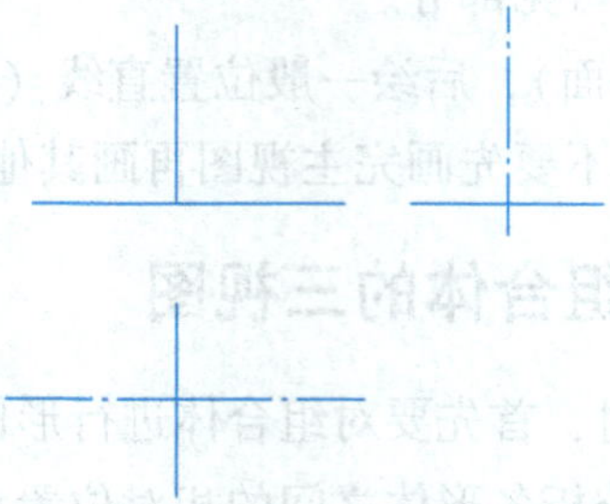	绘制主、左视图的高度基准线，绘制俯、左视图的前后对称中心线，绘制连接板左侧平面在主、俯视图上的投影线，并以此作为绘图基准线
2. 绘制连接板	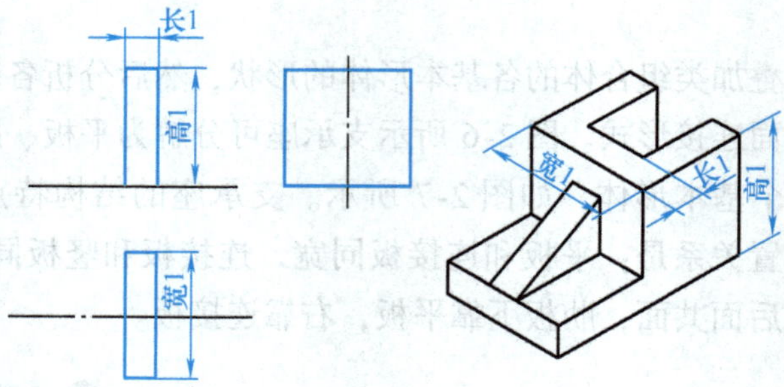	测量连接板的长、宽、高，先绘制其主视图，然后绘制俯、左视图
3. 绘制平板	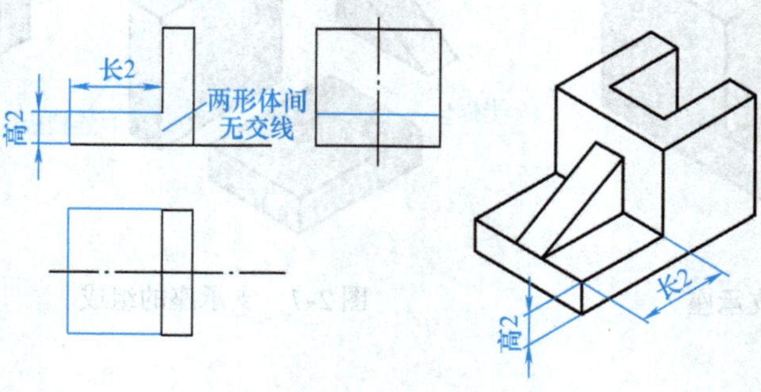	1）测量平板的长度和高度，先绘制主视图，再绘制俯、左视图 2）分析连接板和平板的连接关系可知，这两个形体的前面和后面共面，因此应擦除主视图上平板和连接板之间的可见轮廓线

（续）

步　骤	图　例	方　法
4. 绘制竖板	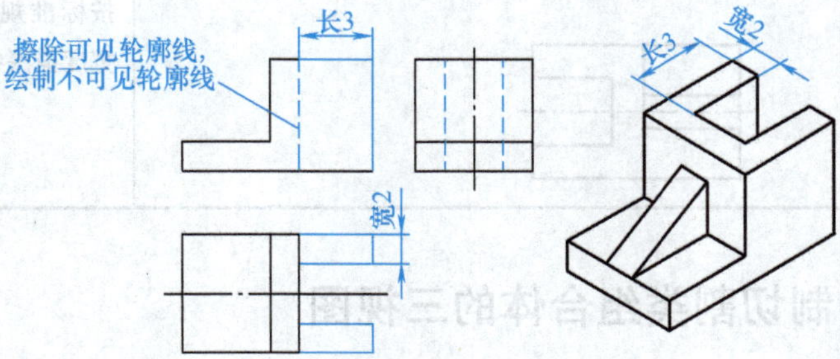	1）测量竖板的长度，绘制竖板的主视图，测量竖板的宽度，绘制俯、左视图 2）擦除主视图上连接板与竖板之间的可见轮廓线 3）连接板与两竖板相连形成凹槽，将凹槽在主、左视图上的投影用细虚线表达
5. 绘制肋板	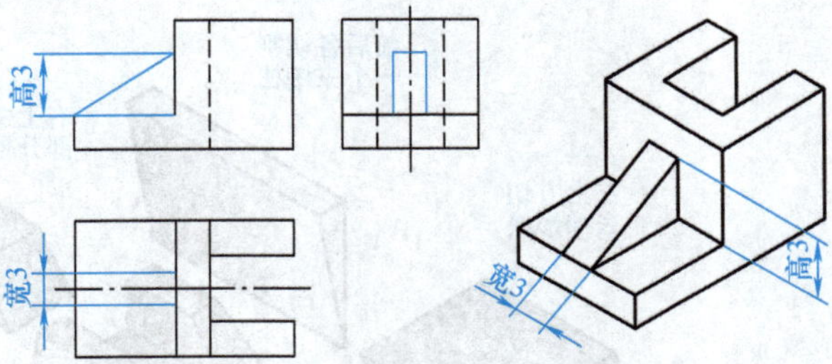	1）测量肋板的高度，绘制肋板的主视图 2）测量肋板的宽度，绘制肋板的俯视图 3）依据投影规律，绘制肋板的左视图
6. 检查校核视图	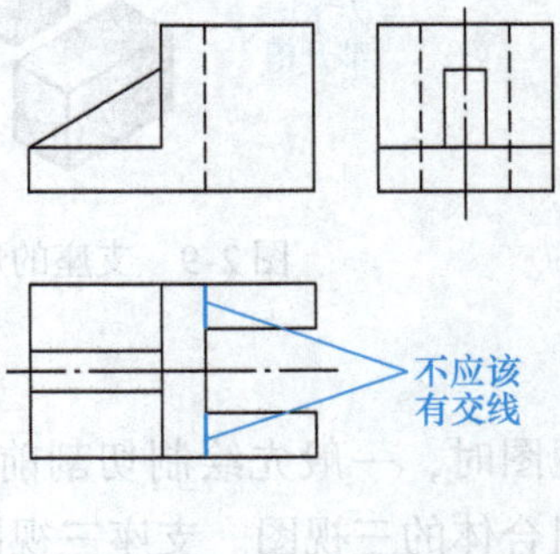	对照立体形状，根据投影规律，反复检查三视图，要重点检查各基本形体之间的表面连接情况。通过检查发现，在俯视图上没有擦除连接板与竖板之间的可见轮廓线

（续）

步　骤	图　例	方　法
7. 按线型描深图线	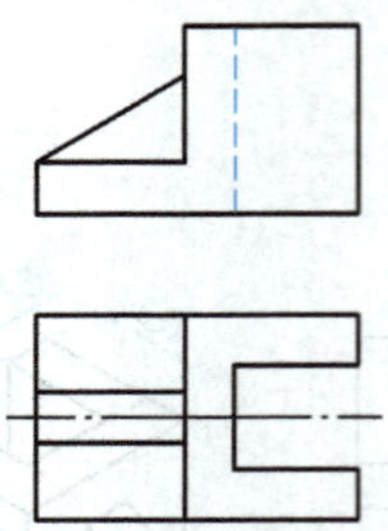	擦去多余作图线，按标准规定的图线宽度描深各种图线

2.2.3　绘制切割类组合体的三视图

图 2-8 所示为支座的正等测图。不难看出，图 2-8 所示支座属于切割类组合体，下面以此为例分析切割类组合体的绘图方法和步骤。

1. 形体分析

支座是由长方体经过一系列切割而成的，其具体切割步骤如图 2-9 所示。

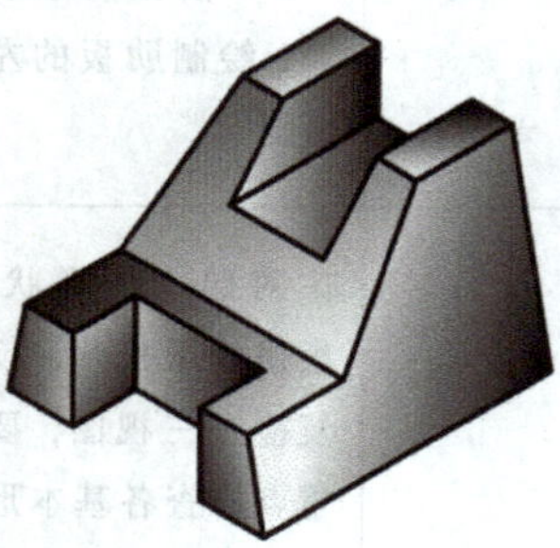

图 2-8　支座的正等测图

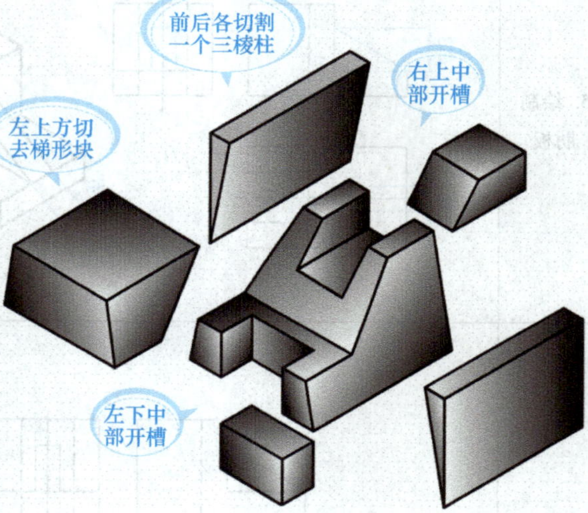

图 2-9　支座的形成过程

2. 绘制视图

在绘制切割类组合体的三视图时，一般先绘制切割前基本几何体的三视图，然后根据切割步骤逐步绘制出组合体的三视图。支座三视图的作图方法和步骤见表 2-10。

表 2-10　支座三视图的作图方法和步骤

步　骤	图　例	方　法
1. 绘制切割前长方体的三视图	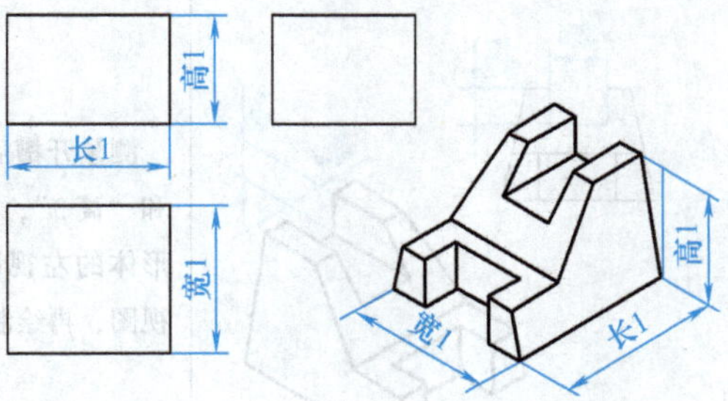	测量支座上的尺寸“长1”、“宽1”和“高1” 注意：在轴测图上，不平行于轴测轴的线段不能度量
2. 在长方体的前后各切割一个三棱柱	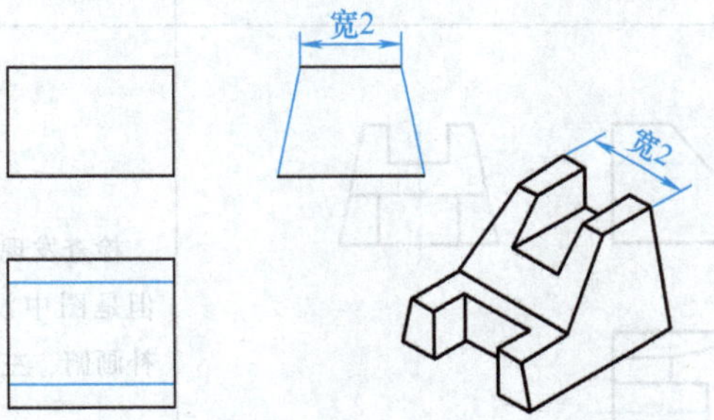	测量切割后梯形块上部的尺寸“宽2”，绘制切割后形体的左视图，然后利用投影规律补画俯视图上的缺线
3. 在形体的左上方切去了一个梯形块	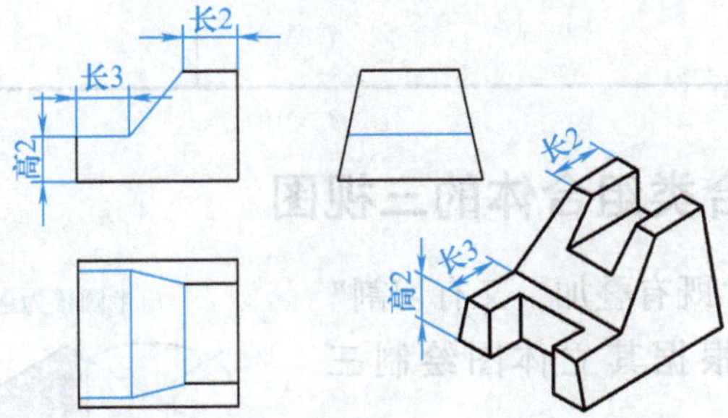	测量切割后形体的尺寸“长2”、“长3”和“高2”，绘制切割后形体的主视图，然后绘制左视图，再绘制俯视图
4. 在形体左下中部开槽	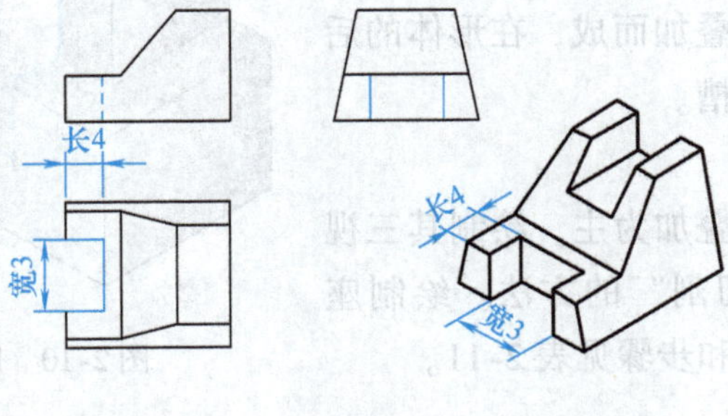	测量开槽后的尺寸“宽3”和“长4”，绘制左下开槽后形体的俯视图，然后绘制主、左视图

（续）

步　骤	图　例	方　法
5. 在形体的右上中部开槽	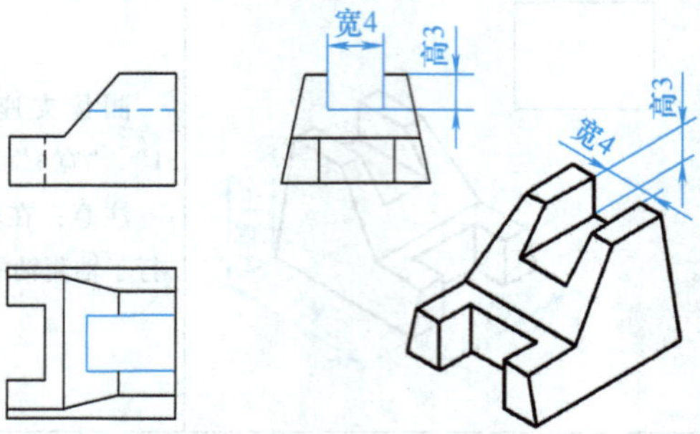	测量开槽后的尺寸“宽 4”和“高 3”，绘制右上开槽后形体的左视图，然后绘制主视图，再绘制俯视图
6. 擦除作图线，校核三视图，按线型描深图线	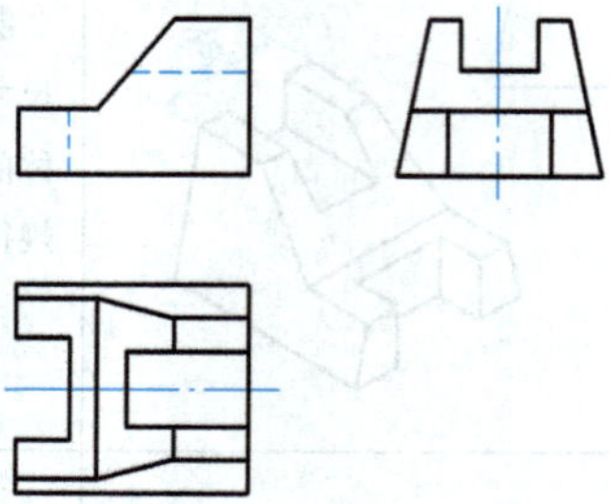	检查发现：形体前后对称，但是图中没有绘制对称线。补画俯、左视图上的对称线

2.2.4 绘制综合类组合体的三视图

图 2-10 所示座体是“既有叠加，又有切割”的综合类组合体，下面根据其立体图绘制三视图。

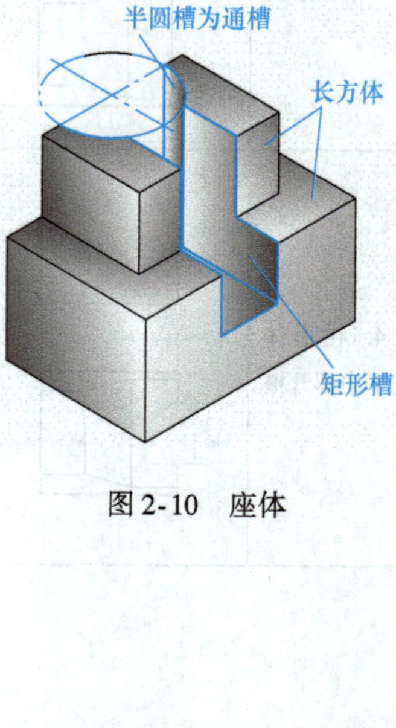

图 2-10　座体

1. 形体分析

该形体由两个长方体叠加而成，在形体的后面开半圆槽，中间开矩形槽。

2. 作图步骤

综合类组合体大都以叠加为主，绘制其三视图可采用“先叠加，后切割”的方法。绘制座体三视图的具体作图方法和步骤见表 2-11。

表 2-11　座体三视图的作图方法和步骤

步　骤	图　例	方　法
1. 绘制上、下长方体的三视图	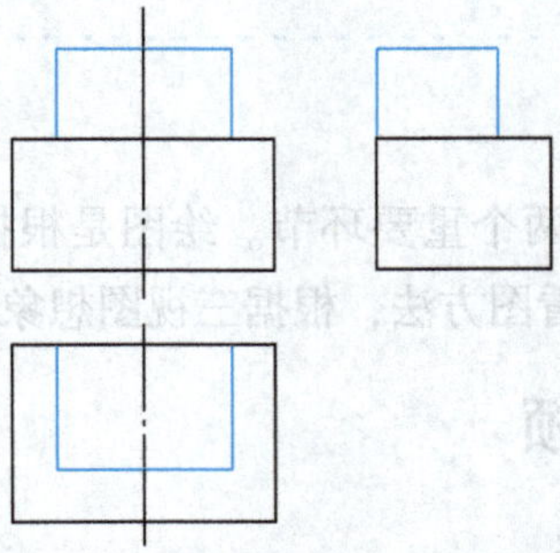	注意：该形体左右对称，在主、俯视图上需绘制左右对称线
2. 绘制形体后面割半圆槽后形成的轮廓线	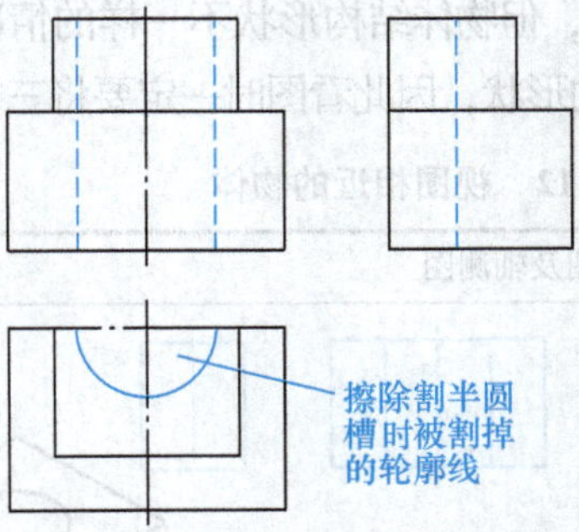	1）先绘制半圆槽的俯视图，然后绘制主、左视图 2）擦除俯视图上割半圆槽时被割掉的轮廓线
3. 绘制形体中间开矩形槽后的轮廓线	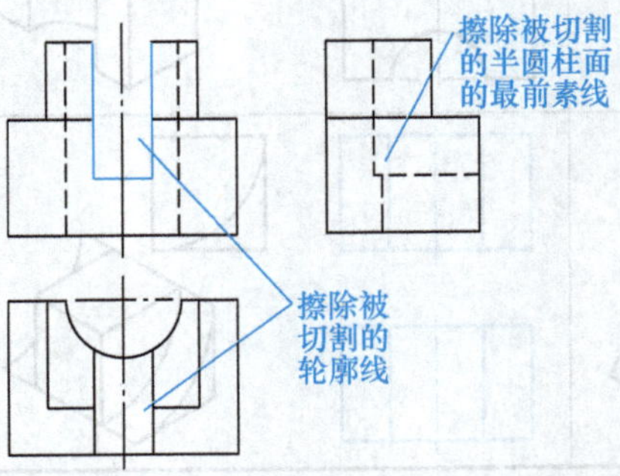	1）先绘制矩形槽的主视图，再绘制俯视图，最后绘制左视图 2）矩形槽和半圆孔产生截交线 3）擦除割矩形槽后被割掉的轮廓线 4）擦除被切割的半圆柱面的最前素线
4. 检查校核，按线型描深图线	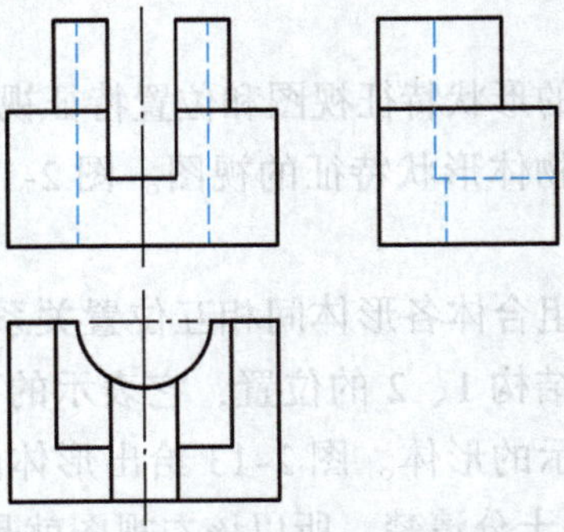	

2.3 识读组合体的视图

读图和绘图是学习机械制图的两个重要环节。绘图是根据实物或立体图绘制三视图；读图则是按照投影规律和看图方法，根据三视图想象出物体的结构形状。

2.3.1 读图的基本要领

1. 要把几个视图联系起来识读

表2-12列出了几种两视图相同，但物体结构形状不一样的情况。很显然，在某些情况下，两个视图也不能确定物体的形状，因此看图时一定要将三视图联系起来分析。

表 2-12 视图相近的物体

物体三视图及轴测图		三视图比较
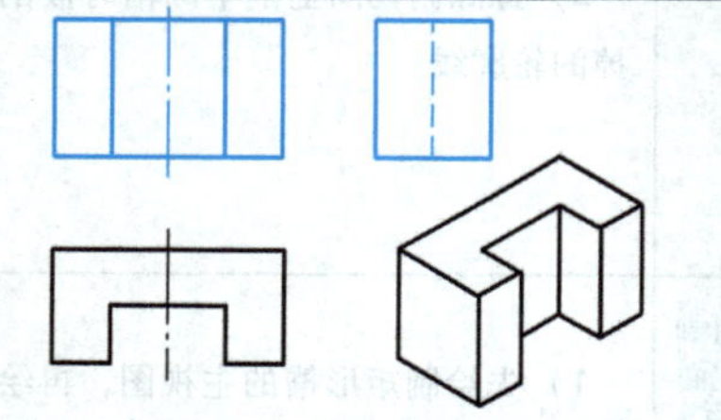	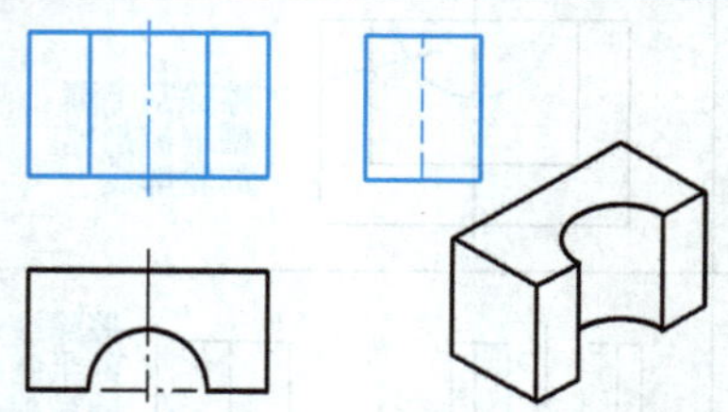	主视图和左视图相同
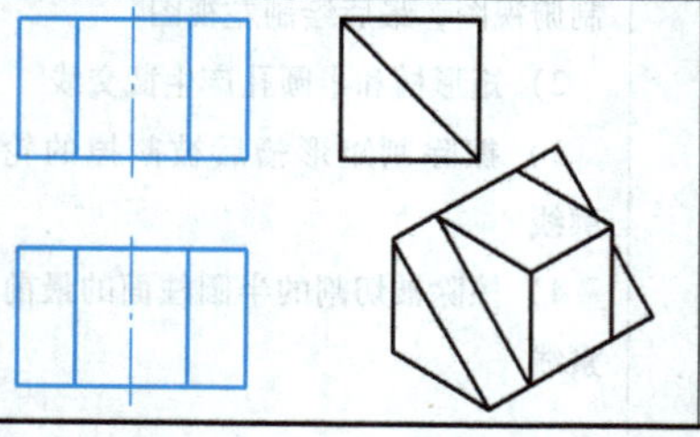	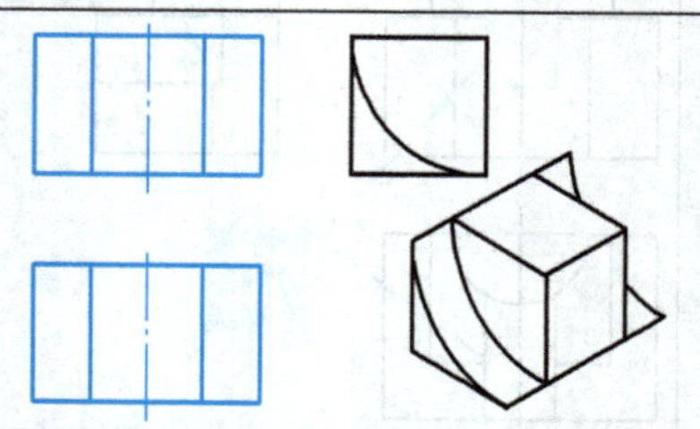	主视图和俯视图相同

2. 看图时要抓特征视图

抓特征视图就是要抓住物体的形状特征视图和位置特征视图。

形状特征视图是指最能反映物体形状特征的视图。图2-11所示底板的俯视图是形状特征视图。

位置特征视图是指最能反映组合体各形体间相互位置关系的视图。图2-12a所示支架的主、俯视图无法确定结构1、2的位置，它表示的可能是图2-12b所示的形体，也可能是图2-12c所示的形体。图2-13给出形体的主、左视图，在左视图上结构1、2的凸凹表达得十分清楚，所以该左视图就是位置特征视图。

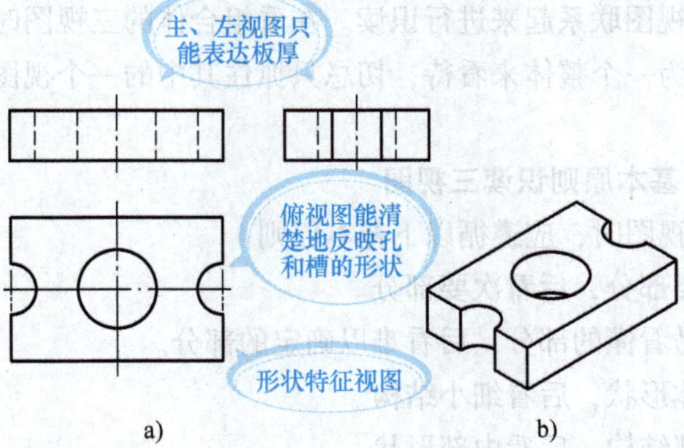

a) b)

图 2-11 形状特征视图举例

a）三视图 b）立体图

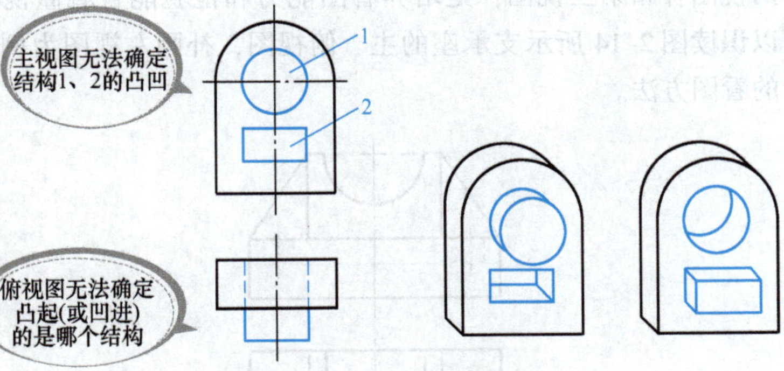

a) b) c)

图 2-12 支架

a）两视图 b）形体一 c）形体二

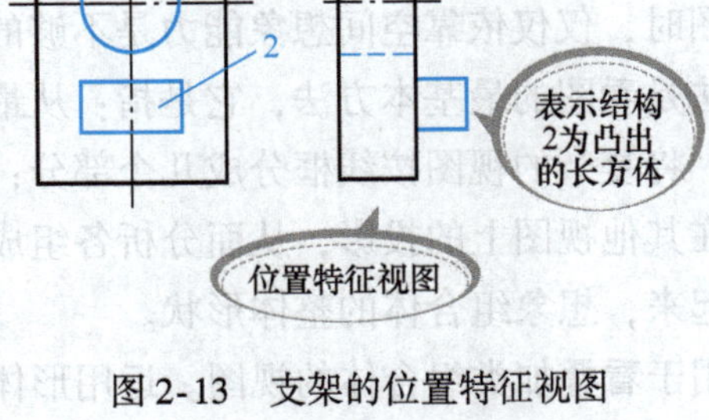

图 2-13 支架的位置特征视图

看图时，应抓住反映物体主要形状特征和位置特征的视图，运用三视图的投影规律，将几个视图联系起来进行识读。在看组合体的三视图时，要把表达物体形状的三视图作为一个整体来看待，切忌只抓住其中的一个视图不放，或把三个视图孤立看待。

3. 要按读图基本原则识读三视图

看组合体的视图时，应遵循以下基本原则：

1）先看主要部分，后看次要部分。

2）先看容易看懂的部分，后看难以确定的部分。

3）先看整体形状，后看细小结构。

4）先看外部结构，后看内部形状。

2.3.2　识读叠加类组合体的视图

根据两视图补画第三视图，是培养看图能力和检验能否看懂视图的重要方法，下面以识读图 2-14 所示支承座的主、俯视图，补画左视图为例，学习叠加类组合体的看图方法。

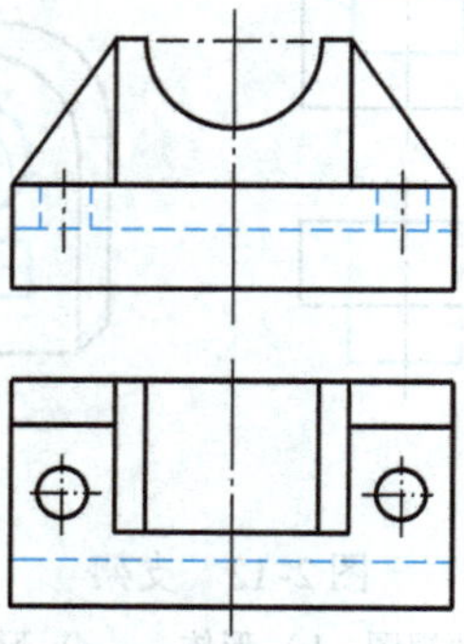

图 2-14　支承座

1. 形体分析法

在看组合体的视图时，仅仅依靠空间想象能力是不够的，还需要掌握必要的看图方法。形体分析法是看图的最基本方法，它是指：从最能反映物体形状、位置特征的主视图入手，将复杂的视图按线框分成几个部分；然后运用三视图的投影规律，找出各线框在其他视图上的投影，从而分析各组成部分的形状和它们之间的位置；最后综合起来，想象组合体的整体形状。

形体分析法主要用于看叠加类组合体的视图。运用形体分析法看图时，要把视图上的每一个线框都看成是一个基本形体的投影。

2. 运用形体分析法看图

下面以识读支承座的主、俯视图，补画左视图为例，学习运用形体分析法看叠加类组合体视图的方法和步骤，具体见表2-13。

表2-13 支承座的看图方法和步骤

方法与步骤		图 例
1. 按线框分部分 从最能反映该组合体形状特征的主视图入手，将其划分成Ⅰ、Ⅱ、Ⅲ、Ⅳ四个部分		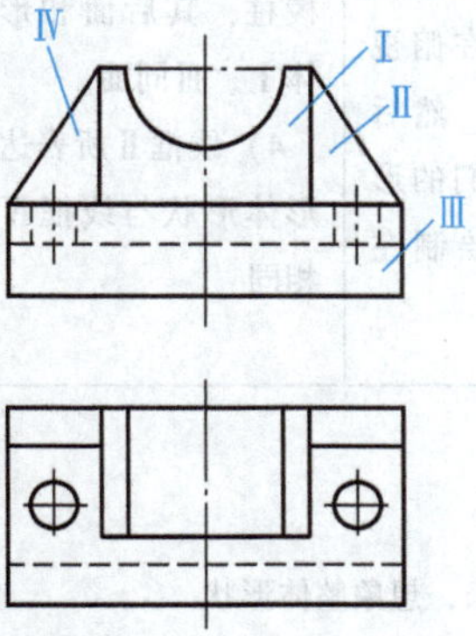
2. 对投影，想形状 运用投影规律，分别找出主视图上的四个线框在俯视图上的投影，然后逐一想象它们的形状，并分别绘制左视图	1）分析线框Ⅲ所对应的主、俯视图可知，形体为在长方体底板的下面后部割去了一个小长方体，并在左、右各钻了一个小孔	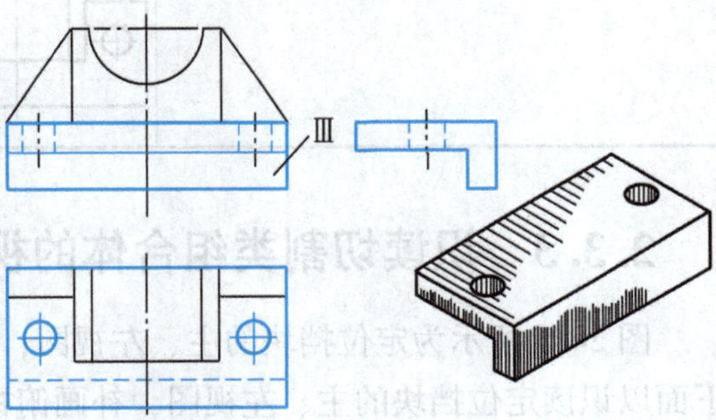
	2）分析线框Ⅰ所对应的主、俯视图可知，框Ⅰ所表达的形体是一个带有半圆槽的长方体。该形体在底板Ⅲ的上面中间位置，后面与底板平齐	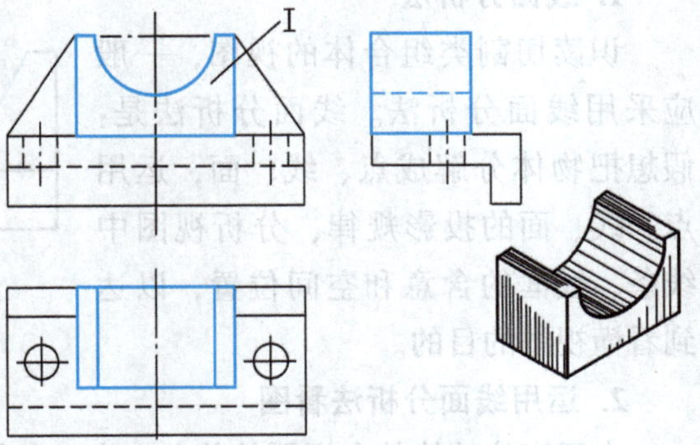

（续）

方法与步骤		图例
2. 对投影，想形状 运用投影规律，分别找出主视图上的四个线框在俯视图上的投影，然后逐一想象它们的形状，并分别绘制左视图	3）分析线框Ⅳ所对应的主、俯视图可知，其形状为三棱柱，其后面和形体Ⅰ、Ⅲ同面。 4）线框Ⅱ所表达形体形状与线框Ⅳ相同	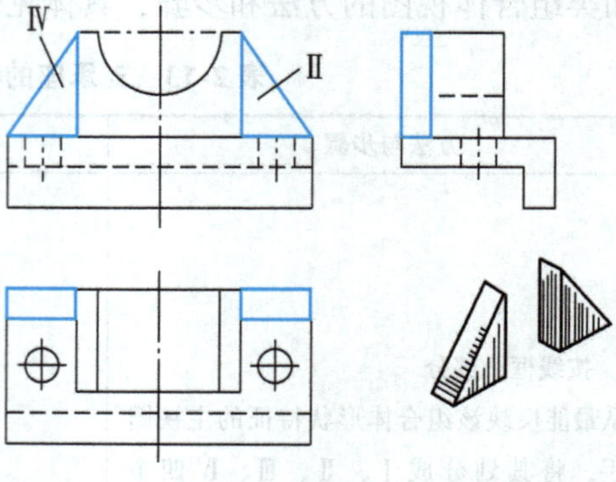
3. 综合起来，想象整体形状 在看懂每个基本形体的基础上，想象它们的相互位置，逐渐形成一个整体的形象		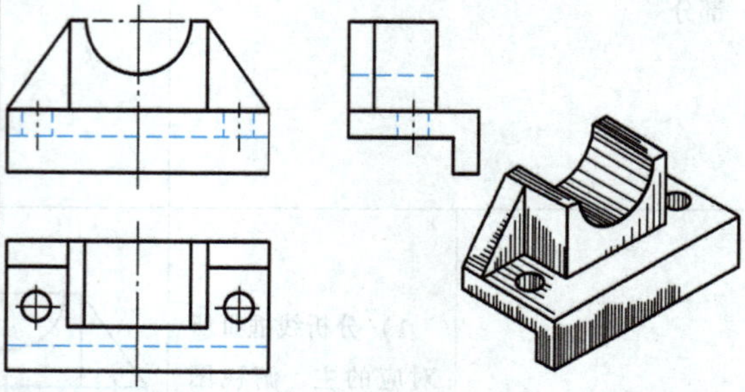

2.3.3 识读切割类组合体的视图

图2-15所示为定位挡块的主、左视图，该形体是一个典型的切割类组合体。下面以识读定位挡块的主、左视图，补画俯视图为例，分析切割类组合体的看图方法和步骤。

1. 线面分析法

识读切割类组合体的视图，一般应采用线面分析法。线面分析法是：假想把物体分解成点、线、面，运用点、线、面的投影规律，分析视图中线条、线框的含意和空间位置，以达到看懂视图的目的。

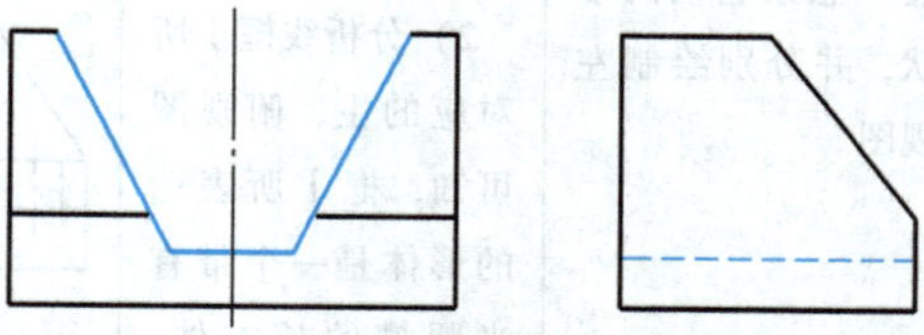

图2-15 定位挡块的主、左视图

2. 运用线面分析法看图

由于定位挡块的左视图的前上方有一条斜线，可以设想该形体的上前方用侧垂面切割，通过对投影，可知在主视图上的相应位置有一条横线（图2-16①），因此设想成立。在主视图上有一个V形槽，可以设想在形体的中间用两个正垂面和一个水平面开槽，通过对投影可知在左视图上的相应位置有一条横线（图2-16，②细虚线），因此该设想也成立。识读定位挡块的主、左视图，补画俯视图的具体方法见表2-14。

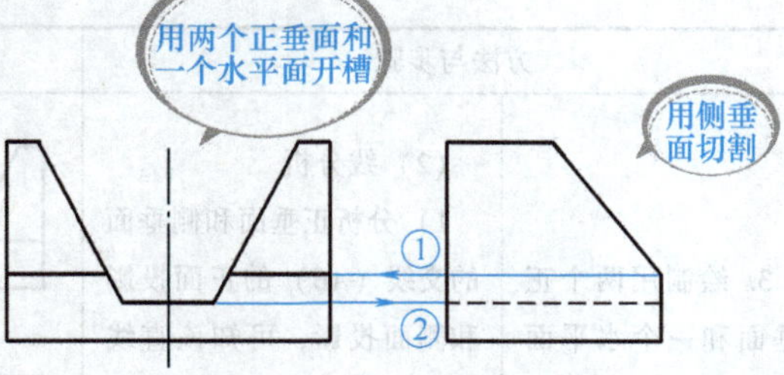

图2-16 对投影，分析切割情况

表2-14 识读定位挡块三视图的方法和步骤

方法与步骤		图例
1. 首先想象出未切割之前的形体 主、左视图的外围轮廓以矩形为主，因此该形体由长方体切割而成。绘制切割前长方体的俯视图		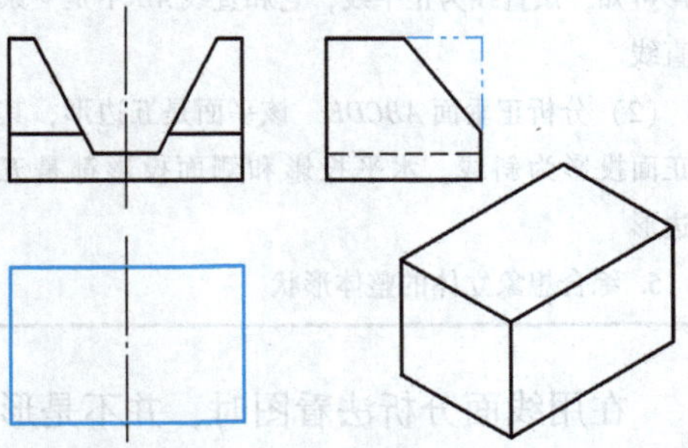
2. 在形体前上方用侧垂面割去一个三棱柱 分析切割后侧垂面 P 的正面投影和侧面投影，求作其水平投影		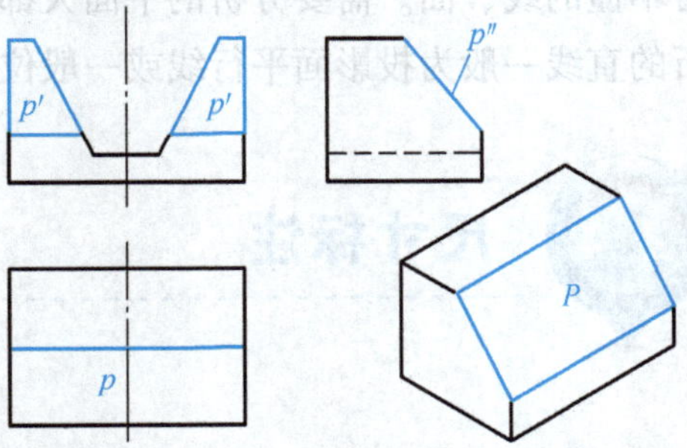
3. 绘制用两个正垂面和一个水平面开槽后的俯视图	（1）面分析 1）分析水平面 Q 的正面投影和侧面投影，可知该平面为水平面，其形状为正方形 2）根据水平面 Q 的两面投影，求作水平投影 3）擦去多余图线	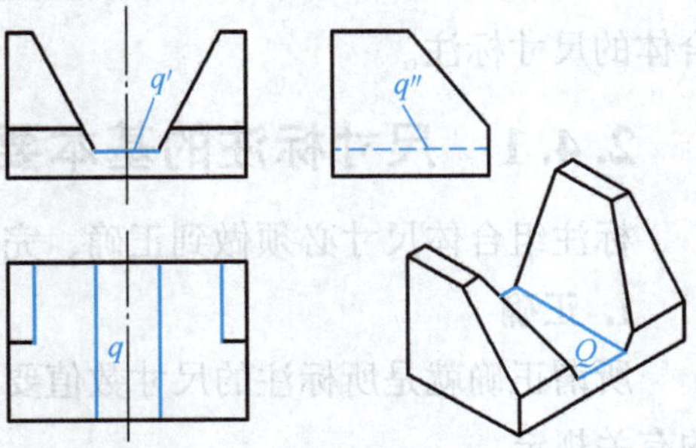

（续）

方法与步骤		图　例
3. 绘制用两个正垂面和一个水平面开槽后的俯视图	（2）线分析 1）分析正垂面和侧垂面的交线（AB）的正面投影和侧面投影，可知该直线为一般位置直线 2）根据直线 AB 的两面投影求作其水平投影	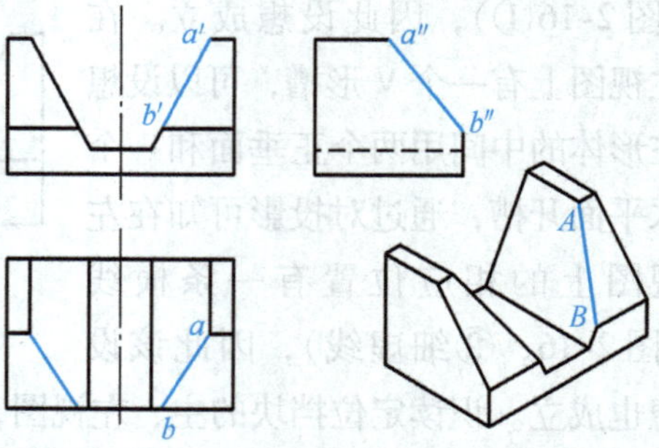
4. 检查校核 （1）分析直线 BC　通过分析直线 BC 的三面投影可知，该直线为正平线，它和直线 AB 不是一条直线 （2）分析正垂面 ABCDE　该平面是五边形，其正面投影为斜线，水平投影和侧面投影都是五边形 5. 综合想象立体的整体形状		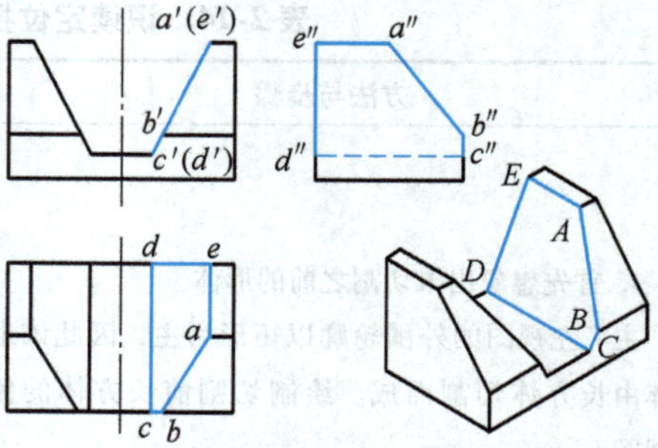

在用线面分析法看图时，并不是形体上所有的线、面都分析，而是重点分析看不懂的线、面。需要分析的平面大都是投影面垂直面或一般位置平面，需要分析的直线一般为投影面平行线或一般位置直线。

2.4 尺寸标注

视图确定立体的形状，尺寸确定立体的大小，本节主要学习基本几何体和组合体的尺寸标注。

2.4.1 尺寸标注的基本要求

标注组合体尺寸必须做到正确、完整、清晰。

1. 正确

所谓正确就是所标注的尺寸数值要准确无误，标注方法要严格遵守国家标准的有关规定。

2. 完整

所谓完整就是要求所标注的尺寸必须能完全确定组合体的形状、大小及各部分之间的相对位置，不遗漏、不重复。

3. 清晰

所谓清晰就是尺寸要恰当布局，便于查找和看图，不至于发生误解和混淆。

2.4.2 基本几何体的尺寸标注

1. 平面立体的尺寸标注

如图2-17所示，长方体应标出其长、宽、高三个尺寸。六棱柱应标出其高度尺寸和底面尺寸，底面为正六边形时一般标注其对边尺寸，并标注对角尺寸作为参考尺寸（尺寸数字加括号）。四棱锥必须标注底面的长、宽尺寸和棱锥的高度尺寸。

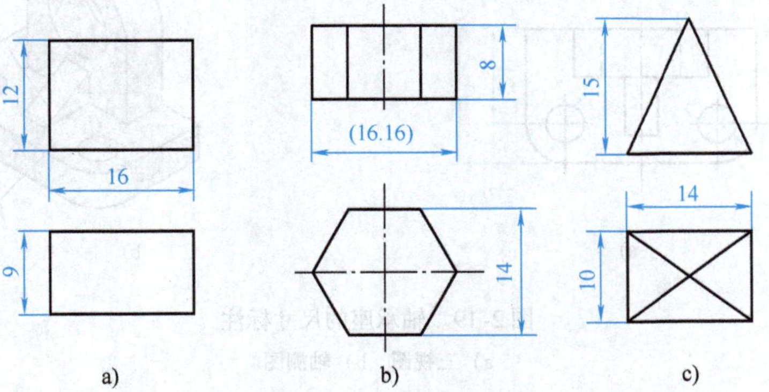

图2-17 平面立体的尺寸标注

a）长方体 b）六棱柱 c）四棱锥

2. 曲面立体的尺寸标注

如图2-18所示，圆柱、圆锥台等须标出底圆直径尺寸和高度尺寸；球只需标出球面的直径或半径，并在直径尺寸数字前加注“$S\phi$”，在半径尺寸数字前加注“SR”；圆环标注母线圆直径（ϕ10mm）和母线圆心轨迹圆直径（ϕ35mm）。

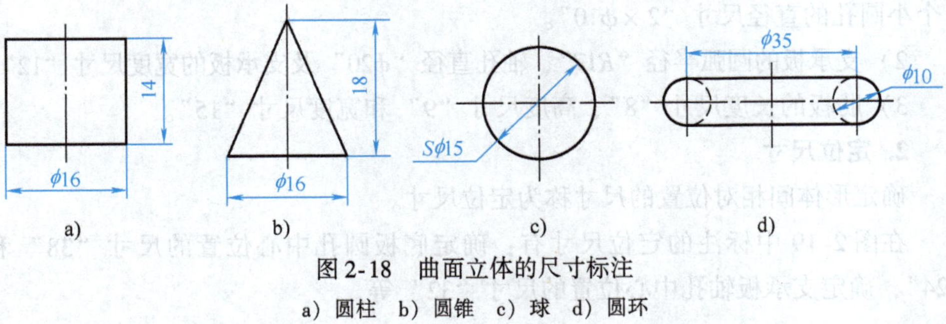

图2-18 曲面立体的尺寸标注

a）圆柱 b）圆锥 c）球 d）圆环

2.4.3 组合体尺寸的分类

图2-19所示为轴承座的三视图和轴测图，为确定形体大小，在三视图上标注了尺寸。

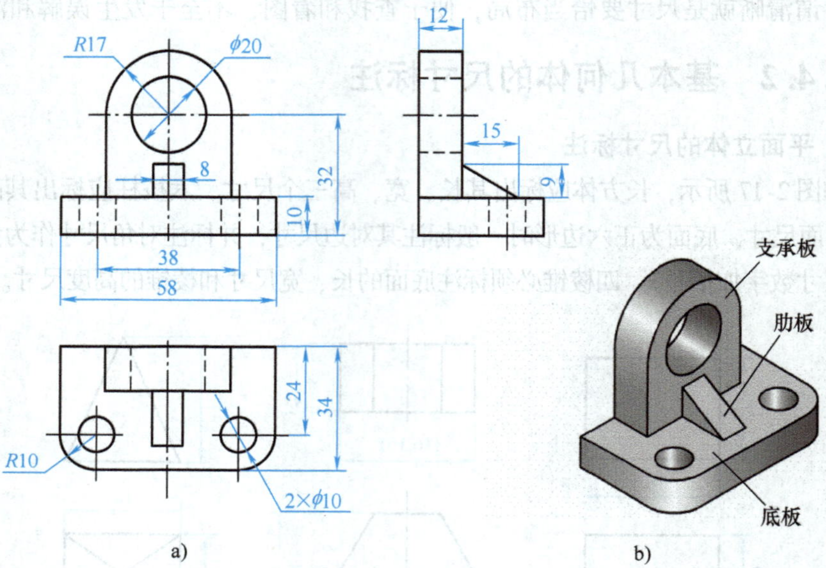

a)　　b)

图2-19　轴承座的尺寸标注

a）三视图　b）轴测图

组合体的尺寸分为定形尺寸和定位尺寸两种。

1. 定形尺寸

确定各基本形体大小的尺寸称为定形尺寸。

图2-19中的轴承座由底板、支承板、肋板三部分组成，各部分的定形尺寸有：

1）底板的长“58”、宽“34”、高“10”，底板圆角半径“$R10$”和底板上2个小圆孔的直径尺寸“$2\times\phi10$”。

2）支承板的圆弧半径“$R17$”、轴孔直径“$\phi20$”及支承板的宽度尺寸“12”。

3）肋板的长度尺寸“8”、高度尺寸“9”和宽度尺寸“15”。

2. 定位尺寸

确定形体间相对位置的尺寸称为定位尺寸。

在图2-19中标注的定位尺寸有：确定底板圆孔中心位置的尺寸“38”和“24”，确定支承板轴孔中心位置的尺寸“32”等。

2.4.4 标注尺寸的注意事项

为了便于读图和查找相关尺寸，尺寸的布置必须整齐清晰，在标注尺寸时除必须遵守国家标准的有关规定外，还应注意以下几点：

1. 尺寸尽量集中标注

同一形体的定形尺寸和相关的定位尺寸要尽量集中标注，以便于看图，如图2-20所示。

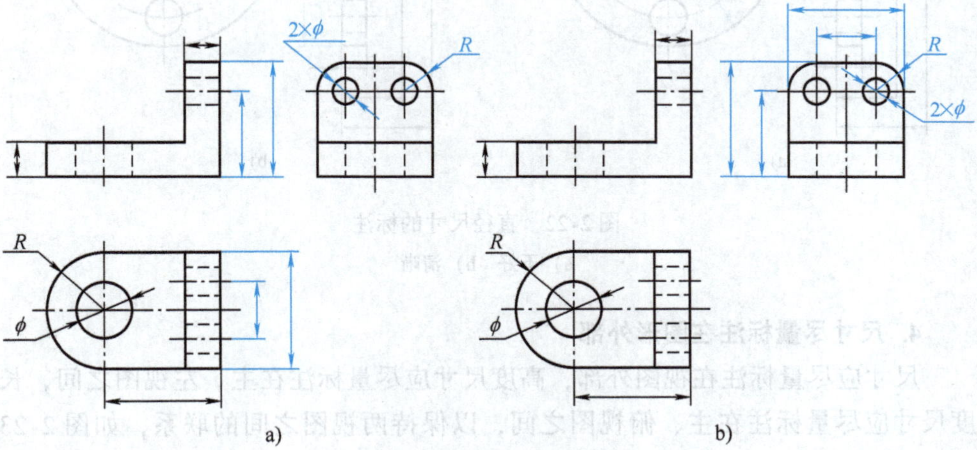

图2-20 集中标注尺寸

a）不好 b）清晰

2. 尺寸尽量标注在最明显位置

尺寸应尽量标注在表达该结构形体特征最明显的视图上，并尽量避免标注在细虚线上，如图2-21所示。

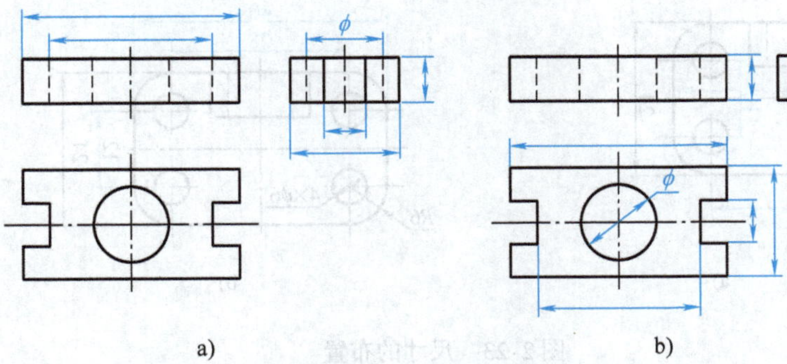

图2-21 尺寸应标注在特征视图上

a）不好 b）正确

3. 直径尽量标注在非圆视图上

同心圆柱的直径尺寸尽量标注在非圆视图上，如图 2-22 所示。

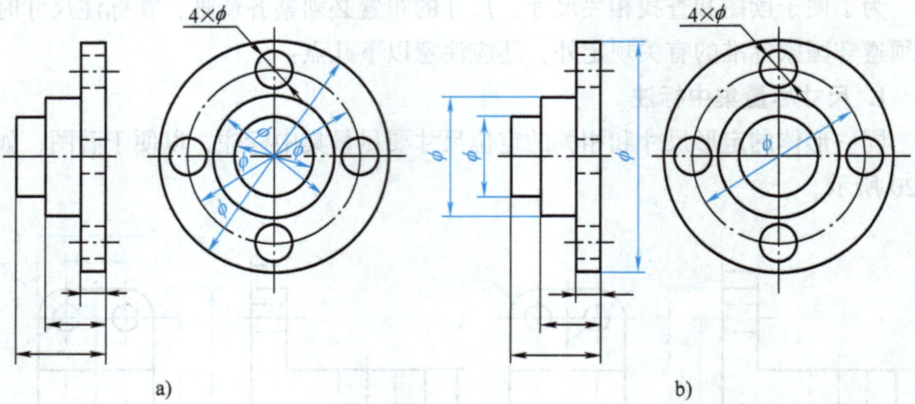

图 2-22　直径尺寸的标注

a）不好　b）清晰

4. 尺寸尽量标注在图形外部

尺寸应尽量标注在视图外部，高度尺寸应尽量标注在主、左视图之间，长度尺寸应尽量标注在主、俯视图之间，以保持两视图之间的联系，如图 2-23 所示。

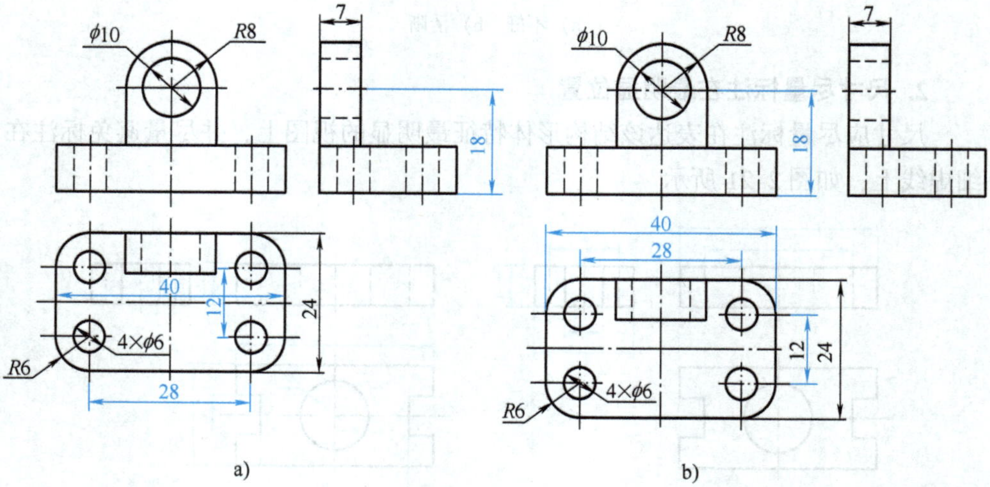

图 2-23　尺寸的布置

a）不好　b）正确

提示

以上各点有时不能兼顾，在标注尺寸时，应根据实际情况灵活运用。

2.4.5 常见薄板的尺寸标注

对于图2-24所示的板状结构，除了标注定形尺寸外，确定孔、槽位置的定位尺寸是必不可少的。由于板的基本形状和孔、槽的分布形式不同，孔、槽定位尺寸的标注形式也不一样。图2-24d中，四个小孔的定位尺寸按长、宽方向标注；图2-24e、f中，标注了小孔中心定位圆的直径。断续的圆弧一般标注直径，而不是半径，如图2-24b、c所示。

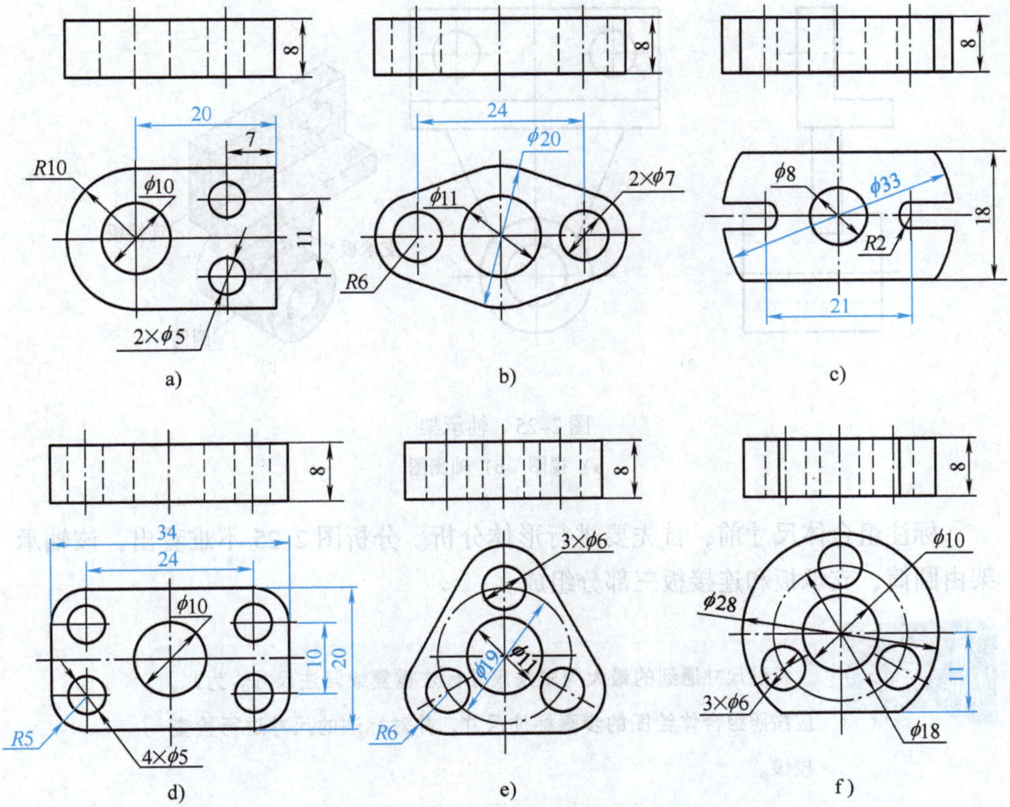

图2-24 常见薄板的尺寸标注

提示

在标注图 2-24d 的尺寸时，无论四个圆角（R 5mm）与小孔（4 × ϕ5mm）是否同心，都要标注板的长（34mm）、宽（20mm）、圆角半径（R5mm），四个小孔的定位尺寸（24mm、10mm），当圆角与小孔同心时，应注意不要让上述尺寸发生矛盾（24mm + R 5mm + R 5mm 等于板的总长 34mm，10mm + R 5mm + R5mm 等于板的总宽 20mm）。

2.4.6 组合体的尺寸标注

图 2-25 所示为轴承架的两视图和轴测图，下面在其视图上标注尺寸。

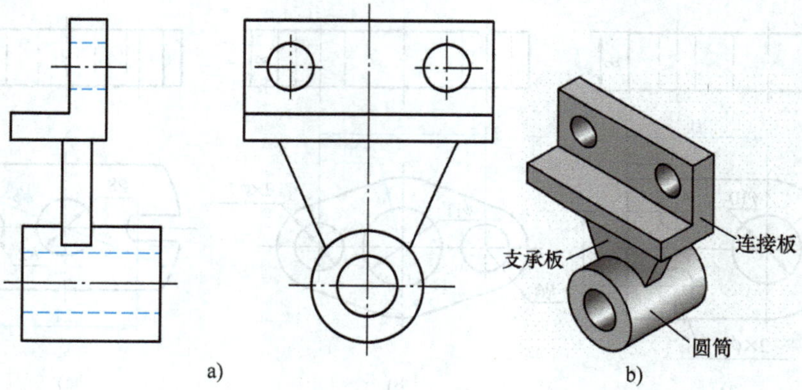

图 2-25 轴承架

a）视图 b）轴测图

标注组合体尺寸前，首先要进行形体分析。分析图 2-25 不难看出，该轴承架由圆筒、支承板和连接板三部分组成。

提示

标注尺寸遇到的最大问题是尺寸标注重复或漏注尺寸。为此，应按照组合体绘图的步骤标注尺寸，并对标注的尺寸进行检查校核。

1. 选择尺寸基准

标注尺寸首先要确定尺寸基准。所谓尺寸基准就是标注尺寸的起始位置，或者说是度量尺寸的起始点。空间形体都有长、宽、高三个方向，每个方向至少要有一个尺寸基准。一般把组合体上较大的平面（底面或端面）、轴线、对称平面等几何元素作为尺寸基准。

根据轴承架的结构和用途，选择轴承架下方圆筒的右端面为长度方向的尺寸基准，前后对称面为宽度方向的尺寸基准，圆筒的轴线为高度方向的尺寸基准，如图2-26所示。

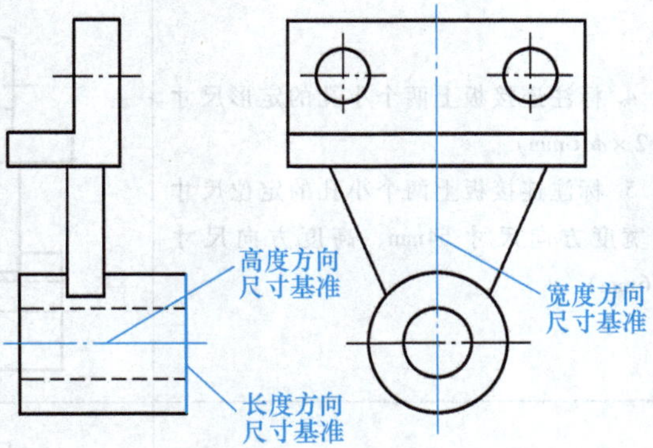

图2-26　轴承架的尺寸基准

2. 标注尺寸

轴承架尺寸标注的步骤见表2-15。

表2-15　轴承架尺寸标注的步骤

步　骤	图　例
1. 标注圆筒的定形尺寸（内孔直径 ϕ20mm、外圆直径 ϕ40mm、长度48mm）	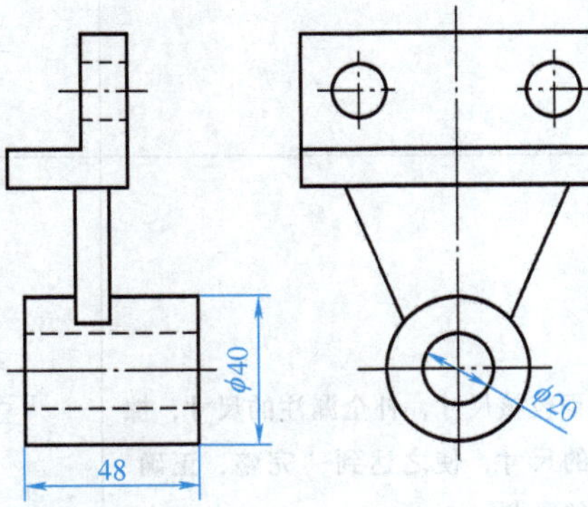
2. 标注连接板的定形尺寸（长33mm、宽86mm、高42mm、横板厚度10mm、竖板厚度13mm） 3. 标注连接板的定位尺寸（高度方向的定位尺寸60mm、长度方向的定位尺寸32mm）	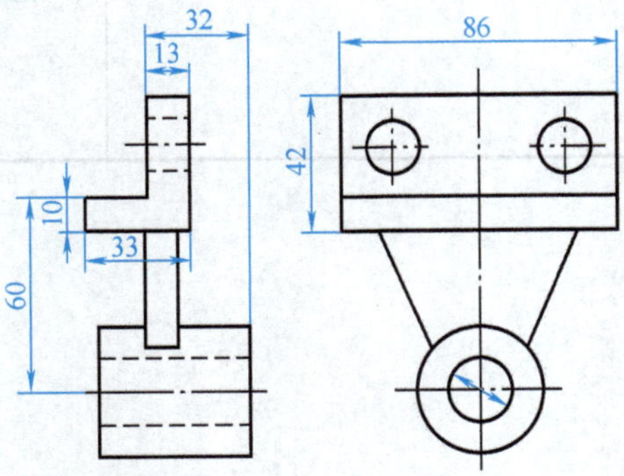

（续）

步　　骤	图　　例
4. 标注连接板上两个小孔的定形尺寸（2×ϕ16mm） 5. 标注连接板上两个小孔的定位尺寸（宽度方向尺寸 54mm、高度方向尺寸 16mm）	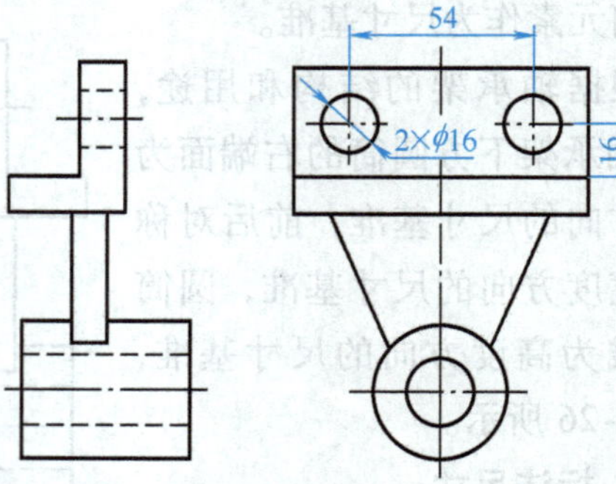
6. 标注支承板的定形尺寸（板厚 10mm、宽度尺寸 62mm 和 30mm）	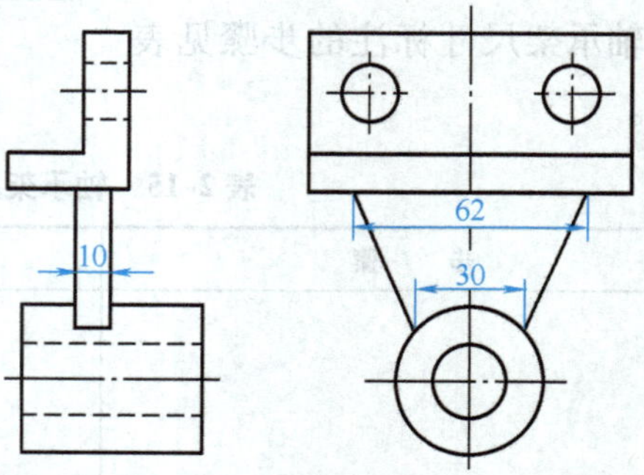
7. 全面校核尺寸，补全漏注的尺寸，擦去多余的尺寸，使之达到“完整、正确、清晰”的要求	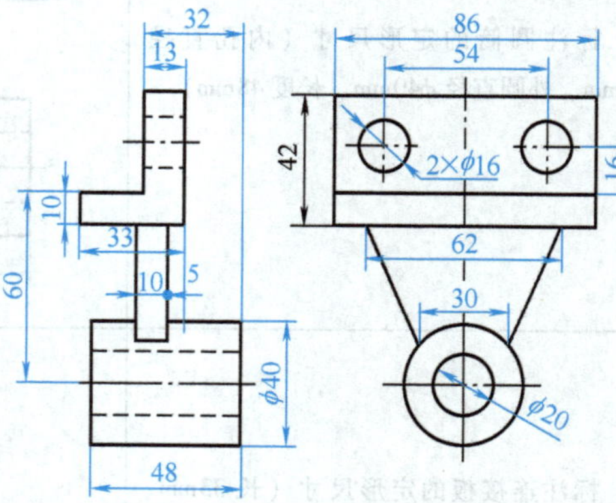

第3章 Chapter 机件的表达方法

在生产实际中，机件的结构形状是多种多样的。有些机件的结构比较简单，仅需一个或两个视图，再配以尺寸标注就可以将其表达清楚，而有些机件的形状结构比较复杂，即使用三个视图也难以清楚地表达其内外结构，因此还须采用一些其他的表达方法，如视图、剖视图、断面图和局部放大图等。

3.1 视图

视图有基本视图、向视图、局部视图和斜视图四种。

3.1.1 基本视图

1. 六个基本视图的投影

物体在三投影面体系中得到三视图，如果在原有三投影面体系的三个投影面的基础上，再增设三个互相垂直的投影面，使其构成一个正六面体，这六个投影面统称为基本投影面。如图 3-1 所示，将物体放入六个基本投影面体系中，分别由前、后、左、右、上、下六个方向，向六个基本投影面投射，即得六个基本视图。除主视图、俯视图、左视图外，新增加的三个基本视图为：

右视图——由右向左投射所得的视图；

仰视图——由下向上投射所得的视图；

后视图——由后向前投射所得的视图。

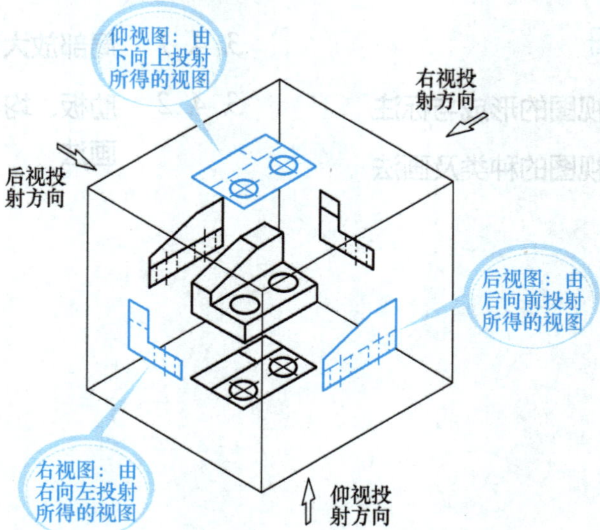

图 3-1　六个基本视图的形成

2. 六个基本投影面的展开

六个基本投影面按照图 3-2 所示展开。

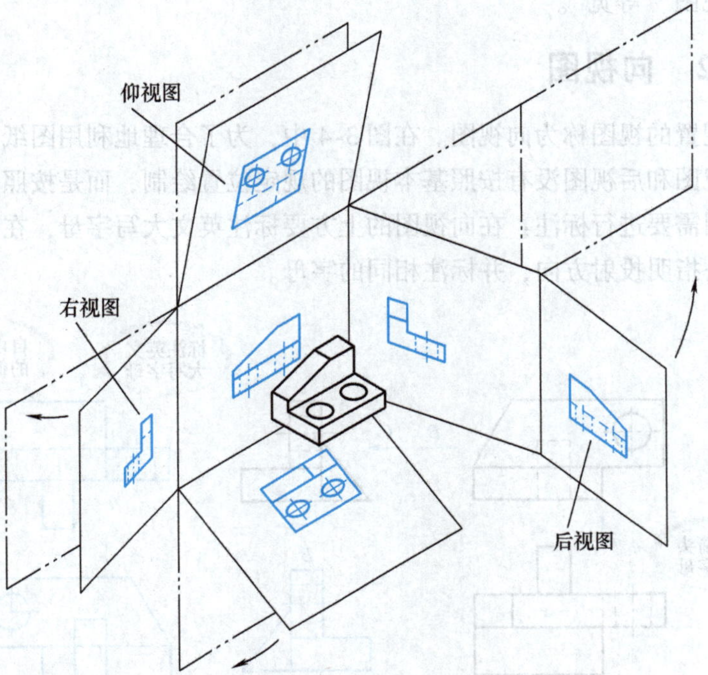

图 3-2 六个基本投影面的展开

3. 六个基本视图及投影规律

展开后的六个基本视图的位置如图 3-3 所示，六个基本视图之间仍然符合

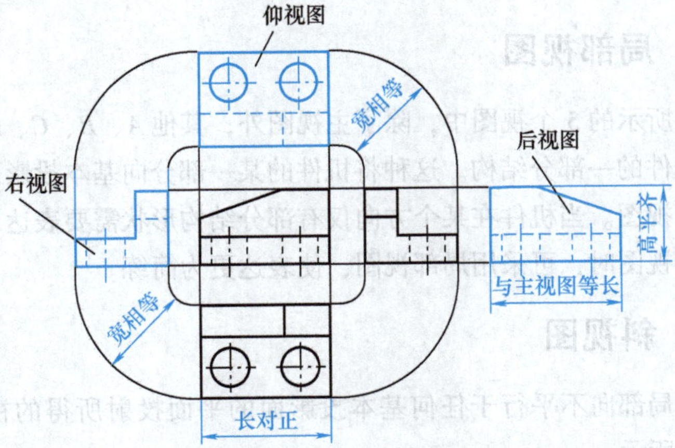

图 3-3 六个基本视图及投影规律

"长对正，高平齐，宽相等"的投影规律，即：主视图、俯视图、仰视图、后视图"等长"，主视图、左视图、右视图、后视图"等高"，俯视图、左视图、右视图、仰视图"等宽"。

3.1.2 向视图

自由配置的视图称为向视图。在图 3-4 中，为了合理地利用图纸的幅面，仰视图、右视图和后视图没有按照基本视图的规定位置绘制，而是按照需要自由配置。向视图需要进行标注：在向视图的上方要标注英文大写字母，在相应视图的附近用箭头指明投射方向，并标注相同的字母。

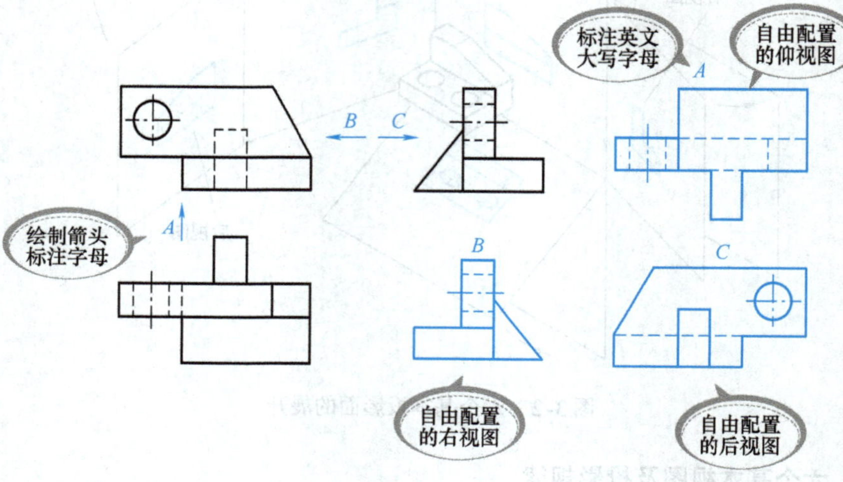

图 3-4　向视图

3.1.3 局部视图

在图 3-5 所示的 5 个视图中，除了主视图外，其他 *A*、*B*、*C*、*D* 各个视图都仅仅绘制了机件的一部分结构。这种将机件的某一部分向基本投影面投射所得的视图称为局部视图。当机件在某个方向仅有部分结构形状需要表达，又没有必要画出整个基本视图时，可采用局部视图，使表达更为简练。

3.1.4 斜视图

将机件的局部向不平行于任何基本投影面的平面投射所得的视图称为斜视图，如图 3-6 所示。

斜视图要按向视图的配置形式配置和标注，如图 3-7a 所示。必要时，允许

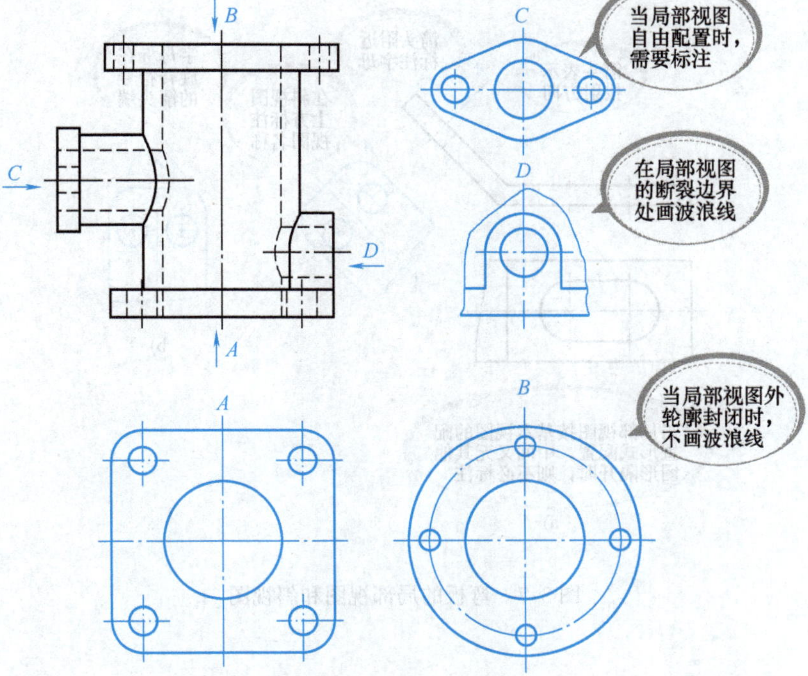

图 3-5 阀体的视图

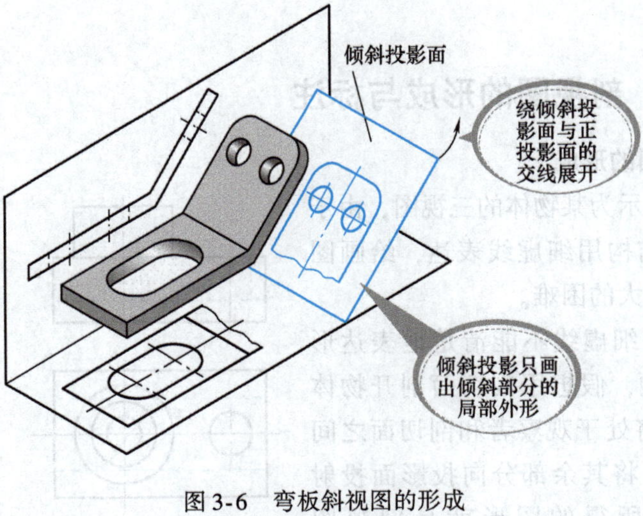

图 3-6 弯板斜视图的形成

将斜视图旋转摆正配置，如图 3-7b 所示。

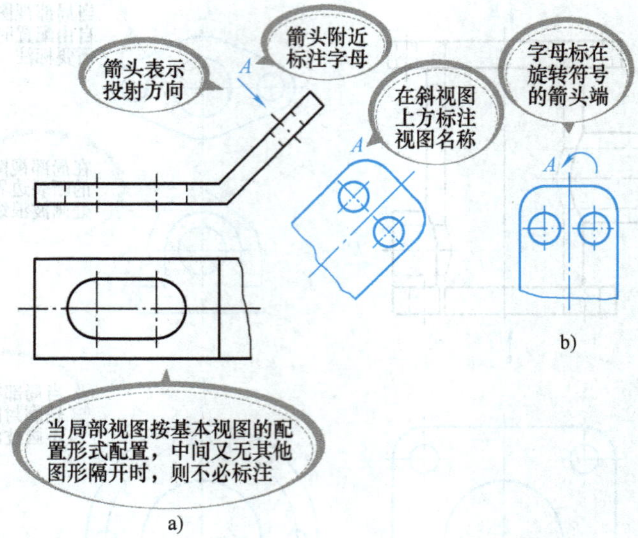

图 3-7　弯板的局部视图和斜视图

3.2 剖视图

3.2.1　剖视图的形成与标注

1. 剖视图的形成

图 3-8 所示为某物体的三视图，由于物体的内部结构用细虚线表达，给画图和看图带来很大的困难。

为了解决细虚线不能清楚地表达形体结构的问题，假想用剖切面剖开物体（图 3-9a），将处于观察者和剖切面之间的部分移去，将其余部分向投影面投射（图 3-9b），所得的图形就是剖视图（图 3-10），简称剖视。

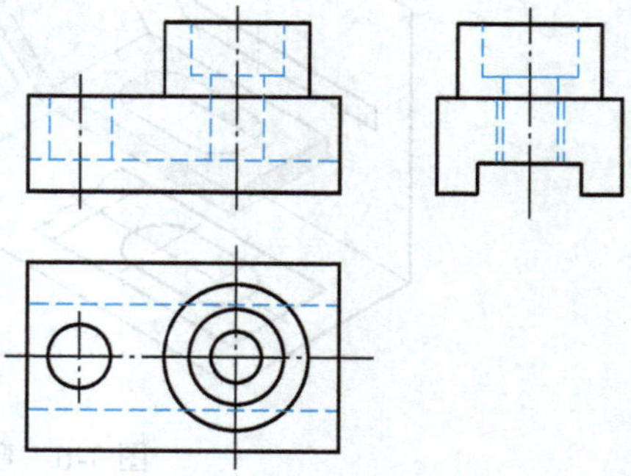

图 3-8　物体的三视图

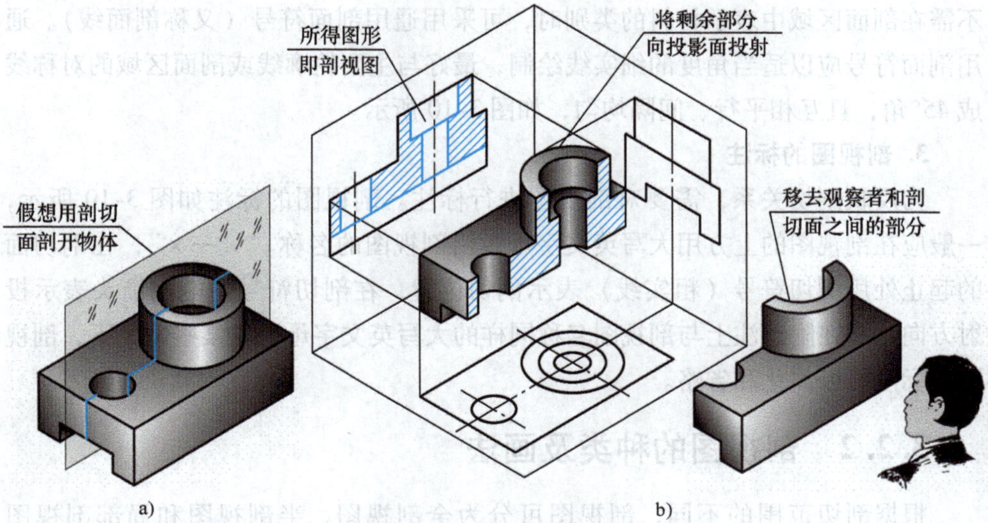

图 3-9 剖视图的形成

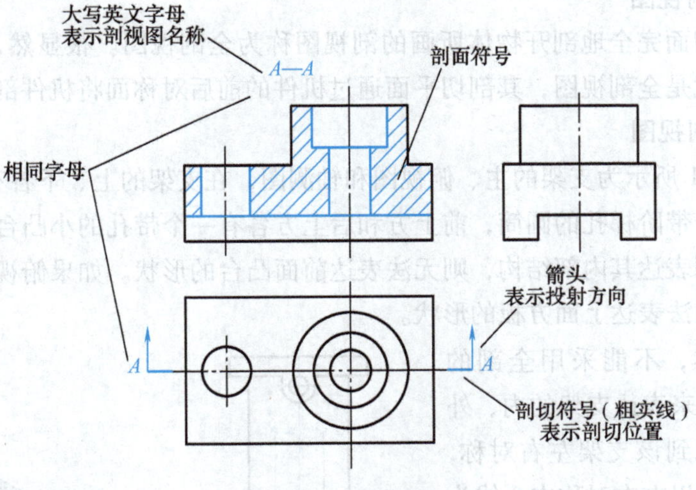

图 3-10 剖视图

提示

1）在画剖视图时，剖切平面后的可见轮廓应全部画出，不可见轮廓只画剖切断面的形状。

2）由于剖视图是假想剖开机件得到的，当物体的一个视图画成剖视图时，其他视图仍应完整画出。

2. 剖面符号

在剖视图中，剖切面与物体接触的部分应画出表示材料类别的剖面符号。当不需在剖面区域中表示材料的类别时，可采用通用剖面符号（又称剖面线）。通用剖面符号应以适当角度的细实线绘制，最好与主要轮廓线或剖面区域的对称线成45°角，且互相平行、间隔均匀，如图3-10所示。

3. 剖视图的标注

为反映剖切关系，需要对剖视图进行标注。剖视图的标注如图3-10所示，一般应在剖视图的上方用大写英文字母标出剖视图的名称“×—×”，在剖切面的起止处用剖切符号（粗实线）表示剖切位置，在剖切符号两端用箭头表示投射方向，并在附近注上与剖视图名称同样的大写英文字母。在某些情况下，剖视图的标注可以简化和省略。

3.2.2 剖视图的种类及画法

根据剖切范围的不同，剖视图可分为全剖视图、半剖视图和局部剖视图三种。

1. 全剖视图

用剖切面完全地剖开物体所画的剖视图称为全剖视图。很显然，图3-10中的主视图就是全剖视图，其剖切平面通过机件的前后对称面将机件剖成两半。

2. 半剖视图

图3-11所示为支架的主、俯视图和轴测图，在支架的上、下各有一个方板，中间是一个带阶梯孔的圆筒，前上方和后上方各有一个带孔的小凸台。如果主视图采用全剖表达其内部结构，则无法表达前面凸台的形状。如果俯视图采用全剖视图，则无法表达上面方板的形状。

很显然，不能采用全剖的主、俯视图来表达支架的内、外形状。考虑到该支架左右对称，可将主视图以左右对称中心线为界，一半画成剖视图，另一半画成外形视图，如图3-12所示。这种将内、外结构对称的图形，以对称中心线为界，一半画成剖视图，另一半画成视图的拼合图形称半剖视图。这种表达方式既可以表达内部结构，又可以表达外部形状。

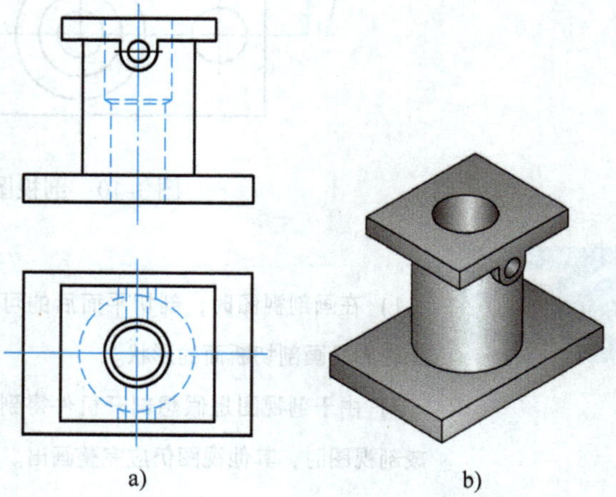

a)　　b)

图3-11　支架

a）两视图　b）立体图

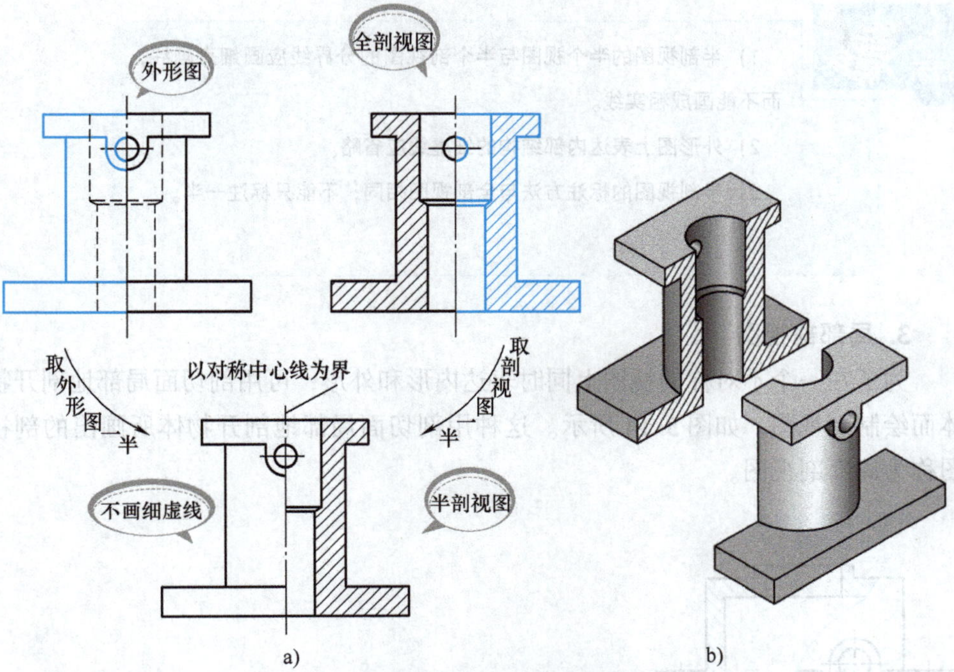

图 3-12 将支架的主视图改画成半剖视图

a）视图 b）立体图

支架前后也对称，所以俯视图同样也可绘制成半剖视图，如图 3-13 所示。在俯视图上，用水平面作为剖切平面，过前面凸台水平圆孔轴线将机件剖开，将俯视图绘制成半剖视图。

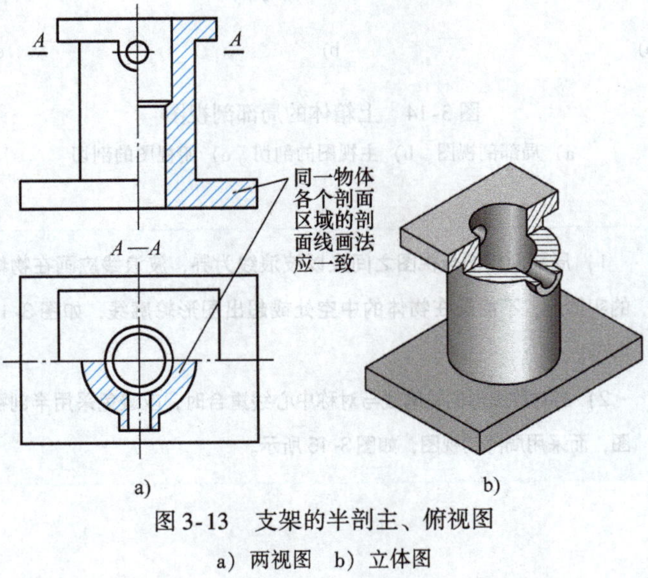

图 3-13 支架的半剖主、俯视图

a）两视图 b）立体图

提示

1）半剖视图的半个视图与半个剖视图的分界线应画细点画线，而不能画成粗实线。

2）外形图上表达内部结构的细虚线应省略。

3）半剖视图的标注方法与全剖视图相同，不能只标注一半。

3. 局部剖视图

为了在一个不对称的视图上同时表达内形和外形，可用剖切面局部地剖开物体而绘制剖视图，如图 3-14 所示。这种用剖切面局部地剖开物体所画出的剖视图称为局部剖视图。

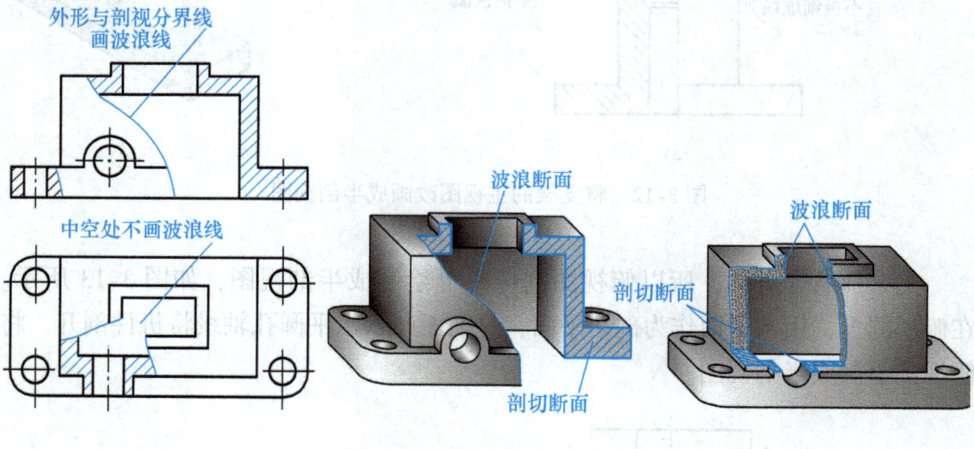

a) b) c)

图 3-14 上箱体的局部剖视图

a）局部剖视图 b）主视图的剖切 c）俯视图的剖切

提示

1）局部剖视图与视图之间应以波浪线为界，波浪线应画在物体的实体上，不能画在物体的中空处或超出图形轮廓线，如图 3-14 所示。

2）当对称图形的轮廓线与对称中心线重合时，应避免采用半剖视图，而采用局部剖视图，如图 3-15 所示。

3.2.3 剖切面的种类

在前面所介绍三种剖视图中，所用的剖切平面皆平行于基本投影面，但机件的内部结构形状差异甚大，常需选用不同数量和位置的剖切面。一般情况下，可选择单一剖切平面、几个平行的剖切平面、几个相交的剖切平面（交线垂直于某一投影面）三种剖切平面。

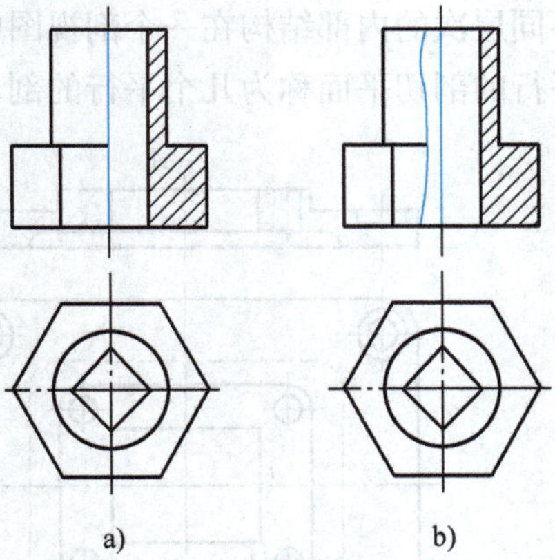

图 3-15 宜用局部剖视图表达的形体

a）错误 b）正确

1. 单一剖切平面

单一剖切平面是指，画剖视图时只用一个剖切平面剖开物体。单一剖切平面可以平行于基本投影面，如图 3-16a 中的 *B—B* 全剖视图；也可以不平行于基本投影面，如图 3-16a 中的 *A—A* 全剖视图。为画图方便，可将用不平行于基本投影面剖切得到的剖视图旋转放正配置，并在剖视图名称旁按图形的旋转方向标注旋转符号，剖视图的名称同样应注写在箭头端（图 3-16b）。

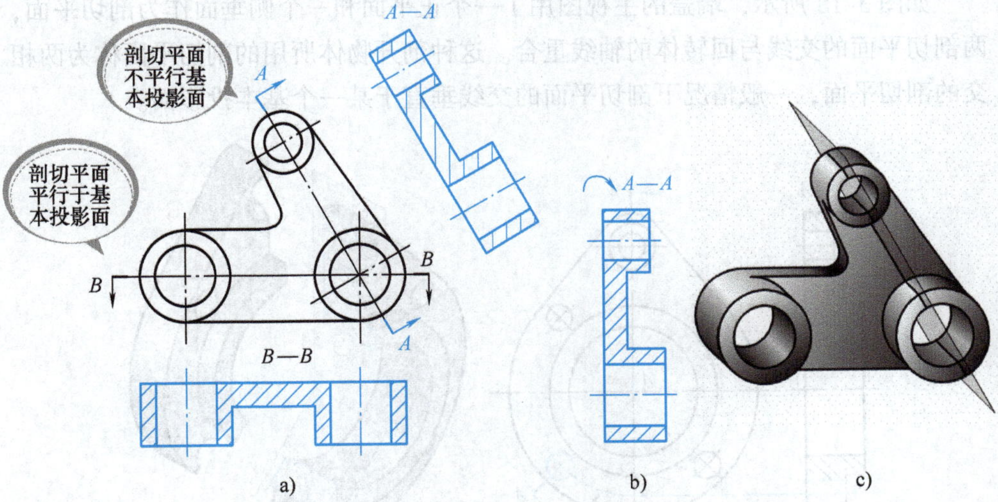

图 3-16 连杆

a）不平行于任何基本投影面的单一剖切平面 b）旋转放正的视图 c）立体图

2. 几个平行的剖切平面

在图 3-17 中用了三个平行于正投影面的剖切平面剖开物体，从而使形体中不同层次的内部结构在一个剖视图中得到表达。这种剖开物体所用的两个或多个平行的剖切平面称为几个平行的剖切平面。

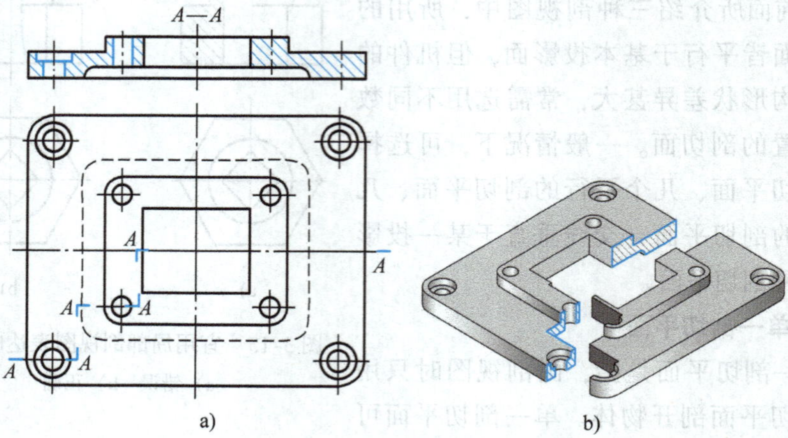

图 3-17　箱盖

a）几个平行剖切平面的全剖视图　b）立体图

3. 几个相交的剖切平面

如图 3-18 所示，端盖的主视图用了一个正平面和一个侧垂面作为剖切平面，两剖切平面的交线与回转体的轴线重合。这种剖开物体所用的剖切平面称为两相交的剖切平面，一般情况下剖切平面的交线垂直于某一个基本投影面。

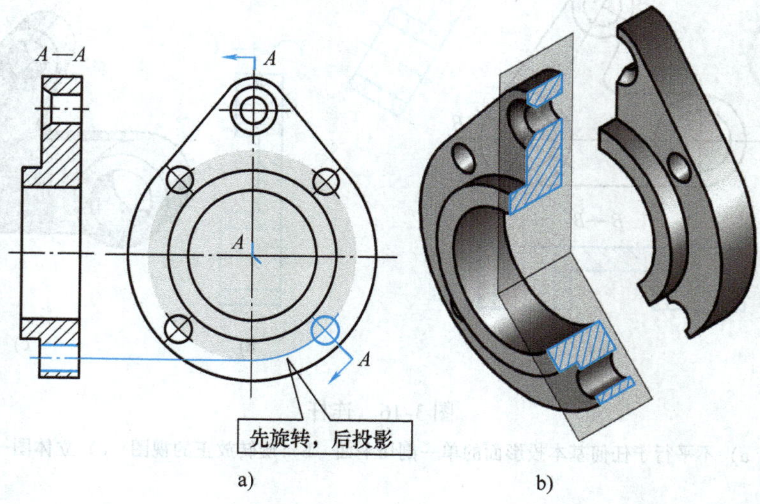

图 3-18　端盖

a）两相交剖切平面的全剖视图　b）立体图

提示

在用几个相交剖切平面剖开物体后，倾斜剖切平面所剖到的结构应旋转到与选定的投影面平行后再进行投射（图3-18）。此时，旋转部分的某些结构不再符合直接的投影关系。

3.3 断面图

用剖切平面将机件断开，画出的剖切面与物体接触部分的图形称为断面图（图3-19b）。断面图分为移出断面图和重合断面图两种。

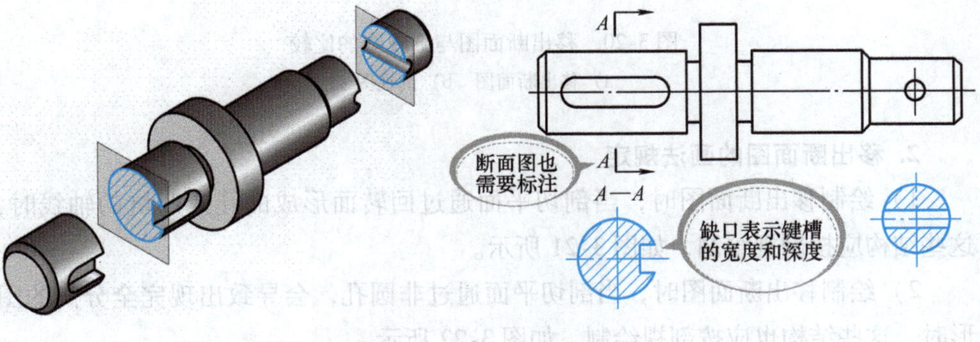

a)　　b)

图3-19　主轴的断面图
a）立体图　b）断面图

3.3.1　移出断面图

1. 移出断面图的概念

画在视图轮廓之外的断面图称为移出断面图。图3-19中的断面图即为移出断面图。移出断面图也需要标注剖切位置符号、表示投射方向的箭头和断面图的名称等。移出断面图的标注方法与剖视图的标注方法基本一样，在某些情况下移出断面图的标注也可以简化或省略。

提示

移出断面图和剖视图是有区别的，图 3-20 所示为图 3-19 所示主轴的 *A—A* 断面图和 *A—A* 剖视图。断面图只画断面形状，而剖视图要画出剖切平面后面所有结构的投影。

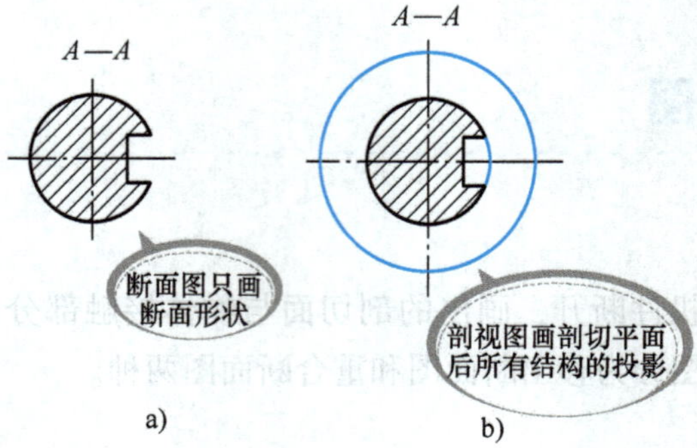

图 3-20　移出断面图与剖视图的比较

a）移出断面图　b）剖视图

2. 移出断面图的画法规定

1）绘制移出断面图时，当剖切平面通过回转面形成的孔或凹坑的轴线时，这些结构应按剖视绘制，如图 3-21 所示。

2）绘制移出断面图时，当剖切平面通过非圆孔，会导致出现完全分离的图形时，这些结构也应按剖视绘制，如图 3-22 所示。

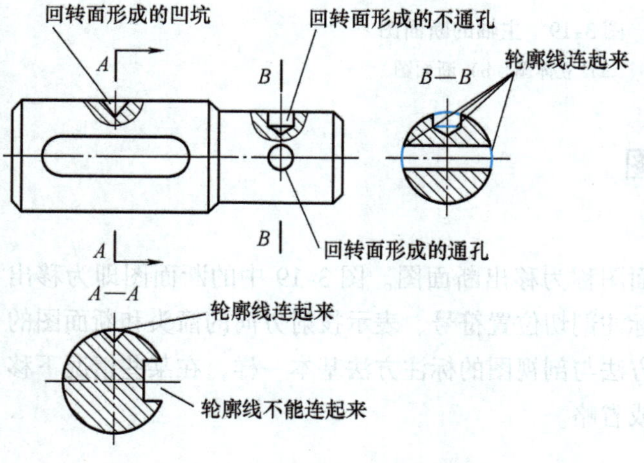

图 3-21　移出断面的画法（一）

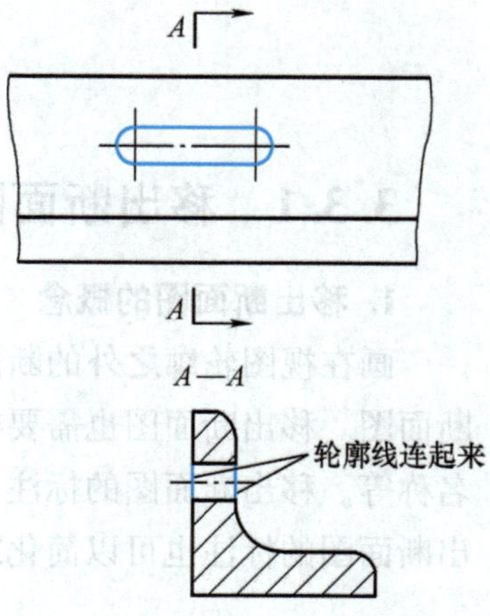

图 3-22　移出断面的画法（二）

3.3.2 重合断面图

图 3-23 所示的断面图绘制在视图轮廓线之内，绘制在视图轮廓线之内的断面图称为重合断面图。

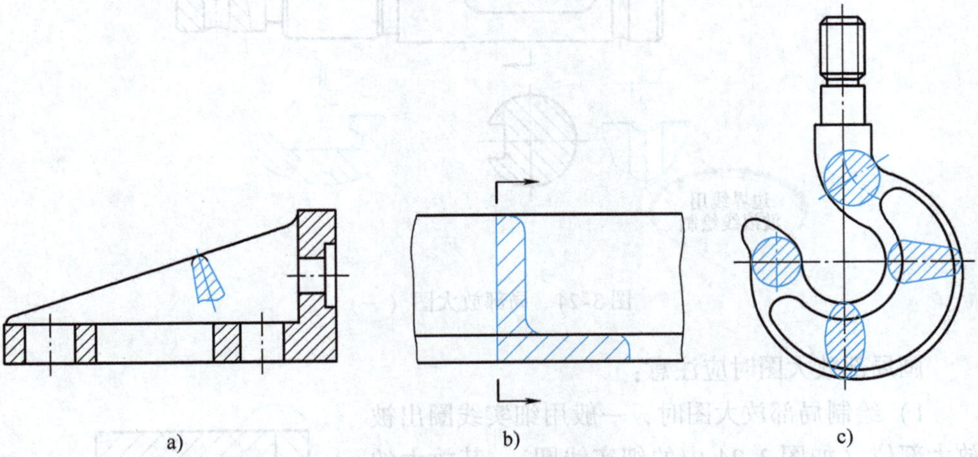

图 3-23 重合断面图

提示

1）重合断面图的轮廓线用细实线绘制。

2）当视图中的轮廓线与重合断面图的轮廓线重叠时，视图的轮廓线应完整画出，不能间断。

3.4 其他表达方法

3.4.1 局部放大图

用大于原图形所采用的比例画出的物体部分结构的图形称为局部放大图。图 3-24 中左下侧和右下侧的图形即为局部放大图，左侧局部放大图的结构相对简单，采用了 2:1 的放大比例绘图；右侧局部放大图的结构相对复杂（有些结构主视图上未能表达），采用了 4:1 的放大比例，为使图形简单清楚，绘制成断面图。

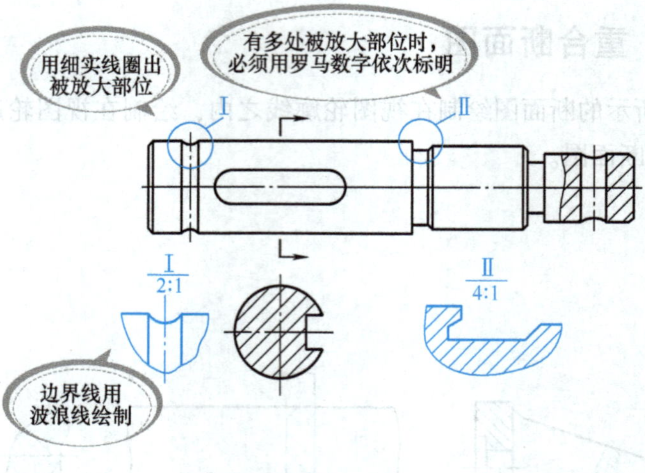

图 3-24　局部放大图（一）

画局部放大图时应注意：

1）绘制局部放大图时，一般用细实线圈出被放大部位（如图 3-24 中的细实线圆），其放大的图形尽量配置在被放大部位附近。

2）局部放大图断裂处的边界线用波浪线绘制。

3）当物体上有多处被放大部位时，必须用罗马数字依次标明，并在相应局部放大图上方标出相同的罗马数字和放大比例，如图 3-24 所示；仅有一个放大图时，只需标注比例即可，如图 3-25 所示。

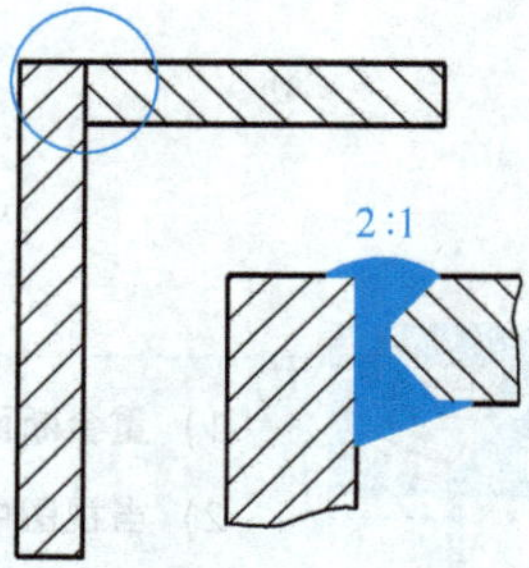

图 3-25　局部放大图（二）

4）局部放大图可画成视图、剖视图和断面图，它与被放大部位原来的表达方法无关。

3.4.2　肋板、均布孔的规定画法

1. 肋板的画法

如图 3-26 所示，主视图的肋板上没有画剖面符号，这是因为国家标准规定：对于机件的肋、轮辐及薄壁等，如纵向剖切，这些结构都不画剖面符号，而用粗实线将它与其相邻接部分分开。在此用圆筒的外轮廓线将肋板与圆筒分开。

2. 均布肋板和孔的画法

在图 3-26 中，主视图所用的剖切平面为通过大圆孔轴线的正平面，因此剖

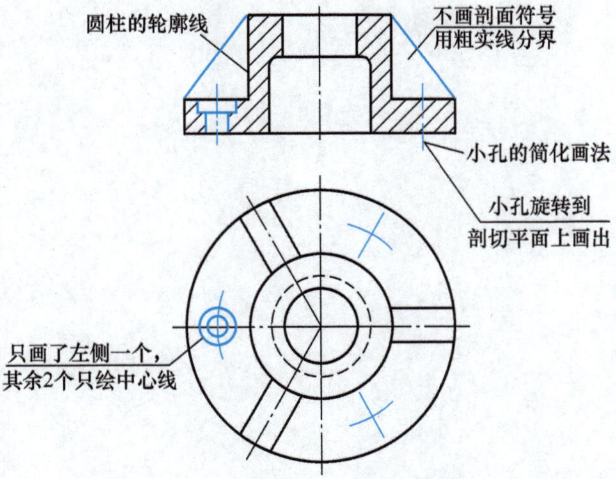

图 3-26　肋板、均布孔的规定画法

不到右侧的小圆孔和左侧的肋板，但是在主视图上都按照剖切到绘制（用细点画线简化表示小孔），这是因为国家标准规定：当零件回转体上均匀分布的肋、轮辐、孔等结构不处于剖切平面上时，可将这些结构旋转到剖切平面上画出。

3. 重复要素的画法

在图 3-26 中，底板上有 3 个小孔，而俯视图上只画了左侧一个，其他 2 个只是绘制其中心线，这是因为国家标准规定：若干直径相同且成规律分布的孔，可以只画出一个或少量几个，其余只需用细点画线表示其中心位置。在图 3-26 的主视图上，右侧的小孔也是用细点画线表示其中心位置的。

第4章 Chapter

零件图与装配图

4.1 螺纹及螺纹紧固件的画法

4.1.1 螺纹直径

在圆柱（或圆锥）外表面上形成的螺纹称为外螺纹（图 4-1a）；在圆柱（或圆锥）内表面上形成的螺纹称为内螺纹（图 4-1b）。螺纹直径主要有螺纹大径、螺纹小径、公称直径等，如图 4-1 所示。

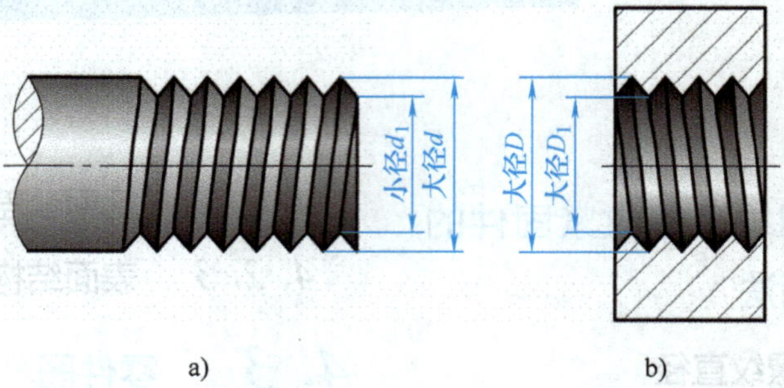

图 4-1 螺纹的结构

a）外螺纹 b）内螺纹

1. 螺纹大径

与外螺纹牙顶或内螺纹牙底相切的假想圆柱的直径。外螺纹大径用 d 表示，内螺纹大径用 D 表示。

2. 螺纹小径

与外螺纹牙底或内螺纹牙顶相切的假想圆柱的直径。外螺纹小径用 d_1 表示，内螺纹小径用 D_1 表示。

3. 公称直径

代表螺纹尺寸的直径。除管螺纹外，公称直径是指螺纹的大径。

外螺纹的大径和内螺纹的小径又称为顶径，外螺纹的小径和内螺纹的大径又称为底径。

4.1.2 外螺纹的画法

外螺纹的视图如图 4-2 所示，其画法规则为：

1）外螺纹的牙顶（大径）用粗实线绘制，牙底（小径）用细实线绘制，小

径尺寸取 $d_1 \approx 0.85d$。

2）在反映螺纹轴线的视图中，螺纹终止线用粗实线绘制，表示螺纹牙底的细实线画入倒角。

3）在垂直于螺纹轴线的视图中，表示牙底的细实线圆只画约 3/4 圈，不画倒角圆。

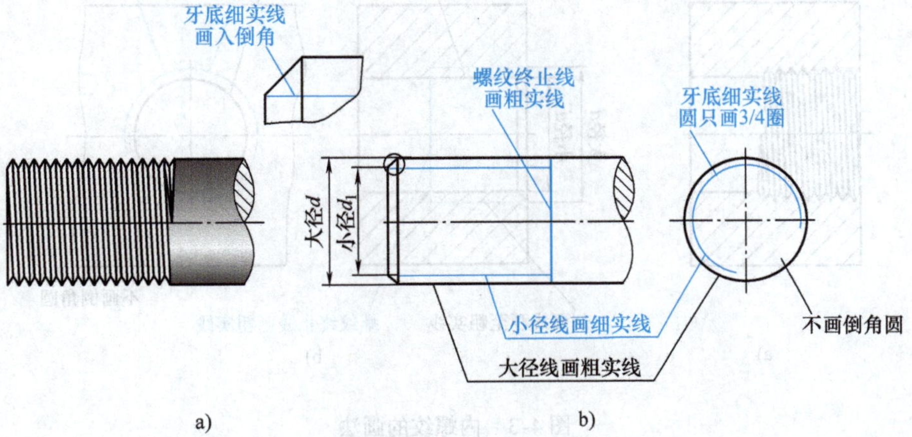

图 4-2　外螺纹的画法

a）外螺纹　b）画法

4.1.3　内螺纹的画法

内螺纹在剖视图中的画法如图 4-3 所示，其画法规则为：

1）内螺纹的牙顶（小径）用粗实线绘制，牙底（大径）用细实线绘制，小径尺寸取 $D_1 \approx 0.85D$。

2）在反映螺纹轴线的剖视图中，剖面线画至牙顶粗实线处。

3）在垂直于螺纹轴线的视图中，用粗实线绘制牙顶圆，用细实线绘制牙底圆，表示牙底的细实线圆只画约 3/4 圈，不画倒角圆。

4）如果在零件上加工的是不通螺孔，由于钻头端部的锥度为 118°（图 4-4a），所以钻孔底部近似画成 120°。用丝锥加工不通螺孔时（图 4-4b），其底部加工不出有效螺纹，因此应将钻孔深度和螺纹部分的深度分别画出，螺纹中止线也用粗实线绘制，剖面线画到粗实线处，如图 4-4c 所示。

4.1.4　螺纹旋合的画法

内外螺纹连接图常以剖视图来表达，如图 4-5 所示，其画法规则为：

1）内外螺纹的旋合部分应按外螺纹的画法绘制，其余部分仍按各自的画法表示。

2）内螺纹的大径线（细实线）与外螺纹的大径线（粗实线）要对齐，内螺纹的小径线（粗实线）与外螺纹的小径线（细实线）也要对齐。

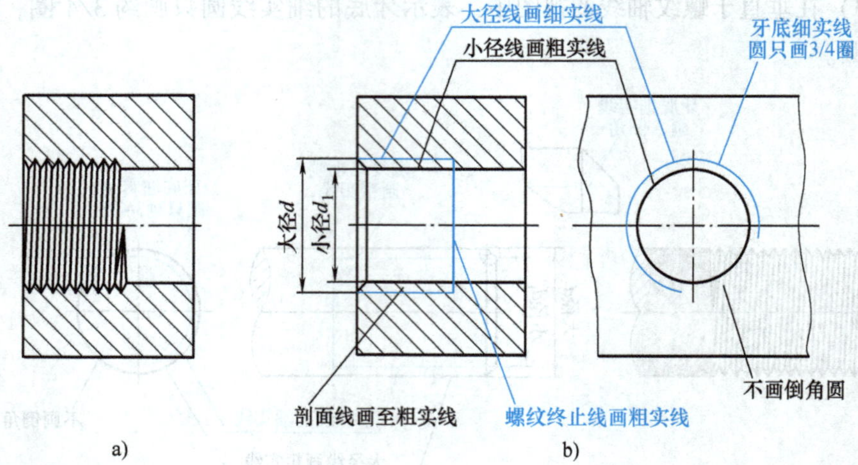

图 4-3　内螺纹的画法

a）内螺纹　b）画法

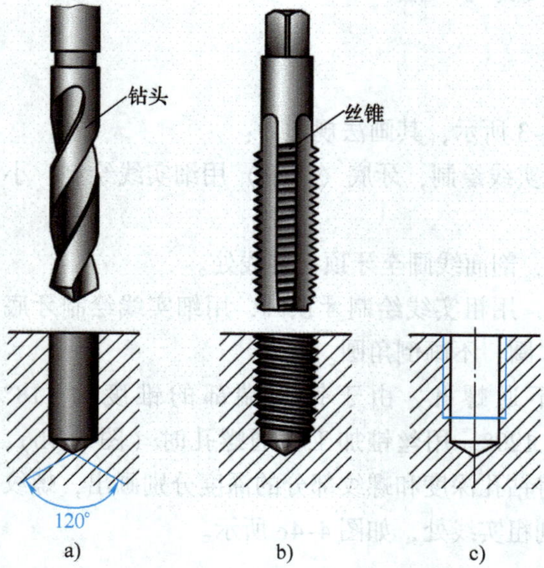

图 4-4　不通螺孔的加工和画法

a）钻孔　b）攻螺纹　c）不通螺孔的画法

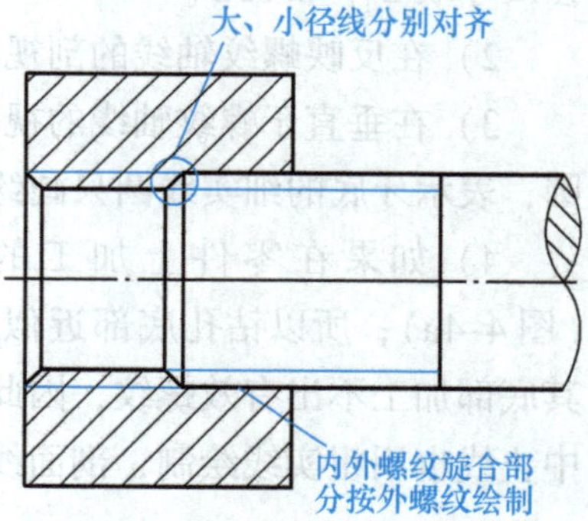

图 4-5　螺纹连接的画法

4.1.5 螺栓连接的画法

1. 螺栓、螺母和垫圈的画法

在绘制螺栓连接图时，为了作图方便，通常将各部分的尺寸近似换算成一定比例的螺纹大径 *d*，近似的将螺栓、螺母、垫圈等画出，这种画法称为比例画法。螺栓、螺母、垫圈的比例画法如图 4-6、图 4-7 和图 4-8 所示。

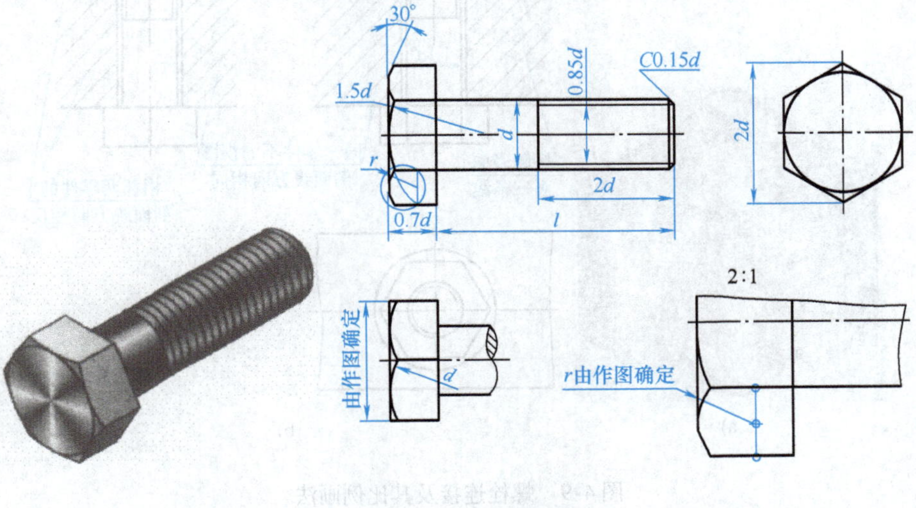

a) b)

图 4-6 螺栓及其比例画法

a）立体图 b）比例画法

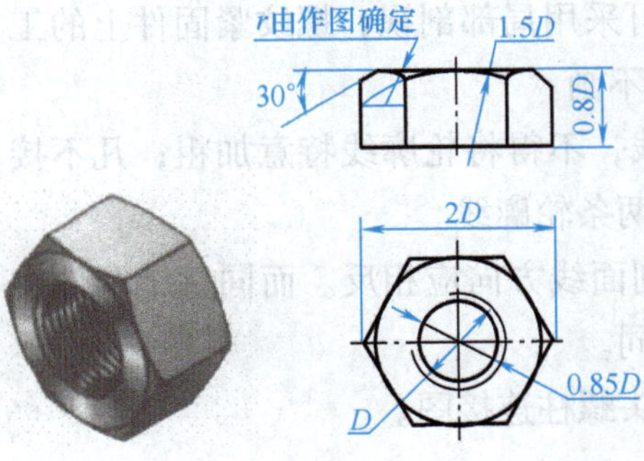

a) b)

图 4-7 螺母及其比例画法

a）立体图 b）比例画法

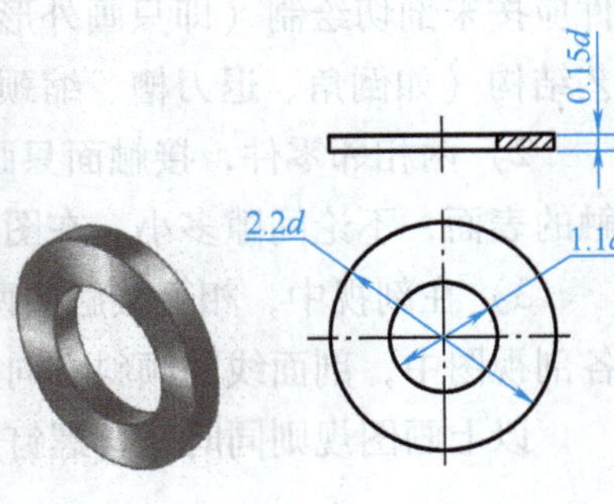

a) b)

图 4-8 垫圈及其比例画法

a）立体图 b）比例画法

2. 螺栓连接图的画法

在绘制螺栓连接图时，为简化画图，可省略螺栓和螺母的倒角等。图 4-9 所示为螺栓连接图，画图时应注意：

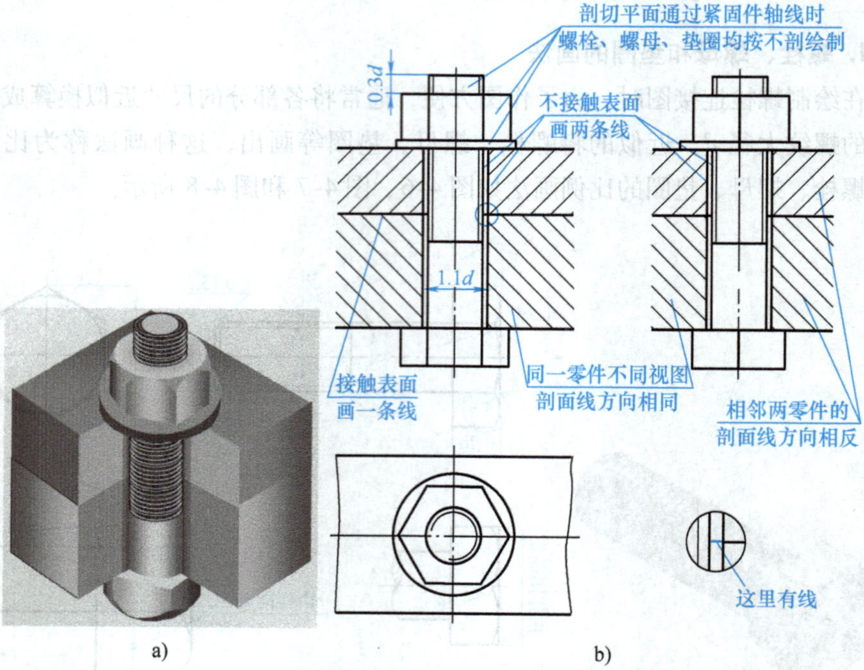

图 4-9　螺栓连接及其比例画法

a）立体图　b）比例画法

1）当剖切平面通过螺栓、螺钉、螺母及垫圈等紧固件的轴线时，则这些零件应按未剖切绘制（即只画外形），需要时可采用局部剖视；螺纹紧固件上的工艺结构（如倒角、退刀槽、缩颈等）均省略不画。

2）两相邻零件，接触面只画一条粗实线，不得将轮廓线特意加粗；凡不接触的表面，不论间隙多小，在图上均应画出两条轮廓线。

3）在剖视中，相互接触的两个零件其剖面线方向应相反。而同一个零件在各剖视图中，剖面线的倾斜方向和间隔应相同。

以上画图规则同时适合螺钉连接图和双头螺柱连接图。

4.1.6　螺钉连接的画法

1. 螺钉的画法

螺钉与螺栓相比，螺杆部分的结构相同，只是其头部有变化。常用螺钉的比例画法如图 4-10 所示。开槽圆柱头螺钉头部的槽可以用粗线（宽度为粗实线的两倍）表示。

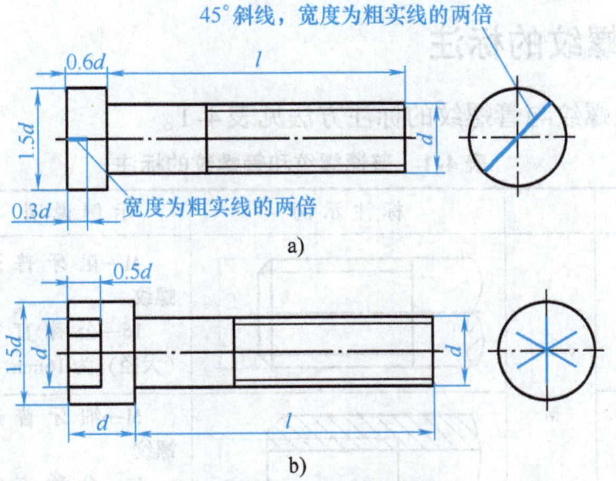

图 4-10 常用螺钉的比例画法

a）开槽圆柱头螺钉 b）内六角圆柱头螺钉

2. 螺钉连接图的画法

图 4-11 所示为开槽圆柱头螺钉连接图和圆柱头内六角螺钉连接图，其画法规则为：

1）螺钉和螺孔的旋合部分按外螺纹绘制，其余部分仍按各自的画法绘制。

2）螺钉的螺纹终止线应画在螺孔的孔口之上。

3）左视图上螺钉头的画法与主视图相同。

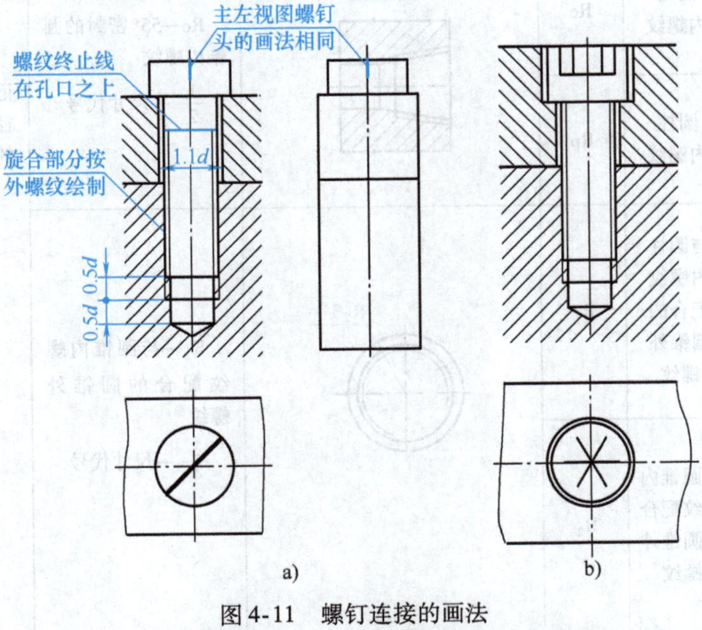

图 4-11 螺钉连接的画法

a）开槽圆柱头螺钉连接 b）圆柱头内六角螺钉连接

4.1.7 螺纹的标注

常见的普通螺纹与管螺纹的标注方法见表4-1。

表4-1 普通螺纹和管螺纹的标注

				标注示例	示例说明	标注方法
普通螺纹		粗牙普通螺纹	M	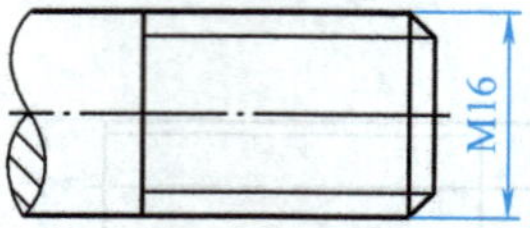	M—粗牙普通螺纹 16—公称直径(大径)为16mm	普通螺纹的标记应标注在螺纹大径上
		细牙普通螺纹		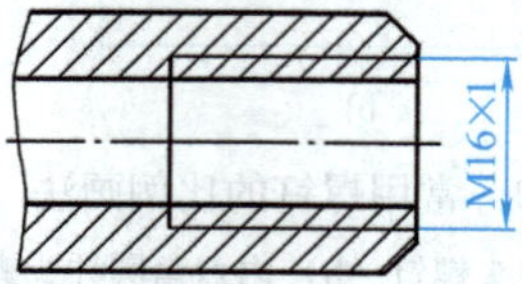	M—细牙普通螺纹 16—公称直径为16mm 1—螺距为1mm	
管螺纹		55°非密封管螺纹	G	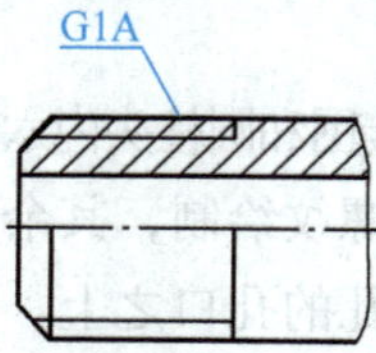	G—55°非密封管螺纹 1—尺寸代号 A—外螺纹公差等级代号	管螺纹的标记标注在从大径或中心引出的横线上
	55°密封管螺纹	圆锥内螺纹	Rc	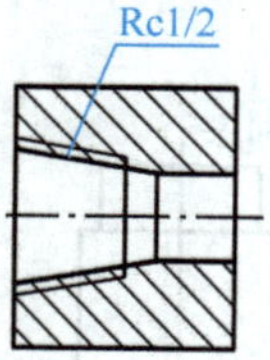	Rc—55°密封的圆锥内螺纹 $\frac{1}{2}$—尺寸代号	
		圆柱内螺纹	Rp			
		与圆柱内螺纹配合的圆锥外螺纹	R_1	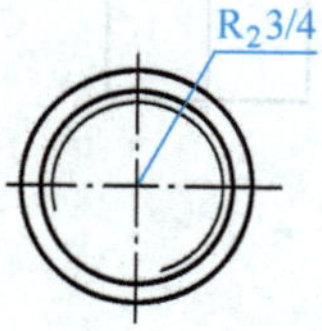	R_2—与圆锥内螺纹配合的圆锥外螺纹 $\frac{3}{4}$—尺寸代号	
		与圆锥内螺纹配合的圆锥外螺纹	R_2			

4.2 机械图样上的技术要求

为了保证零件的使用要求，在零件图上需要标注尺寸公差、几何公差、表面结构要求等技术要求。

4.2.1 尺寸公差

在生产过程中，由于机床精度、刀具磨损、测量误差、工人技术水平等因素，所加工的零件尺寸总是存在着一定的误差，为保证零件能够使用，就必须将零件的尺寸控制在一定的范围内。

1. 公差的基本概念

（1）公称尺寸　设计时给定的尺寸称为公称尺寸，如图4-12中的$\phi75$mm。

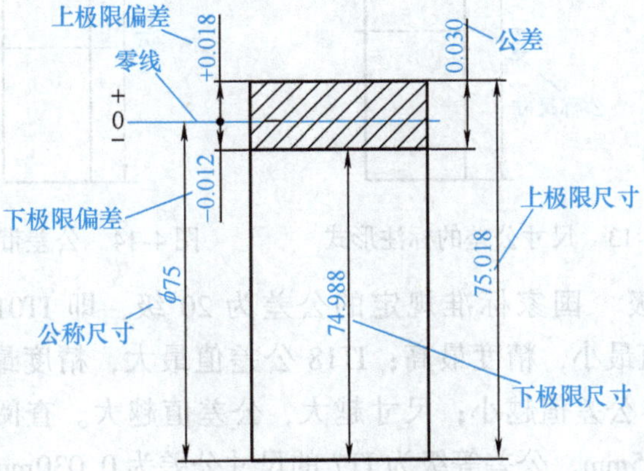

图4-12　尺寸公差

（2）极限尺寸　允许尺寸变化的两个界限值称为极限尺寸。加工时允许的最大尺寸称为上极限尺寸，图4-12中的尺寸“75.018”为上极限尺寸；加工时允许的最小尺寸称为下极限尺寸，图4-12中的尺寸“74.988”为下极限尺寸。

（3）极限偏差　极限偏差分为上极限偏差和下极限偏差。在加工时允许超出公称尺寸的最大量称为上极限偏差，图4-12中“+0.018”是上极限偏差；在加工时允许小于公称尺寸的最大量称为下极限偏差，图4-12中的“−0.012”是下极限偏差。

上极限偏差 = 上极限尺寸 − 公称尺寸

下极限偏差 = 下极限尺寸 – 公称尺寸

(4) 公差　允许尺寸的变动范围称为尺寸公差，简称公差。

尺寸公差 = ｜上极限尺寸 – 下极限尺寸｜ = ｜上极限偏差 – 下极限偏差｜

图 4-12 所示尺寸的公差为：

$[+0.018-(-0.012)]\ \text{mm}=0.030\text{mm}$。

(5) 尺寸公差在图样上的标注形式　如图 4-13 所示，尺寸公差在图样上一般标注其上、下极限偏差。

2. 公差带代号

零件图上标注的尺寸极限偏差数值可以用公差带代号来代替。图 4-14 中的尺寸 ϕ75j7 即用公差带代号表示极限偏差，尺寸 ϕ75j7 中 “j7” 称为公差带代号，其中 “7” 为公差等级代号，“j” 为基本偏差代号。

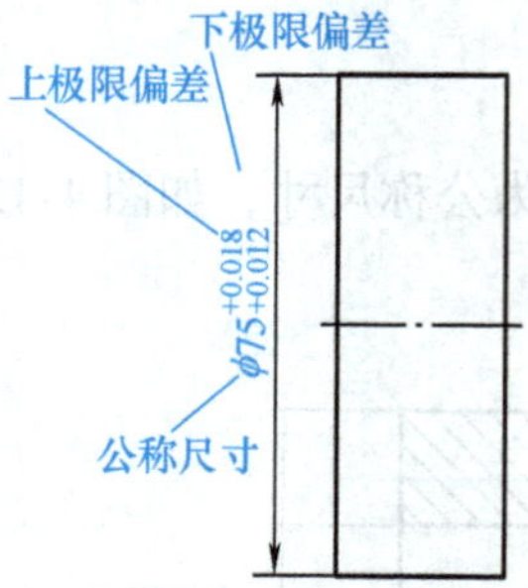

图 4-13　尺寸公差的标注形式

图 4-14　公差带代号

(1) 公差等级　国家标准规定的公差为 20 级，即 IT01，IT0，IT1，…，IT18。IT01 公差值最小，精度最高；IT18 公差值最大，精度最低。同一精度的公差，尺寸越小，公差值越小；尺寸越大，公差值越大。查阅有关国家标准可知，公称尺寸为 75mm、公差等级为 IT7 的尺寸公差为 0.030mm。

(2) 基本偏差代号　基本偏差是指靠近零线的极限偏差，它可能是上极限偏差，也可能是下极限偏差。图 4-15 所示为国家标准规定的基本偏差系列。国家标准规定，孔的基本偏差用大写字母表示，轴的基本偏差用小写字母表示。

查国家标准 GB/T1801 – 2009 可知，公称尺寸为 75mm 的轴，基本偏差代号为 “j” (IT7) 时，其基本偏差（下极限偏差）为 –0.012mm，则该尺寸的上极限偏差为

$$[0.030+(-0.012)]\ \text{mm}=+0.018\text{mm}$$

很显然，$\phi75^{+0.018}_{-0.012}$ 和 ϕ75j7 的含义是一样的。

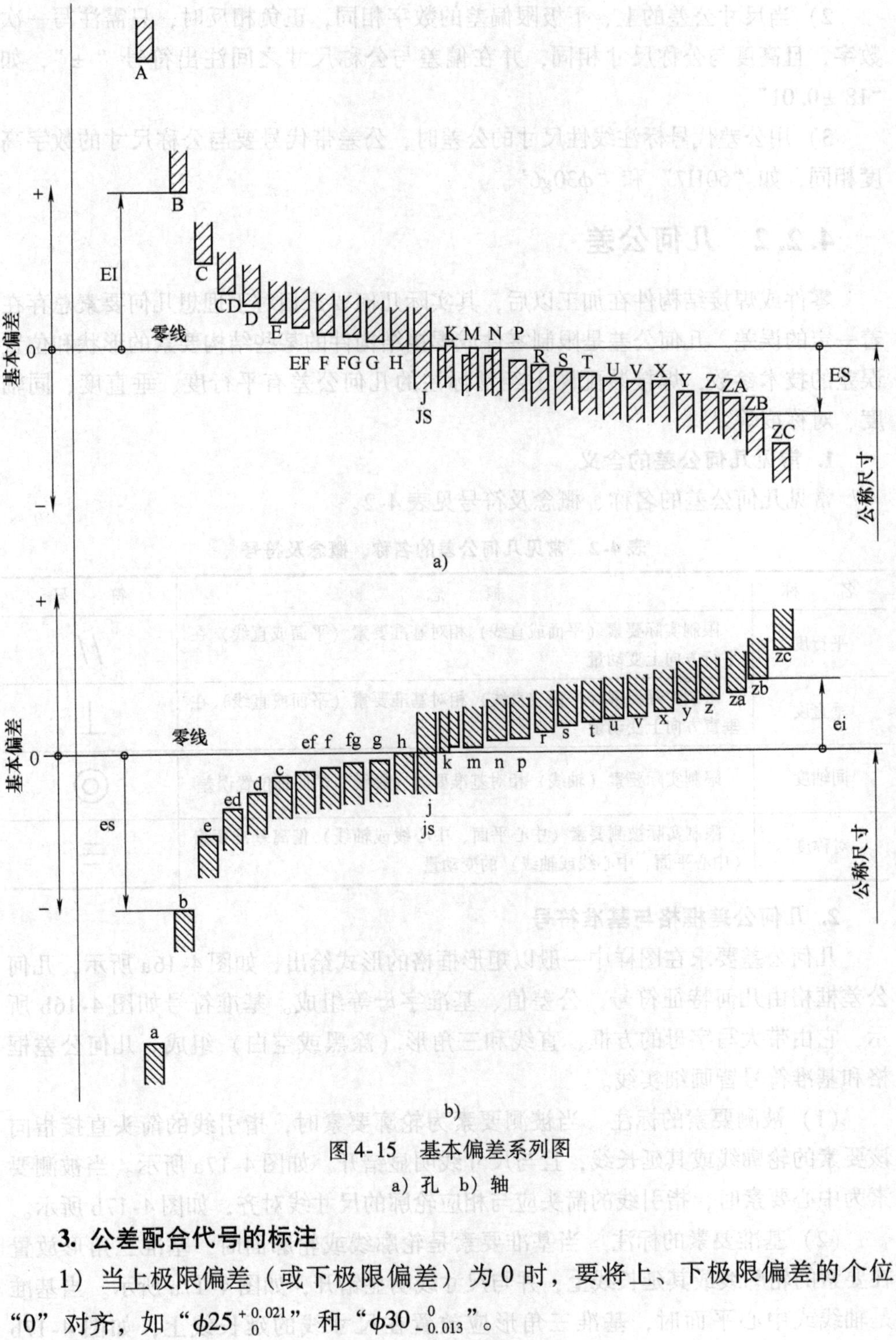

图 4-15 基本偏差系列图

a) 孔 b) 轴

3. 公差配合代号的标注

1）当上极限偏差（或下极限偏差）为 0 时，要将上、下极限偏差的个位“0”对齐，如“$\phi25^{+0.021}_{\ \ 0}$”和“$\phi30^{\ \ 0}_{-0.013}$”。

2）当尺寸公差的上、下极限偏差的数字相同，正负相反时，只需注写一次数字，且高度与公称尺寸相同，并在偏差与公称尺寸之间注出符号“±”，如“18±0.01”。

3）用公差代号标注线性尺寸的公差时，公差带代号要与公称尺寸的数字高度相同，如“60H7”和“ϕ30g6”。

4.2.2 几何公差

零件或焊接结构件在加工以后，其实际几何要素相对于理想几何要素总存在着一定的误差。几何公差是限制零件或焊接结构件的某些结构要素的形状和位置误差的技术参数，焊接装配图上经常标注的几何公差有平行度、垂直度、同轴度、对称度等。

1. 常见几何公差的含义

常见几何公差的名称、概念及符号见表4-2。

表4-2 常见几何公差的名称、概念及符号

名称	概念	符号
平行度	限制实际要素（平面或直线）相对基准要素（平面或直线）在平行方向上变动量	//
垂直度	限制实际要素（平面或直线）相对基准要素（平面或直线）在垂直方向上变动量	⊥
同轴度	限制实际要素（轴线）相对基准要素（轴线）的同轴位置误差	◎
对称度	限制实际被测要素（中心平面、中心线或轴线）偏离基准要素（中心平面、中心线或轴线）的变动量	⌯

2. 几何公差框格与基准符号

几何公差要求在图样中一般以矩形框格的形式给出，如图4-16a所示，几何公差框格由几何特征符号、公差值、基准字母等组成。基准符号如图4-16b所示，它由带大写字母的方框、直线和三角形（涂黑或空白）组成。几何公差框格和基准符号皆画细实线。

（1）被测要素的标注　当被测要素为轮廓要素时，指引线的箭头直接指向该要素的轮廓线或其延长线，且与尺寸线明显错开，如图4-17a所示。当被测要素为中心要素时，指引线的箭头应与相应轮廓的尺寸线对齐，如图4-17b所示。

（2）基准要素的标注　当基准要素是轮廓线或轮廓面时，基准三角形放置在要素的轮廓线或其延长线上，并与尺寸线明显错开，如图4-17a所示。当基准是轴线或中心平面时，基准三角形应放置在尺寸线的延长线上，如图4-17b

所示。

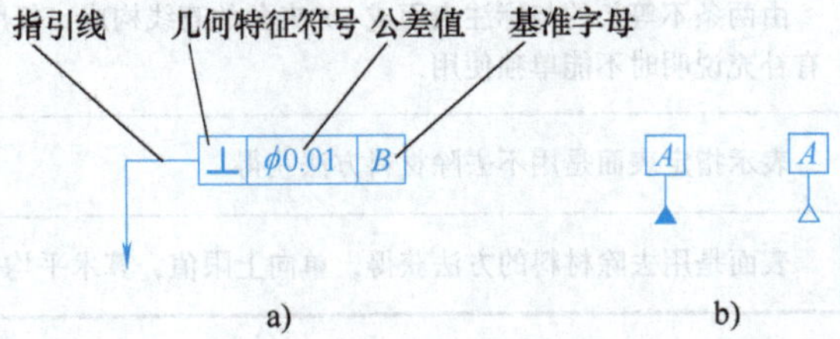

图 4-16 几何公差框格和基准符号

a) 几何公差框格 b) 基准符号

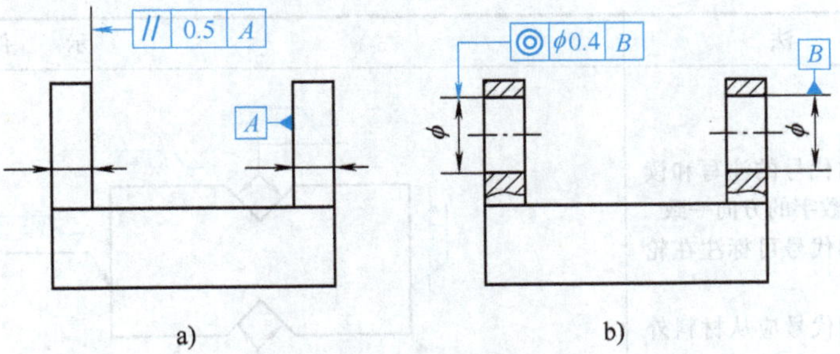

图 4-17 被测要素和基准要素的标注

4.2.3 表面结构要求

1. 表面结构符号的含义

零件的加工表面不可能绝对光滑，其表面总会存在着较小间距的峰（凸起部分）和谷（低凹部分），如图 4-18 所示。表面结构要求的评定参数主要为轮廓算术平均偏差 *Ra* 值。焊接装配图上标注的表面结构符号的含义见表 4-3。

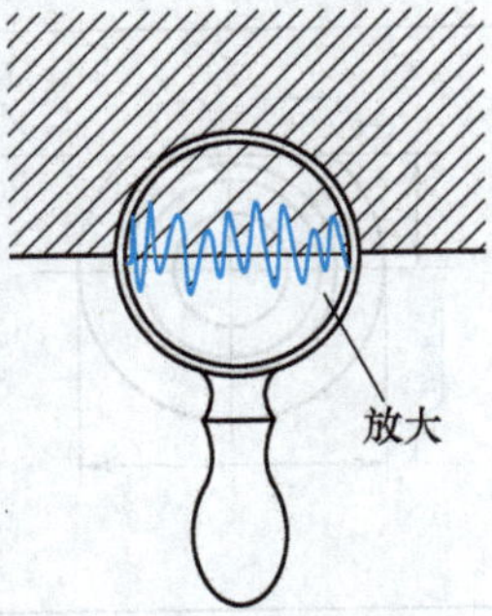

图 4-18 表面局部放大示意图

表 4-3　表面结构符号的含义

代　　号	含　　义
	由两条不等长的与标注表面成60°夹角的直线构成，仅用于简化代号标注，没有补充说明时不能单独使用
	表示指定表面是用不去除材料方法获得
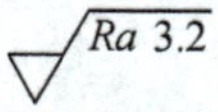	表面是用去除材料的方法获得，单向上限值，算术平均偏差为3.2μm

2. 表面结构符号的标注

表面结构符号常用的标注方法见表4-4。

表 4-4　表面结构代号的标注

方　　法	示　　例
1. 表面结构代号的注写和读取方向与尺寸数字的方向一致 2. 表面结构代号可标注在轮廓线上 3. 表面结构代号应从材料外指向并接触表面	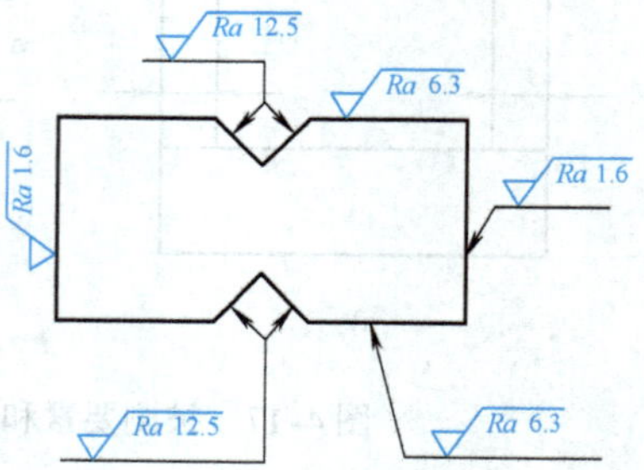
4. 在不致引起误会时，表面结构代号可以标注在给定的尺寸线上	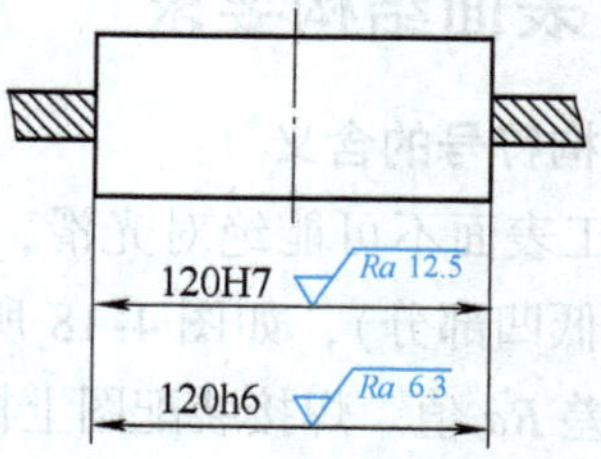
5. 圆柱表面的表面结构代号可标注在圆柱面的轮廓线及延长线上，也可标注在尺寸界线上	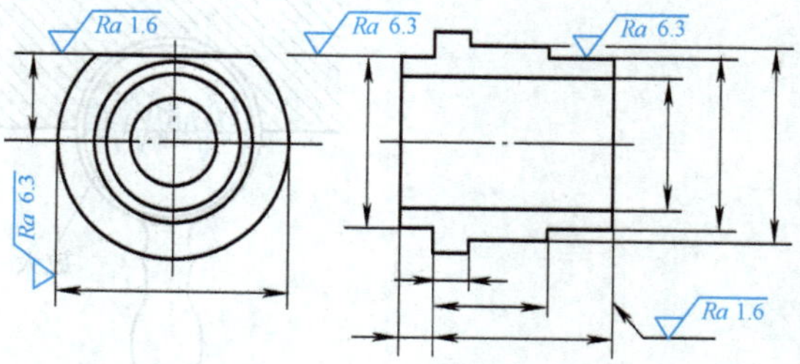

（续）

方　法	示　例
6. 当多数表面有相同表面结构要求时，可将表面结构代号统一标注在图样右下角标题栏附近	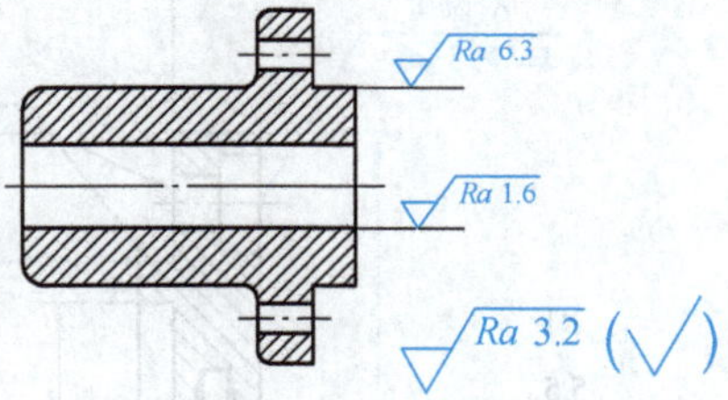
7. 当多个表面具有相同的表面结构要求或图纸空间有限时，可采用简化画法，将表面结构代号的简化注释标注在图形或标题栏附近	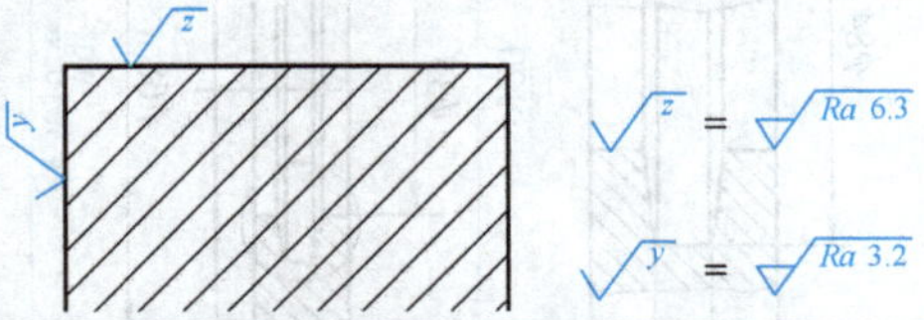

4.3 零件图

任何机器都是由各种零件装配而成的，制造机器必须首先加工零件。表达零件的形状结构、尺寸和技术要求的图样称为零件图。零件图可用于指导加工制造和检验零件。

4.3.1 零件图的主要内容

图 4-19 所示为端盖的零件图。下面以此为例分析零件图上的主要内容。

1. 一组图形

在零件图中，可以采用适当的视图、剖视图、断面图等表达方法，以一组图形完整、清晰地表达零件各部分的形状和结构。

零件图的视图应根据零件的结构形状合理选择。图 4-19 所示的零件图上有 3 个图形，分别为主视图、左视图和局部放大图。其中主视图采用全剖视；左视图绘制外形图，由于左视图为对称图形，所以只绘制了一半，且在图形的上下分别绘制了对称图形符号（两段与对称线垂直的平行细实线）。分析视图可以看出，该零件为回转体零件，零件的外形为两个圆柱体，内形为一组圆柱孔和圆锥孔，在大圆盘的四周加工了 6 个沉孔。

2. 一组尺寸

为表达零件各部分的形状大小和相对位置关系，在零件图上标注了一组尺

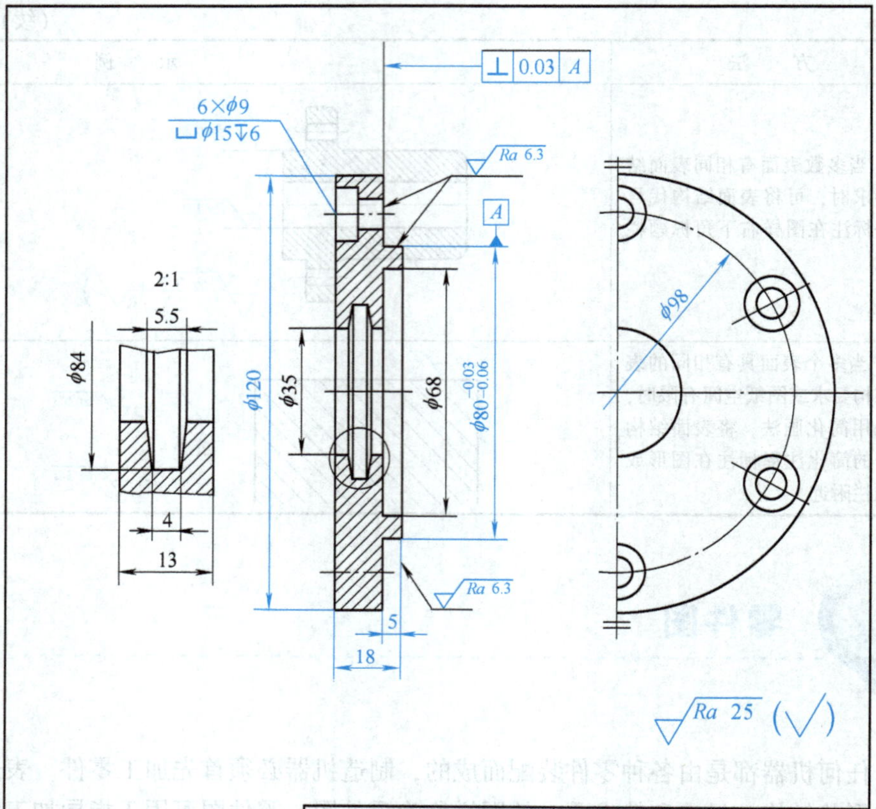

端盖			比例	数量	材料	图号
			1:1	1	HT150	03
设计	(签名)	(年月日)				
审核						
工艺						

图 4-19　端盖的零件图

寸，以满足零件制造和检验的需要。零件图上尺寸的类型与组合体上的尺寸类型相同，即零件图上的尺寸也分为定形尺寸和定位尺寸两类。

在图 4-19 中标注了反映端盖各结构大小和位置的定形尺寸和定位尺寸。如标注了反映大、小圆柱外形的定形尺寸 φ120mm、$\phi80_{-0.06}^{-0.03}$mm、18mm、5mm 等，标注了 6 个沉孔的定形尺寸“$\frac{6\times\phi9}{\sqcup\phi15\downarrow6}$”和定位尺寸 φ98mm。

其他尺寸请读者自行分析。

3. 技术要求

在图 4-19 中，φ80mm 外圆柱面需要和轴孔配合，属于重要的尺寸，所以标注了尺寸偏差$^{-0.03}_{-0.06}$。在端盖零件图中标注了一项几何公差要求"$\boxed{\perp}\boxed{0.03}\boxed{A}$"，其含义是：$\phi$120mm 圆柱右端面相对于 $\phi80^{-0.03}_{-0.06}$mm 圆柱轴线的垂直度公差不大于0.03mm。在端盖的零件图中还标注了各个表面的表面结构要求，从图中可以看出，$\phi80^{-0.03}_{-0.06}$mm 圆柱面及其右端面、ϕ115mm 圆柱右端面的表面结构要求最高，其符号为"$\sqrt{Ra\ 6.3}$"，其他表面的表面结构符号为"$\sqrt{Ra\ 25}$"。

4. 标题栏

与焊接装配图一样，在零件图的右下角也绘制了标题栏。在标题栏中写明单位名称、图样名称、图样代号、材料、比例，以及设计、审核、工艺、批准人员签名和签名时间等。看图4-19的标题栏可知，该零件的名称是端盖，制造零件所用的材料是HT150。

4.3.2 识读零件图

识读零件图的目的是根据零件图想象零件的结构形状，了解零件的尺寸和技术要求。识读零件图时，应尽量了解零件在机器或部件中的位置、作用，以及和其他零件的关系，以便理解和读懂零件图。下面识读图4-20所示托架零件图。

1. 看标题栏

由标题栏可知零件的名称是托架，主要起支承作用，毛坯为铸造件，材料为灰铸铁HT150，绘图比例为1:2。

2. 分析视图

该零件图用了两个基本视图、一个局部视图、一个移出断面图等表达零件的结构形状。在主视图上有两处局部剖视，一处表达托架上的凸台、长圆孔的内部结构及板厚等；另一处则表达了ϕ35H9孔和2×M8-6H螺孔的内形。俯视图主要表达托架的整体外形结构及长圆孔的位置。局部视图*B*主要表达右下侧凸台的端面形状及两个螺孔的分布情况。移出断面图表达U形支承板的断面结构。

从视图中可以看出，托架的结构分上、中、下三部分：托架的上部为长方形托板，板的两边有高度为2mm的凸台，其上各有一个长圆形孔，为安装紧固螺栓之用；托架的下部为ϕ55mm圆筒，其右下侧有一个长圆形凸台，凸台上加工了两个M8-6H的螺孔；托架的中间部分为U形支承板，把上、下部分连接成整体。

3. 分析尺寸

托架属于中等复杂的零件，其零件图上标注的尺寸较多，下面主要分析一些重要结构的定形、定位尺寸。

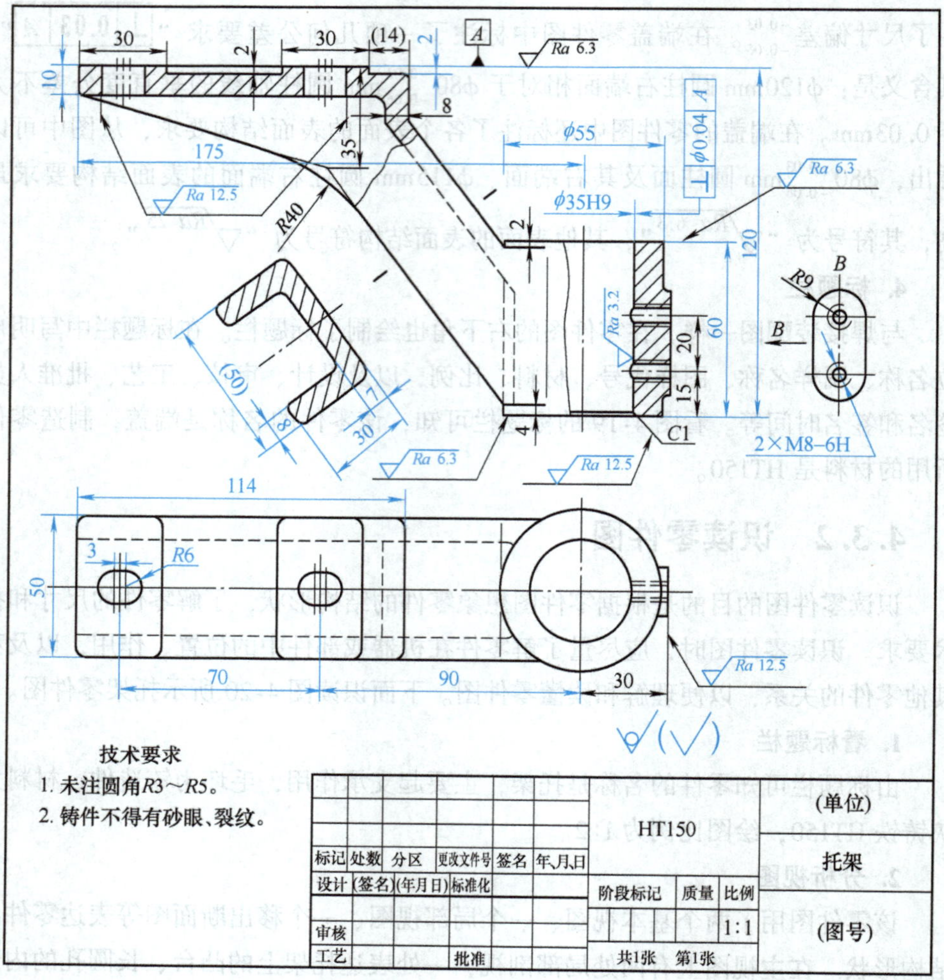

图 4-20 托架零件图

托架上部长方形托板的定形尺寸标注了长 114mm、宽 50mm、高（厚度）10mm 等，定位尺寸标注了 120mm 和 175mm；托板上两个长圆孔标注了定形尺寸 R6mm、3mm 和定位尺寸 70mm、90mm。在移出断面图中标注了 U 形支承板的定形尺寸 50mm、30mm、7mm、8mm。下部套筒的定形尺寸 ϕ55mm、ϕ35H9、60mm 等标注在主视图中。其他尺寸请读者自行分析。

4. 分析技术要求

根据托架的功能可知，ϕ35H9 孔与轴配合，所以标注了尺寸公差代号，其表面结构要求 Ra 值为 3.2μm。托架的上平面为重要的结合面，其表面结构要求 Ra 值为 6.3μm。ϕ55 圆筒两端面的表面结构要求 Ra 值为 6.3μm。托板上的长圆

孔的表面结构要求 *Ra* 值为 12.5μm。图样标题栏上方标注的“$\not\checkmark$ (√)”表示图中未标注表面结构符号的表面均为毛坯状态。

图中标注了几何公差“⊥ ϕ0.04 A”，它表示 ϕ35H9 孔的轴线相对于托架上平面的垂直度公差为 ϕ0.04mm。

4.4 装配图

装配图是表达机器或部件的图样，主要用来表示机器、部件的工作原理、各零件间的相对位置和装配连接关系。在设计新产品时，一般应先画出装配图，然后根据装配图绘制零件图；零件制成后，再根据装配图装配成机器或部件；在安装、使用和维修设备时，也常需要通过装配图来了解机器的结构。

4.4.1 装配图的主要内容

图 4-21 所示为滑动轴承立体图，它用来支承作旋转运动的轴。一般情况下，滑动轴承是成对使用的，将两个滑动轴承分别装在一根轴的两端。图 4-22 所示为滑动轴承的装配图，下面以此为例分析装配图所包含的内容。

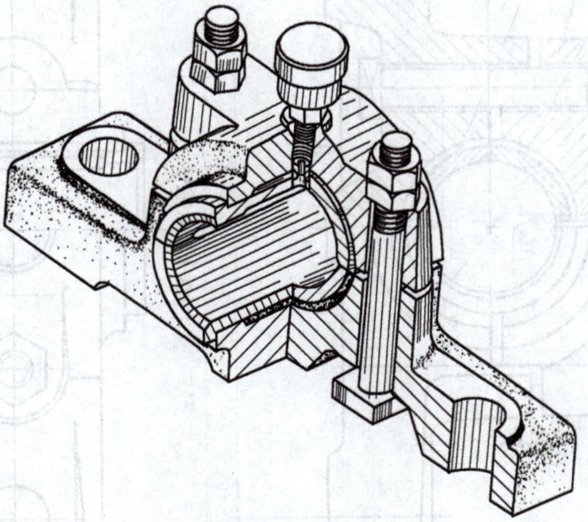

图 4-21 滑动轴承立体图

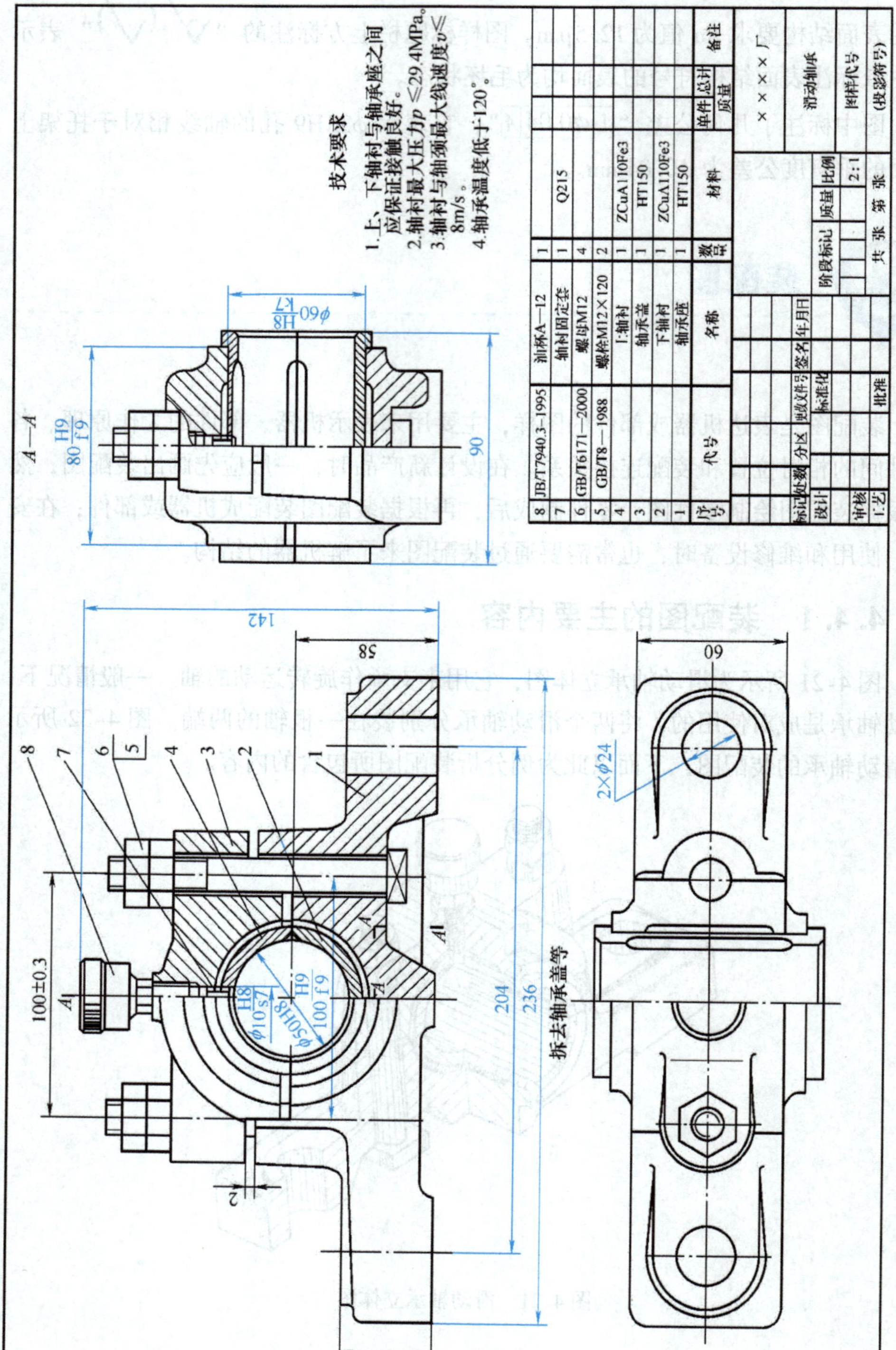

图 4-22 滑动轴承装配图

1. 一组图形

图4-22所示滑动轴承装配图用了主、俯、左三个视图，其中主视图采用了半剖视；左视图的上部采用了局部剖视，下部采用了半剖视；俯视图左侧绘制了外形，右侧将轴承盖等拆下后，绘制其视图。

装配图可以运用必要的视图和各种表达方法，表达机器或部件的工作原理、零件之间的相互位置和装配连接关系，以及主要零件的基本结构形状。装配图上图形的表达目的不同于零件图，对装配图来说，应从整体出发，将机器或部件的整体结构、工作原理、装配关系放在首位，兼顾主要零件的基本结构形状。至于每个零件的具体形状结构则由零件图详细表达。

由该装配体的主视图不难看出，轴承座位于滑动轴承的下部，它和轴承盖由两个螺栓紧固，起支承、压紧上、下轴衬的作用。轴承盖上端装有油杯，用于给轴衬加注润滑油。

结合其他视图可知，轴承座和轴承盖是箱体类零件，上、下轴衬和轴衬固定套为回转体零件，油杯为近似回转体零件。

2. 必要的尺寸

装配图的尺寸主要是用来表达机器或部件的规格、性能，各零件之间的配合关系，装配体的总体大小以及安装要求等。一般需要注出以下几种尺寸：

（1）规格、性能尺寸　图4-22中的尺寸ϕ50H8确定了所支承轴径的大小，从而也确定了滑动轴承的大小，这种表示机器或部件规格大小或工作性能的尺寸称为规格、性能尺寸。这类尺寸是设计、了解、选用机器或装配体的依据。

（2）配合尺寸　图4-22上的尺寸“$\phi 10\,\frac{H8}{s7}$”表示ϕ10H8的孔（上轴衬）和ϕ10s7的轴（轴衬固定套）之间的配合，“ϕ10”为公称尺寸。这种公称尺寸相同，相互结合的孔与轴公差带之间的关系称为配合。

国家标准规定：配合代号用分式表示，分子为孔的公差带代号，分母为轴的公差带代号。

在装配图上，表示零件间配合性质和公差等级的尺寸称为配合尺寸。图4-22中的尺寸$100\,\frac{H9}{f9}$、$80\,\frac{H9}{f9}$、$\phi 60\,\frac{H8}{k7}$等都是配合尺寸。

（3）安装尺寸　表示将部件安装在机器上或机器安装在基础上所需的尺寸称为安装尺寸，如图4-22中的尺寸204，2×ϕ24即为安装尺寸。

（4）外形尺寸　表示机器或部件的总长、总宽、总高等的尺寸称为外形尺寸。如图4-22中的尺寸236、90和142等皆为外形尺寸。

（5）其他重要尺寸　这类尺寸是指在设计过程中经过计算或根据需要而确定的尺寸，但又不属于以上四种尺寸，如图 4-22 中的尺寸 32、2、60、100 ± 0.3 等为其他重要尺寸。

在装配图上标注尺寸时，上述各类尺寸并非都全部注出，有时同一尺寸可能具有几种不同的含义。因此，在装配图上标注尺寸需根据具体情况来确定。

3. 技术要求

在装配图上需要用文字说明或标注符号指明机器或部件在装配、调试、检验、安装和使用中应遵守的技术条件和要求。在该装配图上用文字标注了四条技术要求，具体见图 4-22。

4. 零件序号、明细栏和标题栏

为了便于看图、管理图样和组织生产，装配图必须对每种零件编写零件序号。同时在标题栏上方编制相应的明细栏，并按零件序号将零件一一列出，注明零件的名称、材料、数量等。

4.4.2　装配图的表达方法

1. 装配图的规定画法

用于零件图的各种表达方法同样适用于装配图，但由于装配图侧重于表达机器或部件的工作原理、装配关系等整体情况，国家标准对装配图又单独制定了一些画法规定。

1）两相邻零件的接触表面（图 4-23①）和配合表面（图 4-23②）只画一条线；不接触的两零件表面，即使间隙很小，也必须画成两条线（图 4-23③、④）。

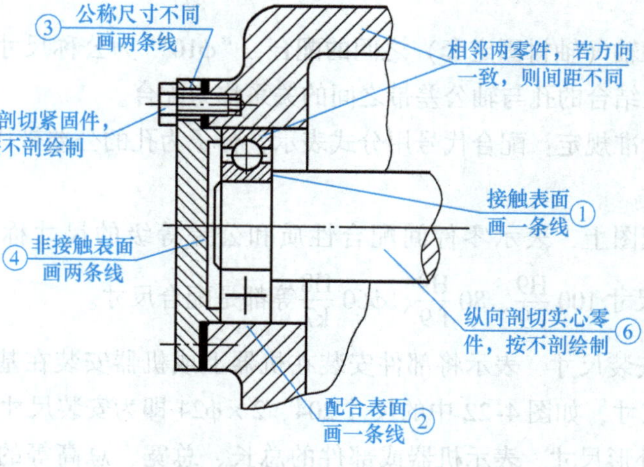

图 4-23　装配图的画法

2）对于螺栓、螺钉、螺母等紧固件（4-23⑤），以及轴、连杆、球、键、销等实心零件（图 4-23⑥），若纵向剖切，且剖切平面通过其对称平面或轴线时，则这些零件均按不剖绘制。但当剖切平面垂直于这些零件的轴线或对称平面剖切时，则应按剖切到绘制，图 4-26 左视图中的螺杆 8 上即绘制了剖面线。

2. 装配图的特殊表达方法

装配图中的视图，除了可以采用剖视图、断面图等一般的表达方法外，还可采用一些特殊的表达方式。

（1）拆卸画法　在装配图中，当某些零件遮住了所需表达的其他零件时，可假想将某些零件拆卸后再绘制视图。拆卸后需加以说明时，可以注上“拆去××”等字样。如图 4-22 所示，俯视图上方标注了“拆去轴承盖等”。

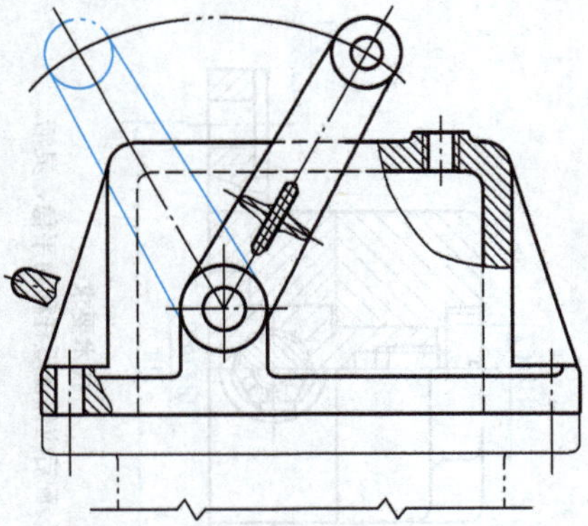
图 4-24　假想画法

（2）假想画法　为了表达运动零件的极限位置时，可用细双点画线画出该零件在极限位置的外轮廓图，如图 4-24 所示。

4.4.3　识读装配图

在机械设计、装配、使用与维修以及技术交流中，都离不开识读装配图。图 4-25 和图 4-26 为机用虎钳的立体图和装配图。下面以此为例，分析识读装配图的方法和步骤。

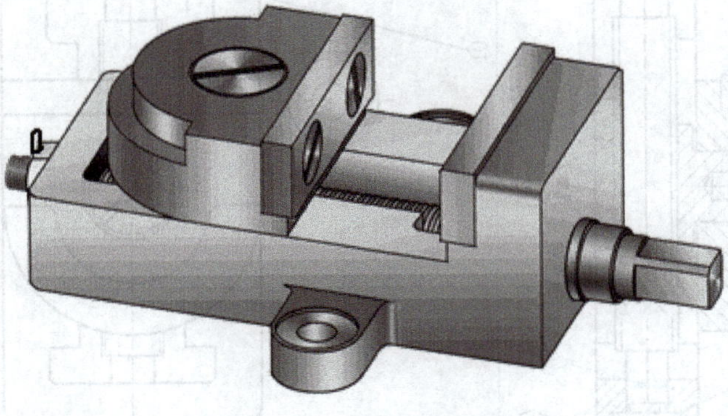
图 4-25　机用虎钳立体图

识读装配图是指通过对装配图的标题栏、明细栏、图形、尺寸、技术要求等各项内容进行分析，了解装配体的名称、规格、性能和功用，分析各组成零件的

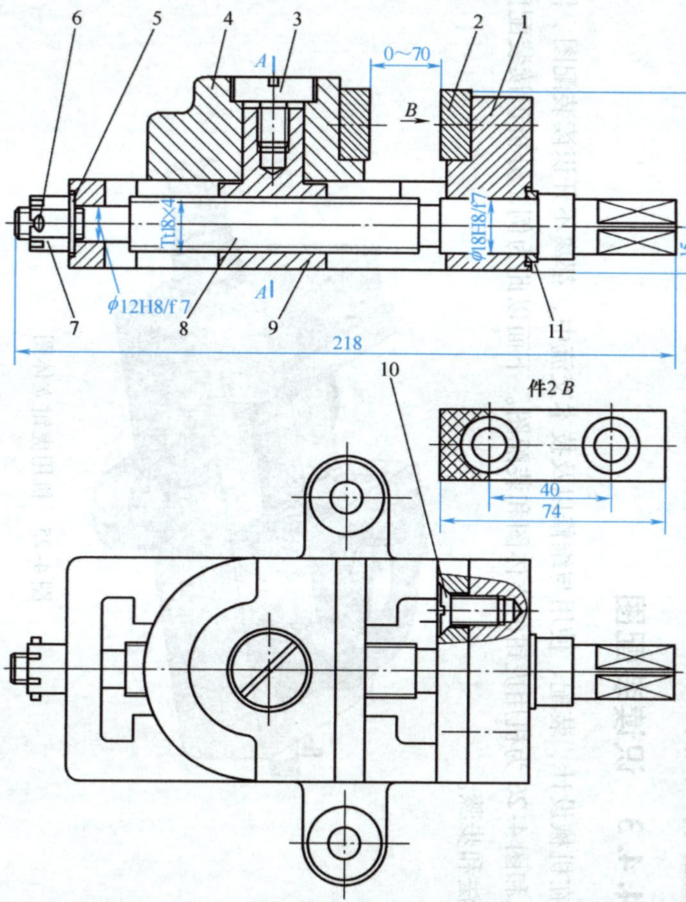

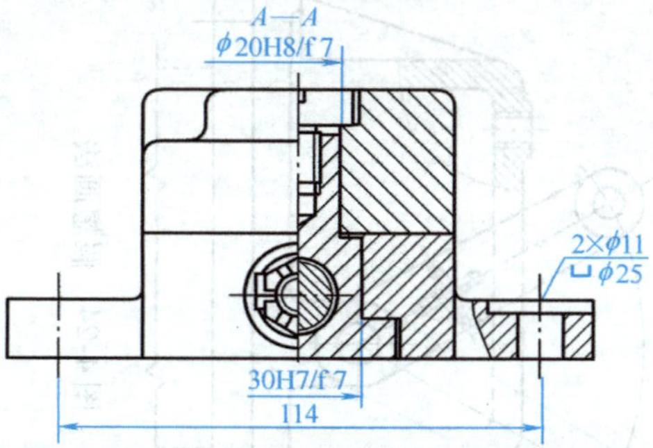

技术要求

装配后应保证螺杆移动平稳、灵活。

序号	代号	名称	数量	材料	备注
11	GB/T97.2—2002	垫圈20	1		
10	GB/T68—2000	螺钉M8×16	1		
9		方块螺母	1	Q235	Tr18×4
8		螺杆	1	45	
7	GB/T6178—2000	螺母M10	1		
6	GB/T91—2000	销2.5×20	1		
5	GB/T97.2—2002	垫圈10	1		
4		活动钳身	1	HT200	
3		螺钉	1	Q235	
2		钳口板	2	45	
1		固定钳座	1	HT200	

								(单位)
标记	处数	分区	更改文件号	签名	年、月日			机用虎钳
设计	(签名)	(年月日)	标准化			阶段标记	质量	比例
								1:1
审核								图号
工艺			批准			共1张	第1张	(投影符号)

图 4-26 机用虎钳装配图

相互位置、装配关系及传动路线，认识各零件的作用及主要结构形状，看懂装配体的工作原理、使用方法及拆装顺序等。

1. 概括了解

读装配图时，首先要通过看标题栏、明细栏等了解机器或部件的名称、用途以及装配体中各零件的名称和数量等内容，并由其名称分析装配体的用途，由比例和外形尺寸了解装配体的大小等。

从图4-26的标题栏中可以看出，该装配体为机用虎钳，是一种在机床工作台上用来夹持工件、以便于对工件进行加工的通用夹具。从明细栏中可以看出，它由11种零件组成，其中垫圈、销、螺母和螺钉等零件是标准件，其余为非标准件。

2. 看懂视图，分析工作原理和装配关系

看懂视图是识读装配图的关键，要通过对装配图的各个视图进行分析，明确视图之间的关系。结合明细栏，分析各个零件的形状、作用，弄懂装配体的工作原理和装配关系。

从图4-26所示机用虎钳装配图中可知：主视图沿前、后对称中心面剖开，采用全剖视，表达机用虎钳的工作原理；左视图为*A*—*A*半剖视，表达主要零件的装配关系；俯视图为局部剖视图，表达机用虎钳的外形及钳口板2与固定钳座的装配关系。

由图中分析可以得到：机用虎钳由固定钳座1、钳口板2、活动钳身4、螺杆8和方块螺母9等零件组成。当用扳手转动螺杆8时，由于螺杆8的左边用开口销6卡住，使它只能在固定钳座1的两圆柱孔中转动，而不沿轴向移动。方块螺母9与活动钳身4用螺钉3连成整体，这时螺杆8就带动方块螺母9，使活动钳身4沿固定钳座1的内腔作直线运动，使钳口闭合或开放，以夹紧和卸下零件。从主视图可以看到机用虎钳的活动范围为0～70mm。两块钳口板2分别用沉头螺钉10紧固在固定钳座1和活动钳身4上。

3. 分析零件结构和作用

在进行视图分析时，要以主视图为中心，结合其他视图，对照明细栏和图上的零件编号对装配体上的所有零件的形状逐一分析。固定钳座1在装配件中起支承钳口板2、活动钳身4、螺杆8和方块螺母9等零件的作用，其形状如图4-27所示。

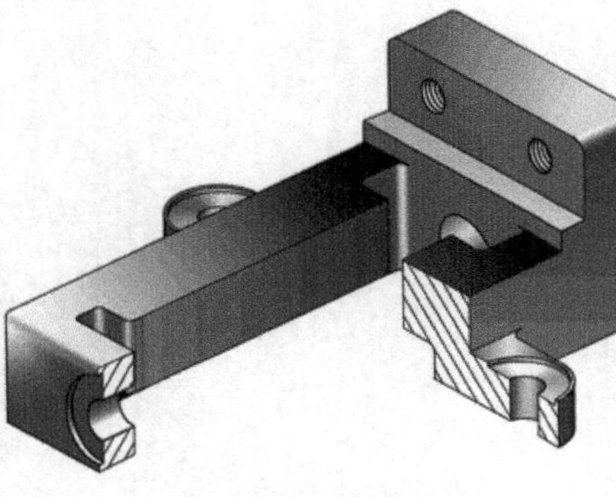

图4-27 固定钳座

固定钳座1的左、右两端有两圆

柱孔，它支承螺杆 8 并使其在两圆柱孔中转动，其中间是空腔，使方块螺母 9 带动活动钳身 4 沿固定钳座 1 作直线运动。为了使机用虎钳固定在机床工作台上，固定钳座 1 的前、后有两个凸台。

B 向视图表达了钳口板 2 的结构形状。其他零件的形状和用途请读者自行分析。

4. 分析尺寸及技术要求

螺杆 8 与固定钳座 1 的左、右端为间隙配合，配合尺寸为 ϕ12H8/f7 和 ϕ18H8/f7。活动钳身 4 与方块螺母 9 也是间隙配合，配合尺寸为 ϕ20H8/f7。

该机用虎钳的规格尺寸为钳口板的宽度 74mm，外形尺寸有 218mm、60mm，安装尺寸为 114mm 和 2 × ϕ11mm；15mm 为其他重要尺寸。

在该装配图上用文字标注了技术要求，具体见图 4-26。

5. 综合归纳

在概括了解、分析视图的基础上，对尺寸、技术要求进行分析，然后综合分析装配图的各项内容，对装配体的结构形状、工作原理等有一个较完整、明确地认识。实际上，上述各项步骤是不能截然分开的，通常需要对视图、尺寸、技术要求、标题栏和明细栏等进行反复地对照、分析，以看懂装配图。

第5章 Chapter

焊缝符号及标注方法

5.1 棒料和型材

5.1.1 棒料

棒料主要有圆钢、方钢、扁钢、六角钢、三角钢、半圆钢等。其中扁钢、空心方钢、钢管等在焊接结构中应用最广泛。扁钢可以弯成扁钢圈，也可以用来制作框架、拉条等。空心方钢、钢管等可用来制作支架等轻型构件。

常用棒料的名称、形状和断面标记见表5-1。

表5-1 棒料及其断面标记

序号	名称		标记		尺寸含义
			图形符号	必要尺寸	
1	圆钢			d	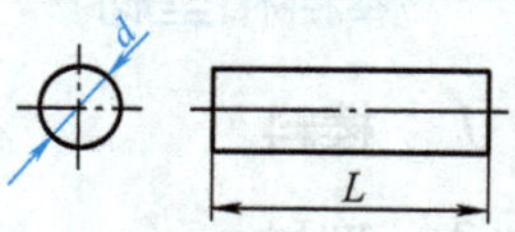
	钢管			$d\times\delta$	
2	方钢	实心		b	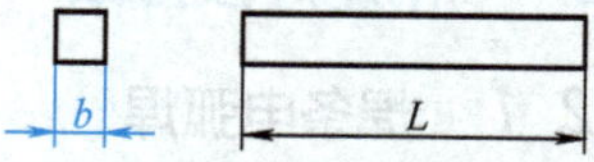
		空心		$b\times\delta$	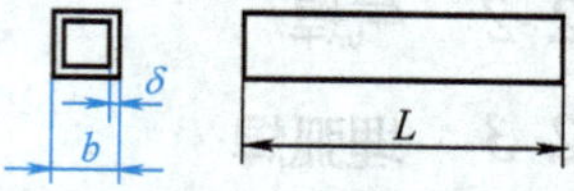
3	扁钢	实心	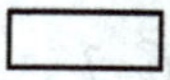	$b\times h$	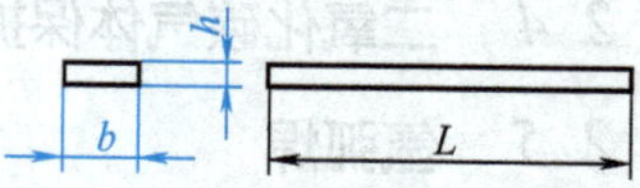
		空心		$b\times h\times\delta$	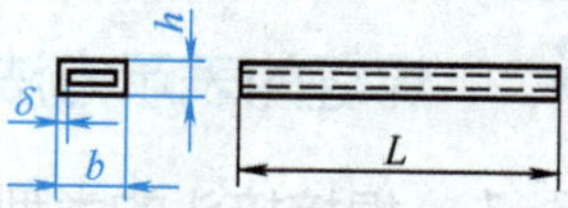
4	六角钢	实心		s	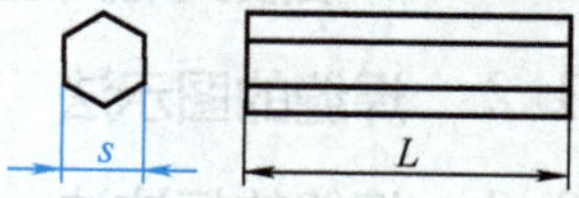

（续）

序号	名称		标记		尺寸含义
			图形符号	必要尺寸	
4	六角钢	空心		$s\times\delta$	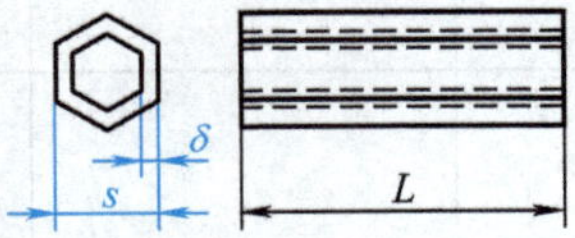
5	三角钢			b	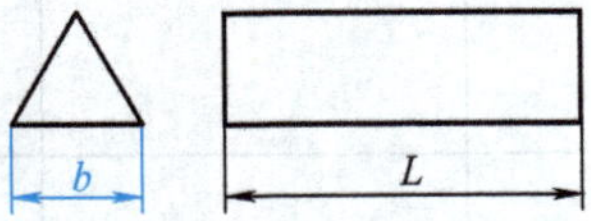
6	半圆钢			$b\times h$	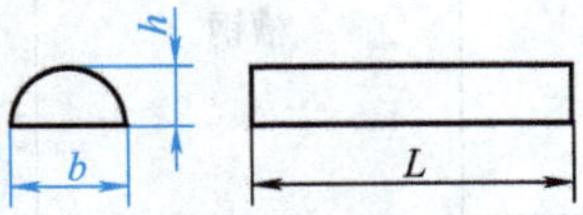

5.1.2 型材

型材主要有角钢、工字钢、槽钢、H 钢、T 型钢及其他异型钢材。其中角钢、工字钢、槽钢等常用于支架、梁、柱等焊接构件。常用型材的名称、形状和断面标记见表 5-2。

表 5-2 型材及其断面标记

序号	名称		标记			尺寸含义
			图形符号	字母代号	特征尺寸	
1	角钢	等边		L	$b\times b\times d$	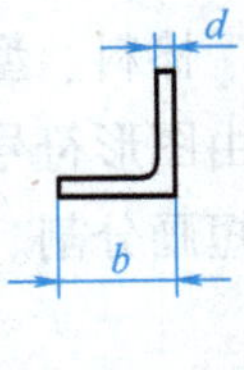
		不等边			$B\times b\times d$	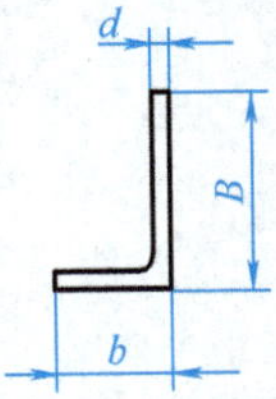

（续）

序　号	名　称	标　记			尺寸含义
		图形符号	字母代号	特征尺寸	
2	工字钢		I	$h \times B \times d$	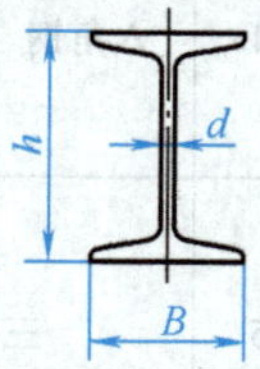
3	槽钢	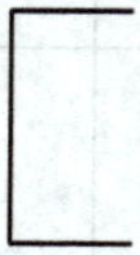	U	$h \times b \times d$	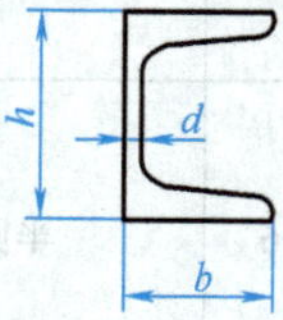
4	H 钢	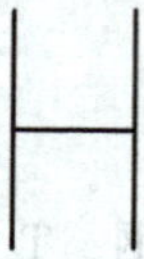	H	$H \times B \times \delta_1 \times \delta_2$	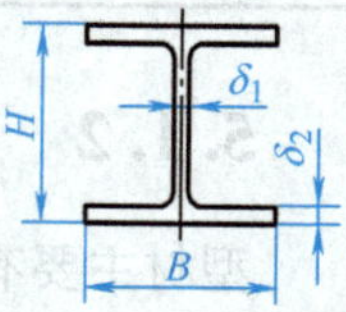
5	T 型钢	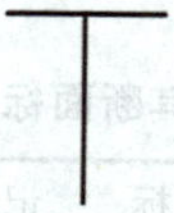	T	$h \times B \times \delta_1 \times \delta_2$	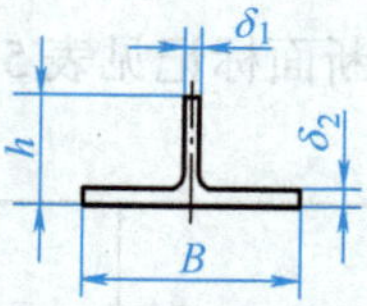

5.1.3　棒料、型材的标记

棒料、型材及其断面形状和尺寸等可用相应的标记表示，如图 5-1 所示，标记由图形符号（或字母代号）、标准编号、必要尺寸、切割长度组成，各参数间用短画分割。

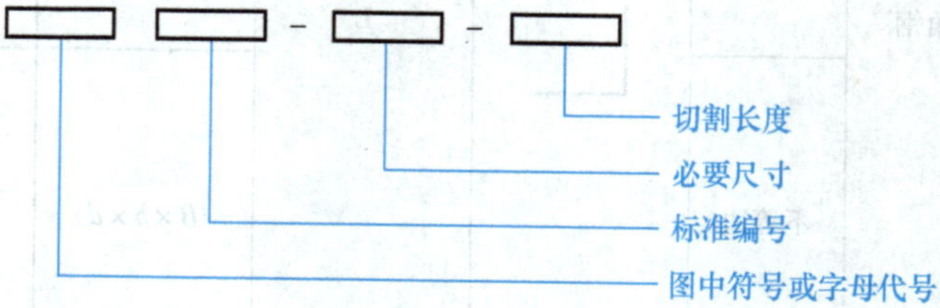

图 5-1　棒料、型材的标记

角钢的断面尺寸为50mm×50mm×4mm，切割长度为1000mm，标记为：

∟ GB/T 706-50×50×5-1000

棒料、型材标记的简化规定：

1）在有相应标准，但不致引起误解时，可采用图形符号加必要尺寸及切割长度的简化表示方法，即可省略标准编号。

2）为了简化标记，可以用大写字母代替图形符号。

3）切割长度在图样尺寸中已经标出时，可省略切割长度。

例如：扁钢断面尺寸为50mm×10mm，切割长度为100mm，简化标记为：

▭ 50×10-100

例如：角钢断面尺寸为90mm×56mm×7mm，切割长度为500mm，简化标记为：

∟ 90×56×7-500 或 L 90×56×7-500

5.2 常用焊接方法

焊接是通过加热或加压，或两者并用，用或不用填充材料，使焊件连接的一种加工工艺方法，如图5-2所示。焊接是一种不可拆连接，它不仅可以连接各种同质金属，也可以连接不同质的金属。

图5-2 焊接

按照焊接过程中金属所处的状态不同，可以把焊接方法分为熔焊、压焊和钎焊三类，焊接方法的分类如图5-3所示。常见的焊接方法及代号见表5-3。

表5-3 常见焊接方法及代号（摘自GB/T 5185—2005）

焊接方法	代号	焊接方法	代号
电弧焊	1	电阻焊	2
焊条电弧焊	111	单面点焊	211
自保护药芯焊丝电弧焊	114	双面点焊	212
埋弧焊	12	电阻对焊	25

（续）

焊接方法	代号	焊接方法	代号
单丝埋弧焊	121	气焊	3
多丝埋弧焊	123	氧乙炔焊	311
熔化极惰性气体保护电弧焊（MIG）	131	压力焊	4
熔化极非惰性气体保护电弧焊（MAG）	135	电渣焊	72
惰性气体保护的药芯焊条电弧焊	137	火焰切割	81
钨极惰性气体保护电弧焊（TIG）	141	硬钎焊、软钎焊及钎接焊	9
等离子弧焊	15	火焰硬钎焊	912

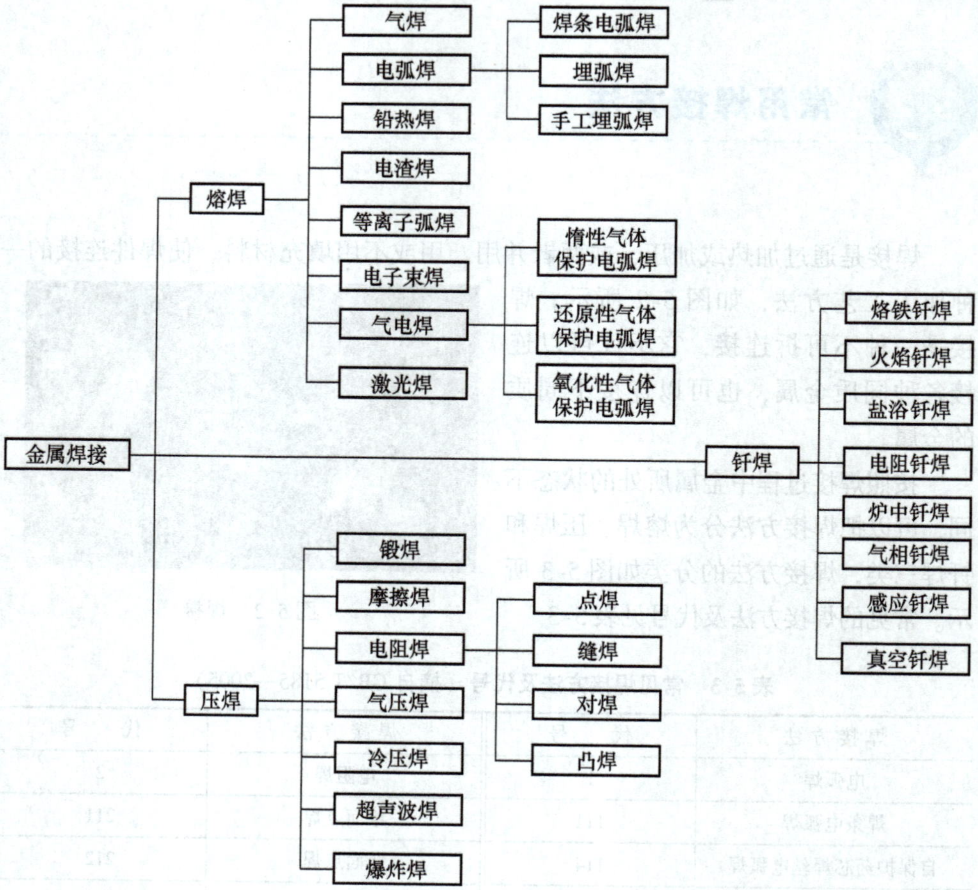

图 5-3 焊接方法的分类

5.2.1　焊条电弧焊

焊条电弧焊是用手工操纵焊条进行焊接的电弧焊方法，它以手工操作的焊条和被焊接的工件作为两个电极，利用焊条与焊件之间的电弧产生热量来熔化金属进行焊接。焊条电弧焊的操作方法及原理如图5-4所示。焊接时，将焊条与焊件接触短路后立即提起焊条，引燃电弧。电弧的高温将焊条与焊件局部熔化，熔化了的焊芯以熔滴的形式过渡到局部熔化的焊件表面，融合在一起后形成熔池。

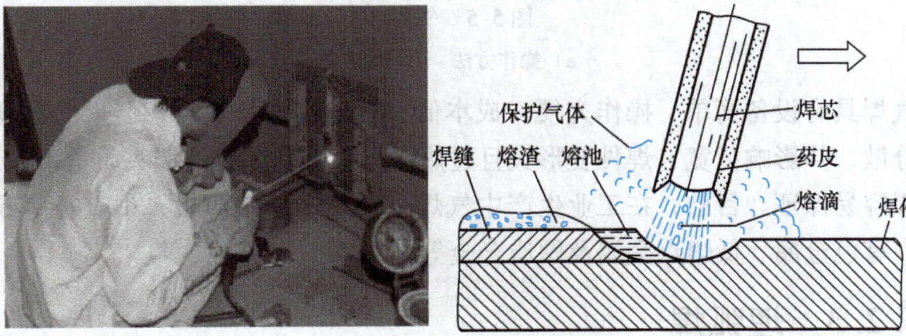

a)　　b)

图5-4　焊条电弧焊

a）操作方法　b）原理

焊条药皮在熔化过程中产生一定量的气体和液态熔渣，起到保护熔池的作用。同时，药皮熔化产生的气体、熔渣与熔化了的焊芯、焊件发生一系列冶金反应，保证了所形成焊缝的性能。随着电弧沿焊接方向不断移动，熔池内的液态金属逐步冷却结晶形成焊缝。

焊条电弧焊是熔焊中最基本的一种焊接方法，也是目前焊接生产中使用最广泛的焊接方法。

5.2.2　气焊

气焊是利用气体火焰作为热源的一种熔焊方法。最常用的是氧乙炔焊，此外还有氢氧焊。近年来，利用液化气或丙烷燃气的焊接发展也很迅速。

气焊是利用可燃气体和助燃气体通过焊炬按一定比例混合，获得所需性质的火焰作为热源，熔化被焊金属和填充金属，使其形成牢固的焊接接头的焊接方法。气焊的操作方法及原理如图5-5所示。气焊时，先将焊件的焊接处加热到熔化状态形成熔池，并不断地熔化焊丝向熔池中填充，气体火焰覆盖在熔化金属的表面起保护作用，随着焊接过程的进行，熔化金属冷却形成焊缝。

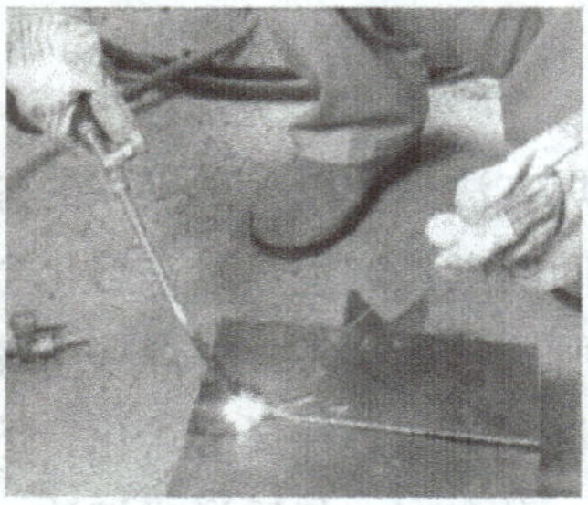

a)

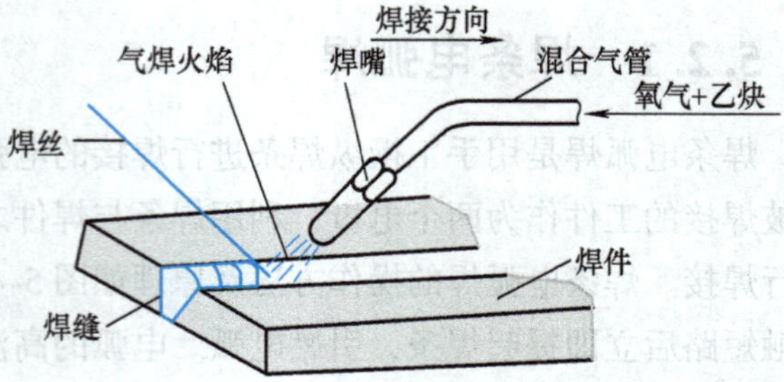

b)

图 5-5　气焊

a）操作方法　b）原理

气焊具有设备简单、操作方便、成本低、适应性强等优点，但火焰温度低、加热分散、热影响区宽、焊件变形大且过热严重，因此，气焊接头质量不如焊条电弧焊容易保证。目前，在工业生产中气焊主要用于焊接薄板、小直径薄壁管、铸铁、有色金属、低熔点金属及硬质合金等。

5.2.3　埋弧焊

埋弧焊是电弧在焊剂层下燃烧进行焊接的方法。埋弧焊分自动和半自动两种，最常用的是自动埋弧焊。

自动埋弧焊机及工作原理如图 5-6 所示。自动焊机上的导电嘴和焊件分别用电缆与焊接电源两极连接。焊剂经漏斗撒在焊件待焊表面，焊丝由焊丝盘经自动焊机头穿过导电嘴连续送入焊剂层下。引弧后，电弧在焊丝和焊件之间燃烧，形成熔池和熔渣，由于电弧被埋在由熔渣和熔池金属包围的封闭空间内燃烧，所以称为埋弧焊。随着焊接的连续进行，可得到受焊剂和渣壳保护的焊缝。

a)

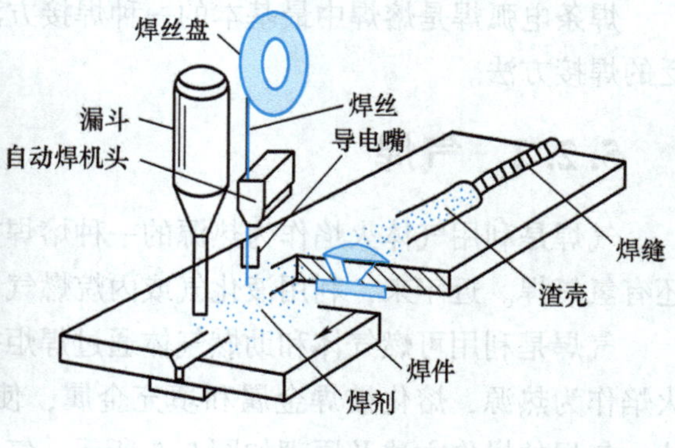

b)

图 5-6　自动埋弧焊

a）自动埋弧焊机　b）自动埋弧焊工作原理

由于埋弧焊的电弧在焊剂层下燃烧，熔池金属不受空气的影响，焊丝的送进和沿焊缝的移动均为自动控制，因此工作稳定，焊接质量好。埋弧焊允许使用较大的焊接电流，熔深大，焊速快，因而生产率高。埋弧焊能量损失少，使用连续焊丝余料损失少，一般厚度的焊件不需要开坡口，因此可节约大量能源、材料和工时，成本低。埋弧焊过程已实现机械化、自动化，焊接时无可见弧光，烟尘少，劳动条件得到改善。

埋弧焊的不足是适应性差，只适用于水平位置焊接（允许倾斜坡度不超过20°）和长而直或大圆弧的连续焊缝，而且对生产批量有一定要求（大批量生产），因而应用受到一定的限制。

5.2.4　二氧化碳气体保护焊

二氧化碳气体保护焊是利用 CO_2 作为保护气体的气体保护焊，其工作原理如图5-7所示。焊接时，焊丝由送丝机构控制，经送丝软管从焊炬头部的导电嘴中自动送出，焊丝既是电极也是填充金属。二氧化碳气体由气瓶经减压器、流量计等从喷嘴以一定速度喷入焊接区，把电弧和熔池跟空气隔开。焊接过程由焊工手持焊炬进行。

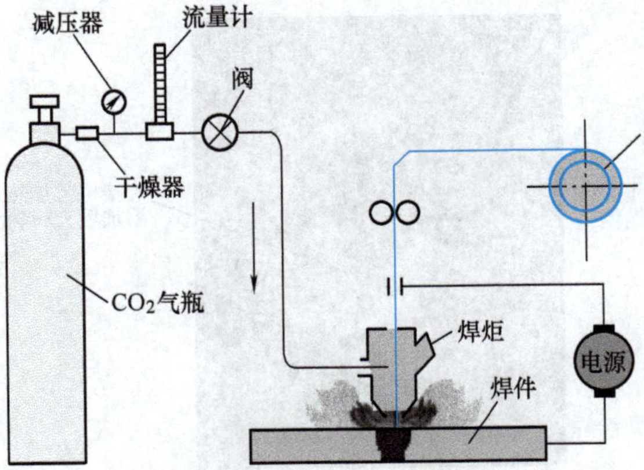

图5-7　二氧化碳气体保护焊示意图

二氧化碳气体保护焊具有成本低、焊接质量好、生产率较高、操作方便等优点，常用于低碳钢和低合金结构钢的焊接。

5.2.5　氩弧焊

氩弧焊是使用氩气作为保护气体的气体保护电弧焊方法。氩弧焊根据所用的电极材料不同，分为不熔化极（钨极）氩弧焊和熔化极氩弧焊；根据操作方式不同，分为手工氩弧焊、半自动氩弧焊和自动氩弧焊；根据采用的电源种类不同，分为直流氩弧焊、交流氩弧焊和脉冲氩弧焊等。

钨极氩弧焊是氩弧焊中应用最广的一种，其工作原理如图 5-8 所示。氩弧焊时，氩气流从焊枪喷嘴中连续喷出，在电弧区形成严密的保护气层，将电极和金属熔池跟空气隔离。同时，利用电极（钨极或焊丝）与焊件之间产生的电弧热量来熔化附加的填充焊丝或自动给送的焊丝及母材金属形成熔池，液态熔池金属凝固后形成焊缝。

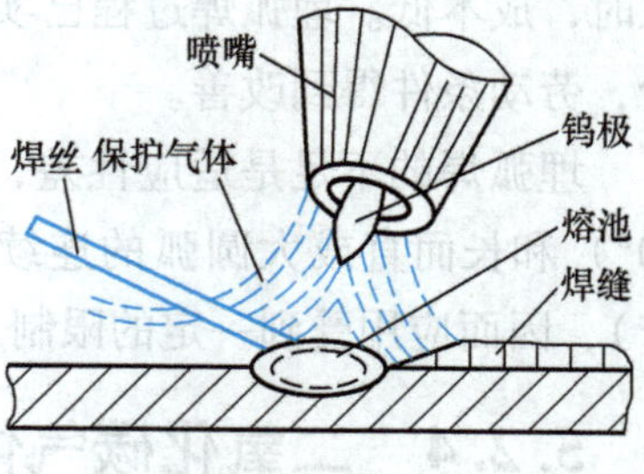

图 5-8　钨极氩弧焊的工作原理

钨极氩弧焊是使用纯钨或活化钨（钍钨、铈钨等）作为电极的氩气保护焊，简称 TIG 焊。手工钨极氩弧焊的操作方法如图 5-9 所示，操作时，一手握焊枪，另一手持焊丝，随焊枪的摆动和前进，逐渐将焊丝填入熔池之中。有时也不加填充焊丝，仅将接口边缘熔化后形成焊缝。

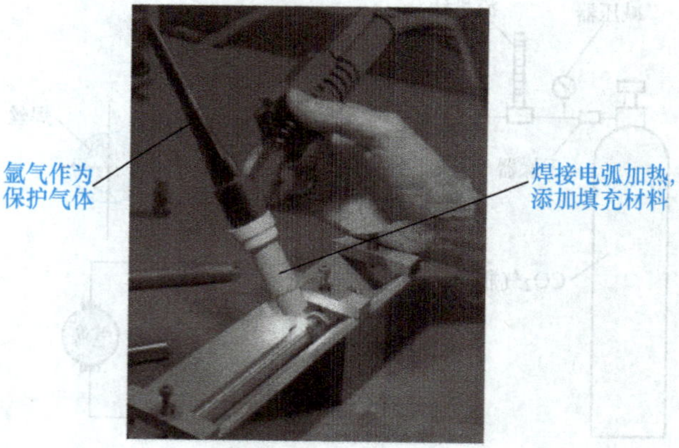

图 5-9　手工钨极氩弧焊的操作方法

氩弧焊的焊缝质量高，焊接变形和应力小，焊接范围广，几乎所有的金属材料都可以焊接，特别适合焊接化学性质活泼的金属和合金。但由于所用的焊接电流受到钨极熔化与烧损的限制，所以电弧功率较小，只适用于焊接厚度小于 6mm 的焊件。

5.3 焊缝的表示方法

5.3.1 焊接接头的类型

焊接接头是指两个或两个以上零件用焊接方法连接的接头，焊接接头的主要形式有对接接头、T形接头、角接接头和搭接接头等，如图5-10所示。

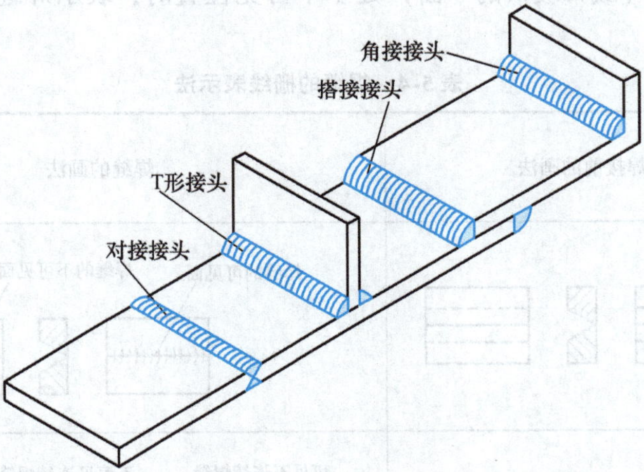

图5-10 焊接接头的主要形式

1. 对接接头

两焊件表面构成一个平面的接头称为对接接头。在各种焊接结构中，对接接头是采用最多的一种接头形式。

2. 角接接头

两焊件端部构成大于30°而小于135°夹角的接头称为角接接头，这种接头受力状况不太好，常用于不重要的结构中。

3. T形接头

一焊件的端面与另一焊件的表面构成直角或近似直角的接头称为T形接头。

4. 搭接接头

两焊接件部分重叠构成的接头称为搭接接头。

5.3.2 焊缝的图示法

在焊接图样中，焊缝的表示方法有图示法和符号标注法两种。在绘图时，尽量采用符号标注法，以简化图样上焊缝的表示方法，在必要时可以用图示法辅助表达焊缝。

需要在图样中简易地绘制焊缝时，可用视图、剖视图或断面图表示，也可用立体图示意地表示，具体画法如下：

1. 用栅线表示焊缝

在视图上，焊缝可用栅线（一段段细实线，允许徒手绘制）表示，见表5-4。当焊缝面（或带坡口的一面）处于不可见位置时，表示焊缝的栅线可省略不画。

表 5-4　焊缝的栅线表示法

接头形式	焊接前的画法	焊缝的画法
对接接头	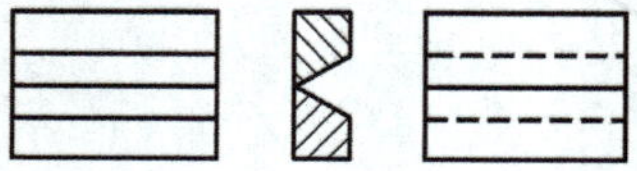	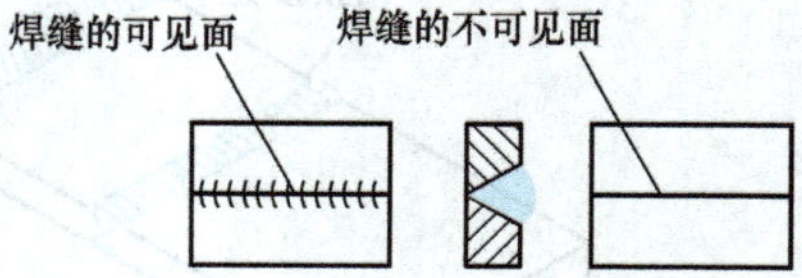
T形接头	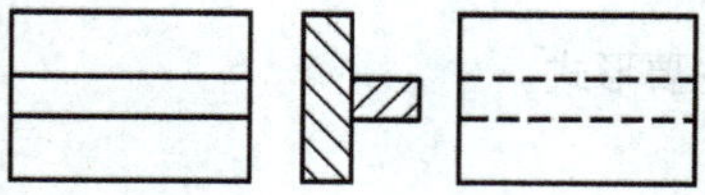	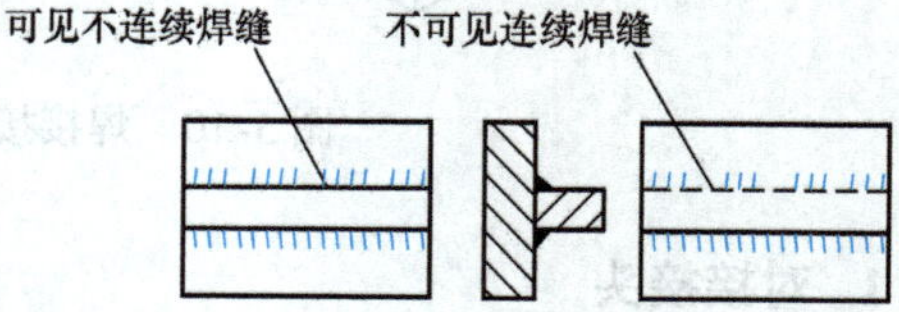
搭接接头	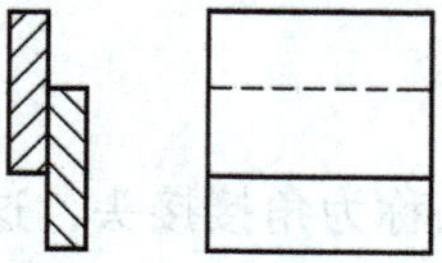	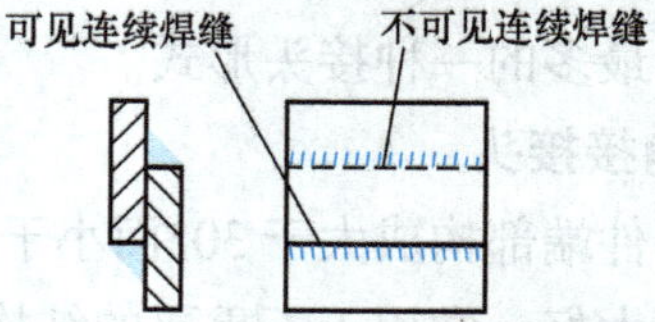
角接接头	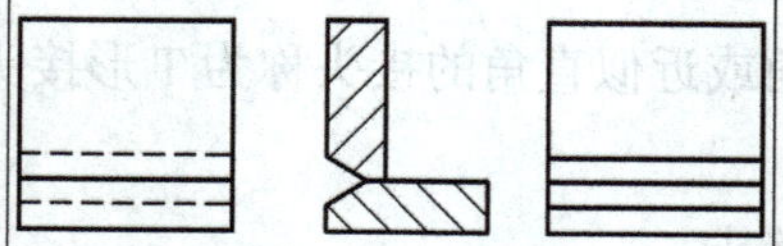	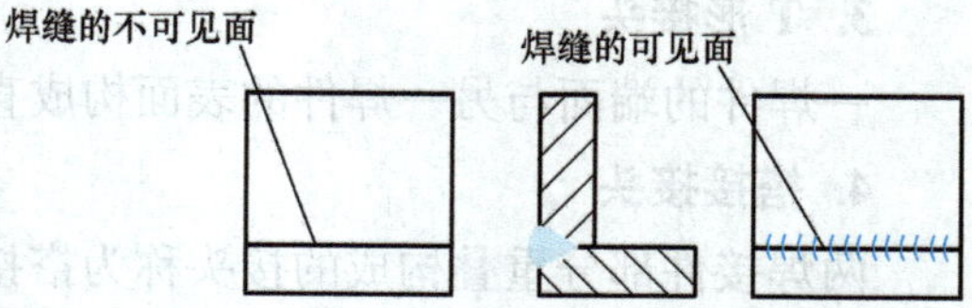

2. 用粗线表示焊缝

焊缝也允许采用粗线（宽度为粗实线的 2～3 倍）表示，如图 5-11 所示。在同一图样中只允许采用一种画法。

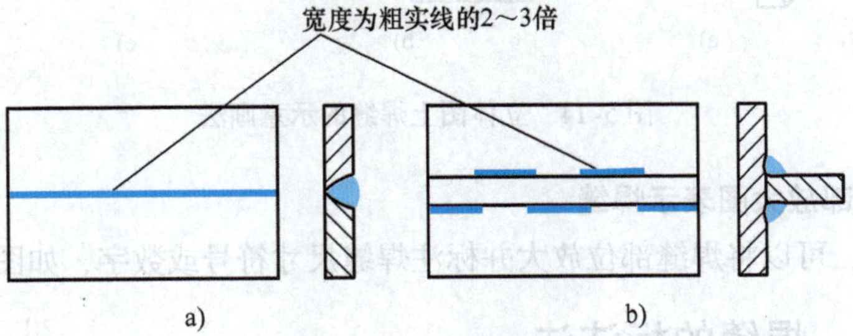

图 5-11　用粗线表示焊缝

a）对接接头连续焊缝　b）T 形接头断续焊缝

3. 焊缝端面图上的表示方法

在垂直于焊缝的断面图或剖视图上，当比例较大时，应按照焊缝横截面形状画出金属熔焊区并涂黑，如图 5-12 所示。

4. 焊缝接头或坡口形状的表示

用视图、剖视图或断面图表示焊缝接头或坡口形状时，用粗实线表示熔焊区的焊缝轮廓，用细实线画出焊接前接头或坡口形状，如图 5-13 所示。

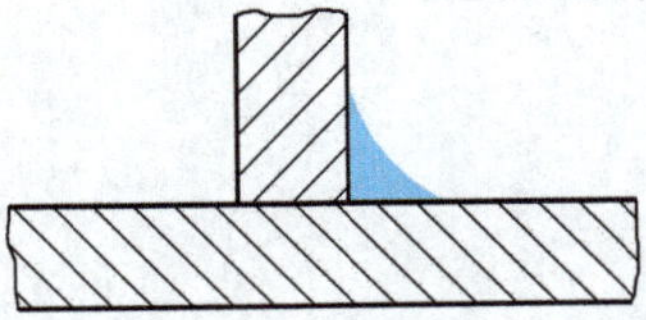

图 5-12　端面涂黑表示焊缝

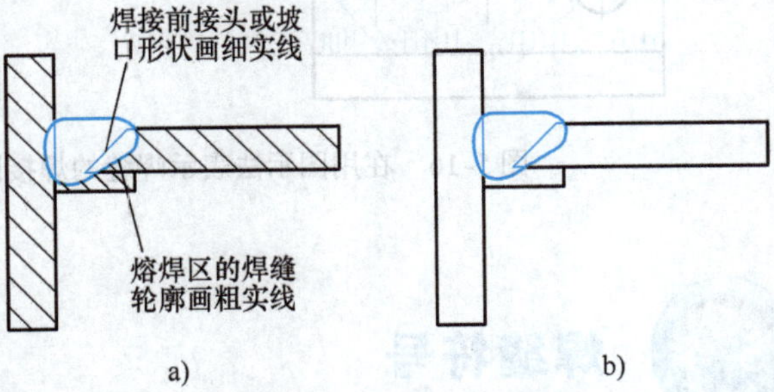

图 5-13　焊缝接头或坡口形状的表示

a）剖视图　b）外视图

5. 立体图上焊缝的画法

在立体图上表示焊缝可以用示意画法，在焊缝处画栅线或涂黑，如图 5-14 所示。

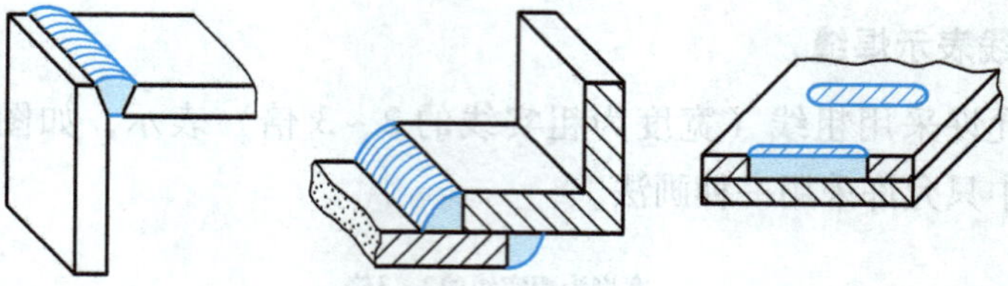

图 5-14　立体图上焊缝的示意画法

6. 用局部放大图表示焊缝

必要时，可以将焊缝部位放大并标注焊缝尺寸符号或数字，如图 5-15 所示。

5.3.3　焊缝的标注法

为了使焊接图样清晰和减轻绘图工作量，国家标准规定可以用焊缝符号表示焊缝，即标注法。在焊缝符号中主要用字母、符号或数字表示焊缝的形式、焊缝尺寸及焊接方法。

当在图样上采用图示法绘出焊缝时，通常应同时标注焊缝符号，如图 5-16 所示。

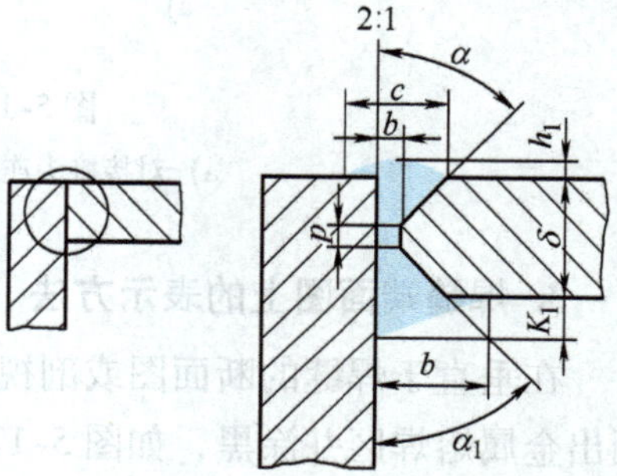

图 5-15　用局部放大图表示焊缝

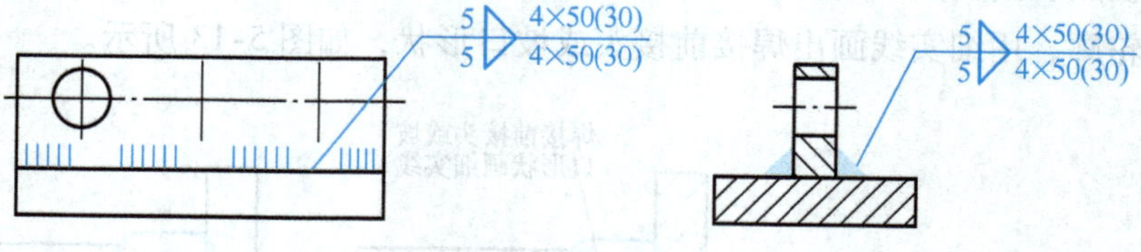

图 5-16　在用图示法表示焊缝的焊接图上标注焊缝符号

5.4 焊缝符号

5.4.1　焊缝基本符号

焊缝的基本符号表示焊缝横截面的基本形式或特征。常用的焊缝基本符号见表 5-5。

表 5-5 常用焊缝基本符号（摘自 GB/T 324-2008）

序号	名称	示意图	符号	序号	名称	示意图	符号
1	I形焊缝			7	带钝边J形焊缝		
2	V形焊缝			8	角焊缝	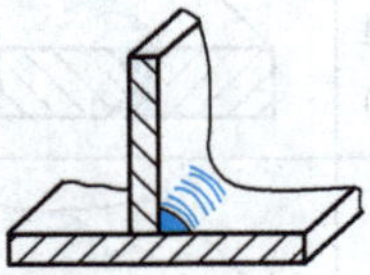	
3	单边V形焊缝			9	塞焊缝或槽焊缝	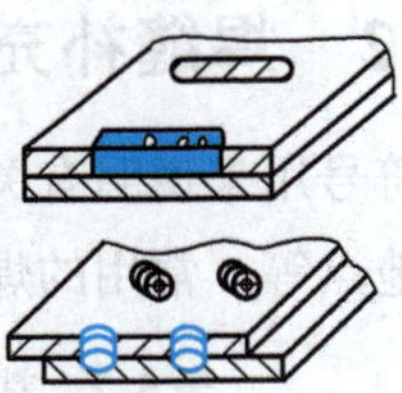	
4	带钝边V形焊缝						
5	带钝边单边V形焊缝		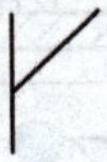	10	点焊缝		
6	带钝边U形焊缝			11	封底焊缝	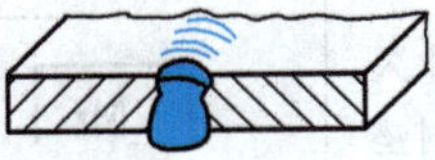	

标注双面焊缝时，焊缝的基本符号可以组合使用，见表5-6。

表5-6　基本符号的组合（摘自GB/T 324—2008）

序号	名称	示意图	符号	序号	名称	示意图	符号
1	双面V形焊缝（X焊缝）			4	带钝边的双面单V形焊缝		
2	双面单V形焊缝（K焊缝）	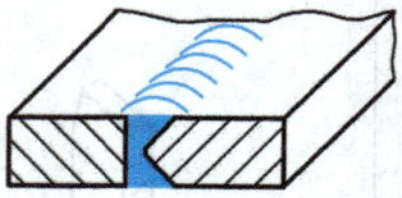		5	双面U形焊缝		
3	带钝边的双面V形焊缝			6	双面带钝边J形焊缝		

5.4.2　焊缝补充符号

补充符号用来说明有关焊缝或接头某些特征，如表面形状、衬垫、焊缝分布、施焊地点等。常用的焊缝补充符号见表5-7。

表5-7　常用焊缝补充符号（摘自GB/T 324—2008）

序号	名称	符号	示意图	说明
1	平面			焊缝表面通常经过加工后平整
2	凹面		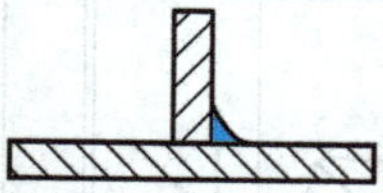	焊缝表面凹陷
3	凸面			焊缝表面凸起
4	圆滑过渡		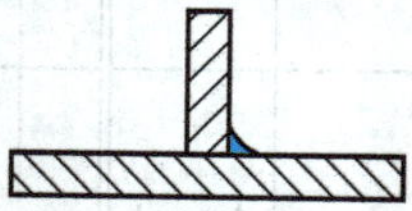	焊趾处过渡圆滑
5	永久衬垫	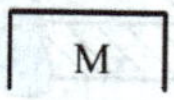		衬垫永久保留
6	临时衬垫			衬垫在焊接完成后拆除

（续）

序号	名称	符　号	示 意 图	说　明
7	三面焊缝		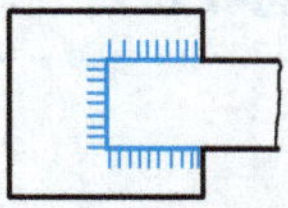	三面带有焊缝
8	周围焊缝		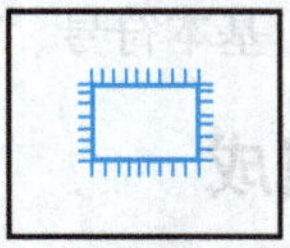	沿着工件周边施焊的焊缝 标注位置为基准线与箭头线的交点处
9	现场焊缝			在现场焊接的焊缝
10	交错断续焊缝		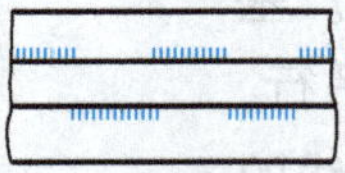	表示焊缝由一组交错断续的相同焊缝组成

平面、凹面、凸面、圆滑过渡等补充焊缝符号可以和基本焊缝符号组合使用，见表5-8。

表5-8　常用焊缝补充符号的应用（摘自GB/T 324—2008）

序号	名　称	示 意 图	符　号
1	平齐的V形焊缝		
2	凸起的双面V形焊缝		
3	凹陷的角焊缝	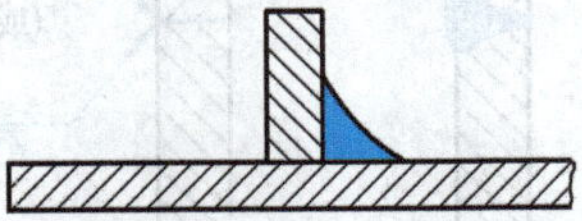	
4	平齐的V形焊缝和封底焊缝		
5	表面过渡平滑的角焊缝	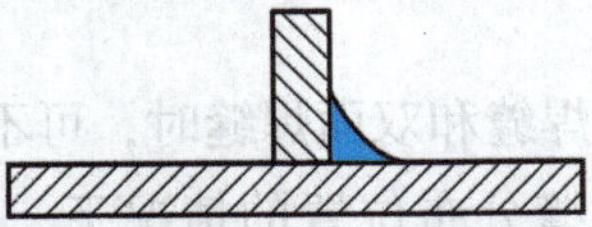	

5.5 焊缝符号的标注

完整的焊缝符号由指引线、基本符号、补充符号、尺寸符号和其他数据等组成。

5.5.1 指引线的组成

指引线由箭头线和两条基准线组成，如图5-17所示。箭头线为细实线，基准线有两条，一条为细实线，另一条为细虚线。基准线一般应与图样的底边平行，细虚线可根据需要画在细实线的上面或下面。

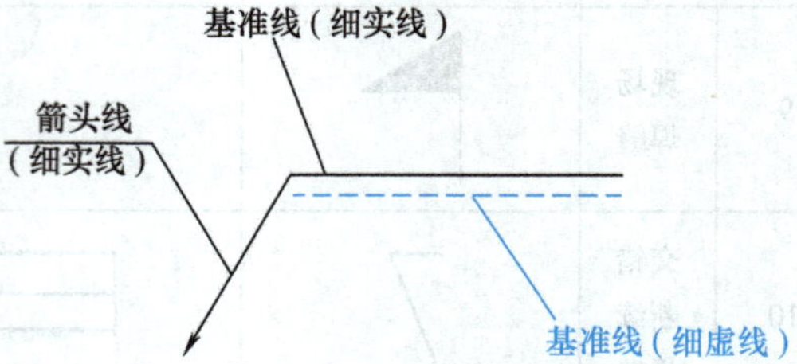

图5-17 焊缝标注指引线

5.5.2 焊缝的标注规定

箭头相对焊缝的位置一般没有特殊的要求，箭头可以标在有焊缝一侧，也可以标在没有焊缝的一侧。

1）标注单面焊缝时，基本符号标注在细实线上，表示箭头所指的是有焊缝的一侧，如图5-18b所示；基本符号标注在细虚线上，表示在箭头所指的是没有焊缝的一侧，如图5-18c所示。

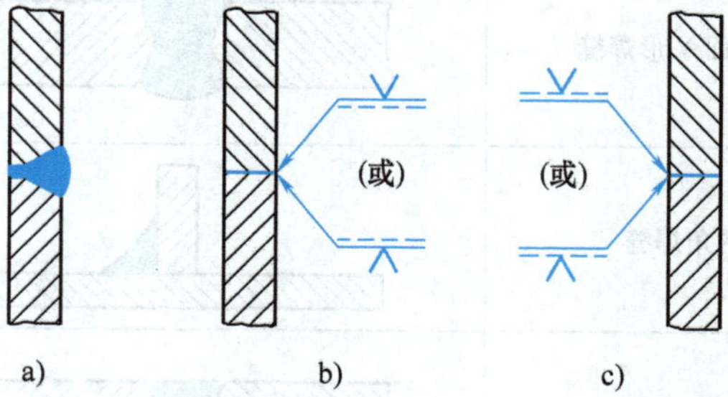

图5-18 基本符号相对基准线的位置

a）焊缝坡口朝右 b）箭头侧位于焊缝一侧 c）箭头侧位于没有焊缝一侧

2）标注对称焊缝和双面焊缝时，可不画细虚线，如图5-19所示。

3）在明确焊缝分布位置的情况下，有些双面焊缝也可以省略细虚线，如

图 5-20所示。

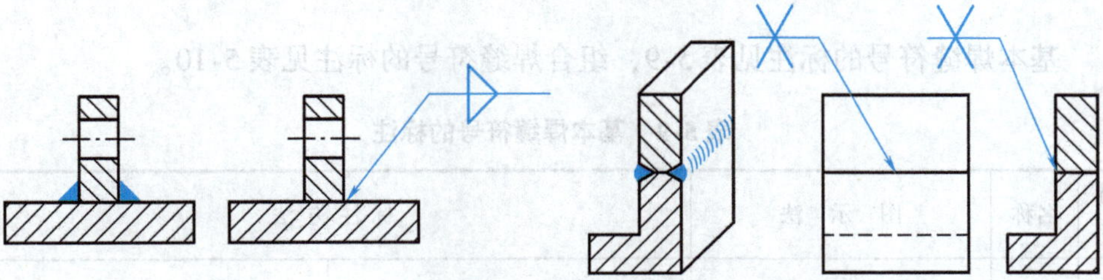

a) b)

图 5-19 对称焊缝和双面焊缝的标注

a）对称焊缝 b）双面焊缝

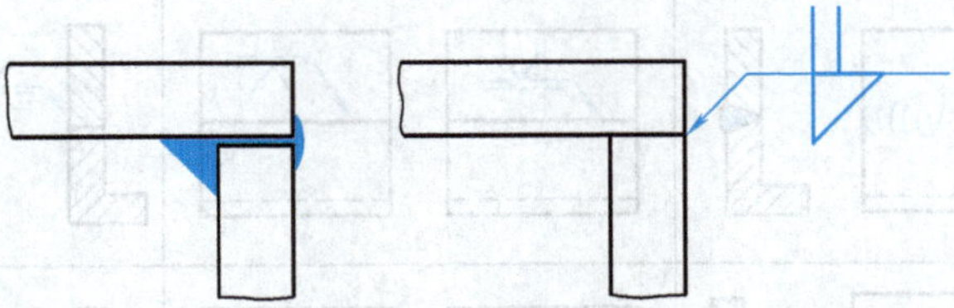

a) b)

图 5-20 角焊缝和 I 形焊缝的组合焊缝

a）示意图 b）焊缝标注

提示

图 5-21 所示为十字接头角焊缝，左侧的横板为对称角焊缝，右侧的横板为单面角焊缝，很显然图 5-21b 所示的标注是正确的，图 5-21c 所示的标注是错误的。

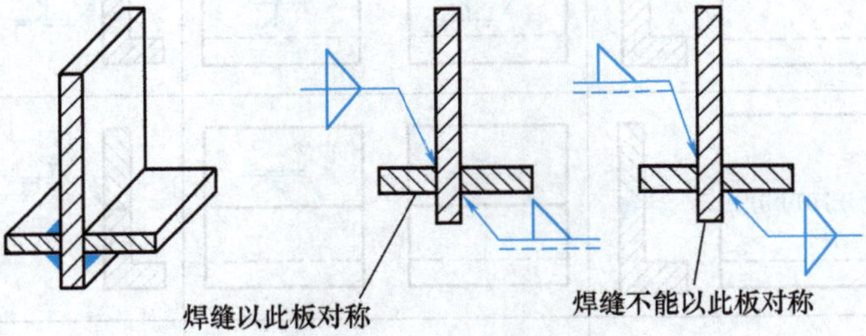

a) b) c)

图 5-21 十字接头角焊缝

a）立体图 b）正确标注 c）错误标注

5.5.3 基本焊缝符号的标注示例

基本焊缝符号的标注见表5-9，组合焊缝符号的标注见表5-10。

表5-9 基本焊缝符号的标注

序号	名称	图示法	标注方法
1	I形焊缝	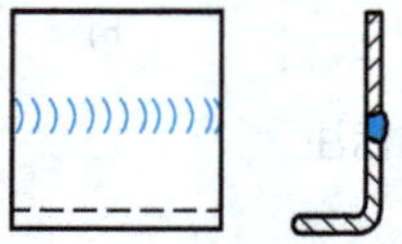	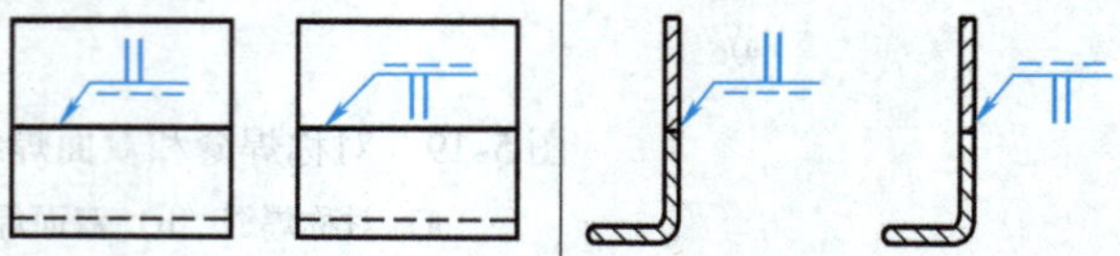
2	V形焊缝	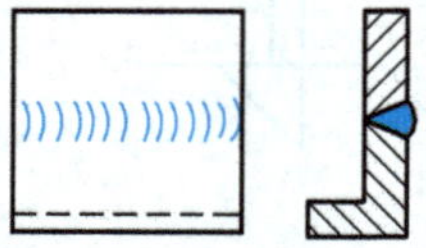	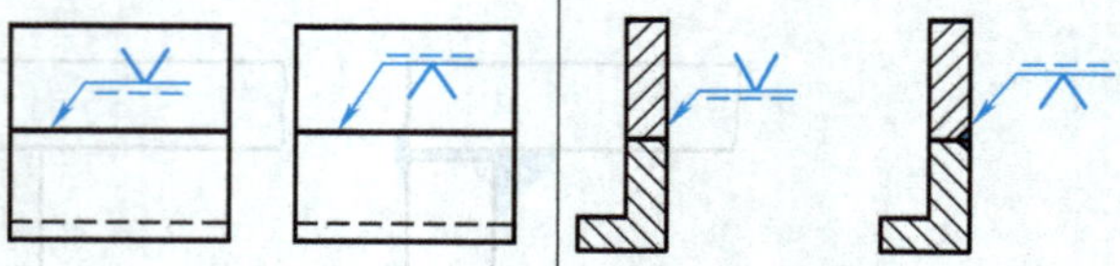
3	单边V形焊缝	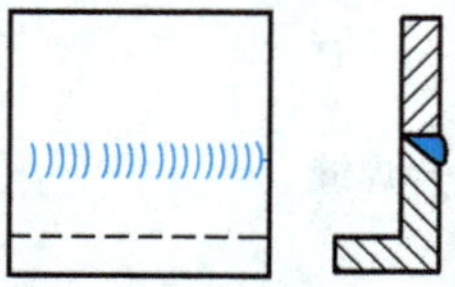	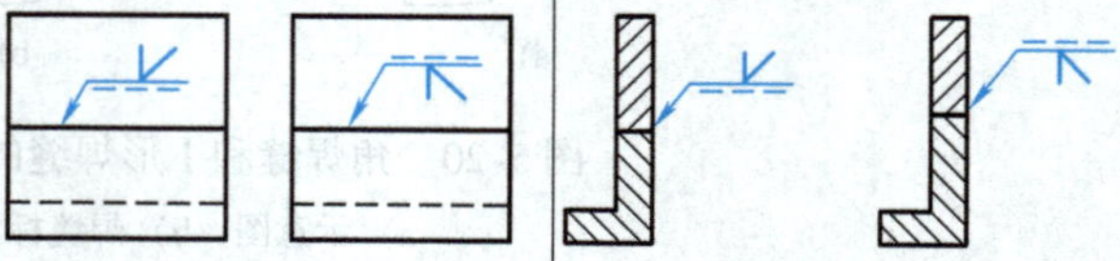
4	带钝边V形焊缝	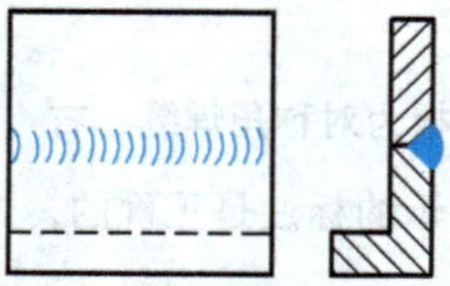	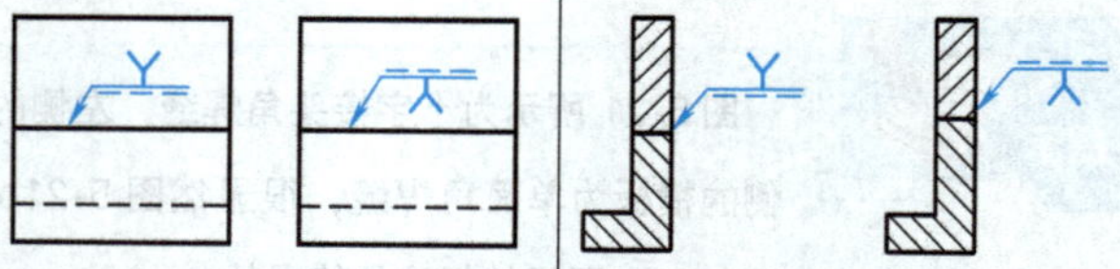
5	带钝边单边V形焊缝	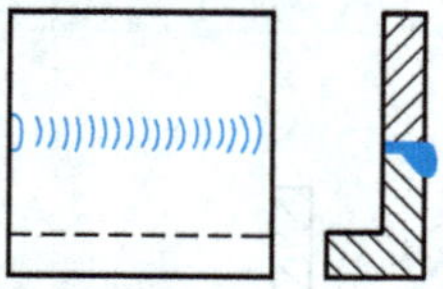	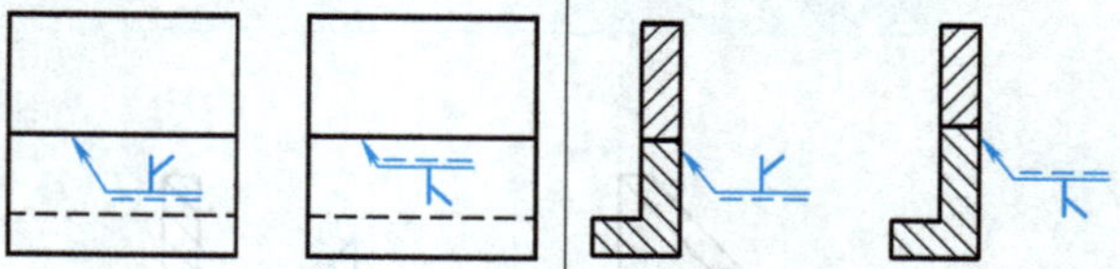
6	带钝边U形焊缝	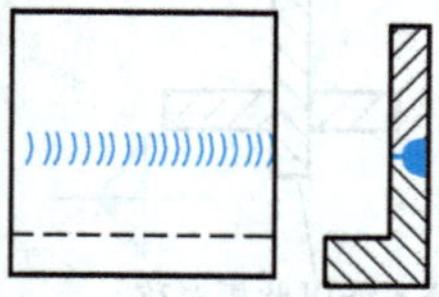	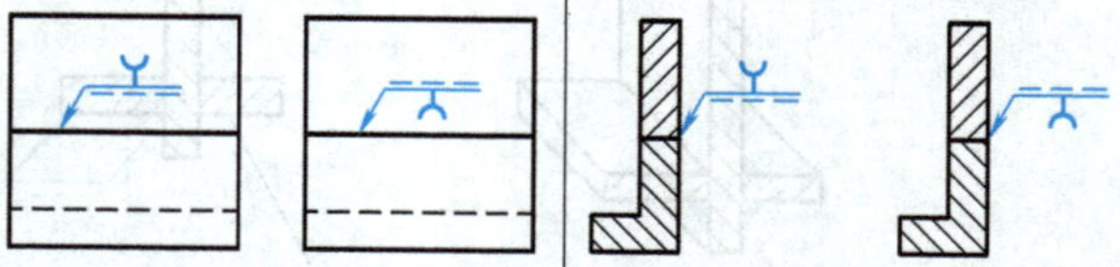
7	带钝边J形焊缝	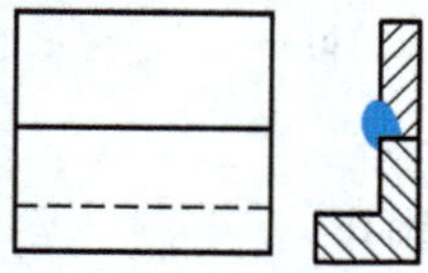	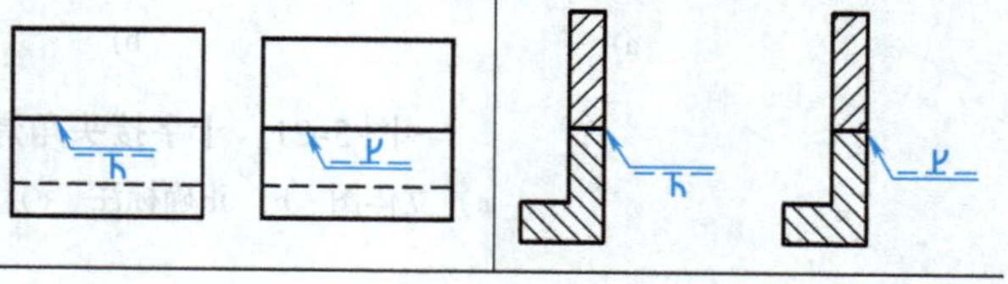

（续）

序号	名称	图示法	标注方法
		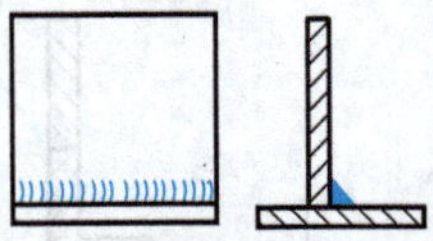	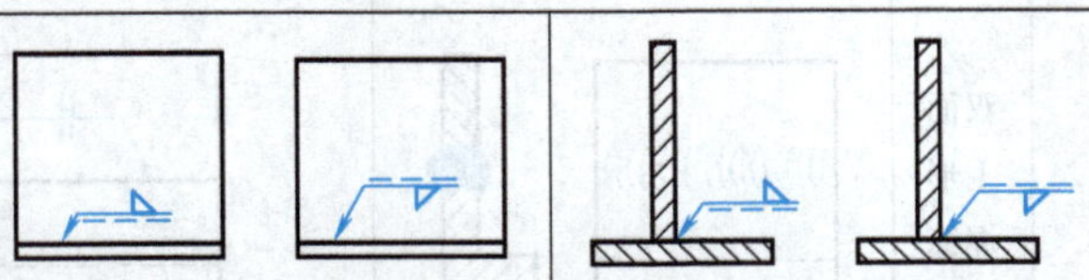
8	角焊缝	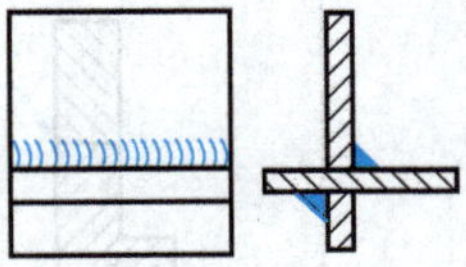	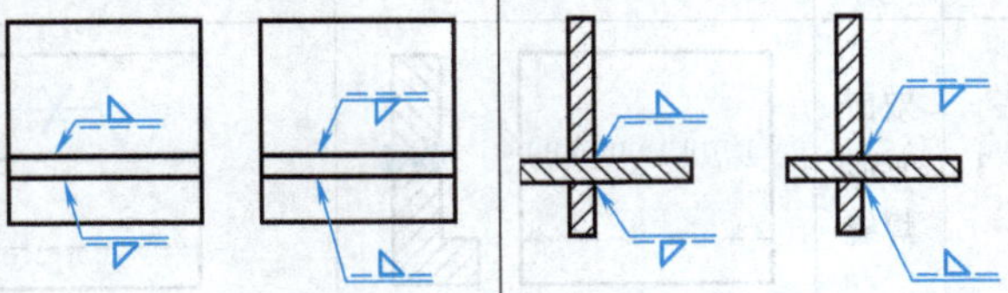
		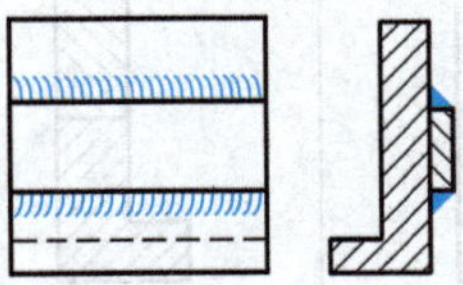	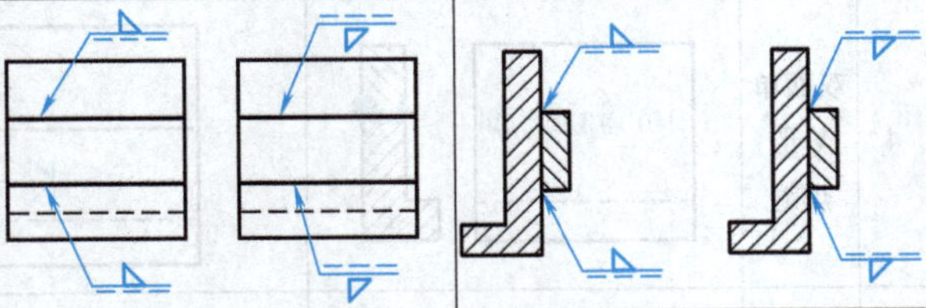
9	塞焊缝或槽焊缝	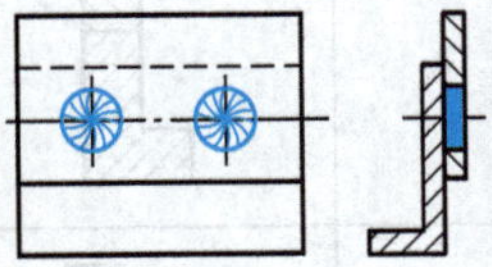	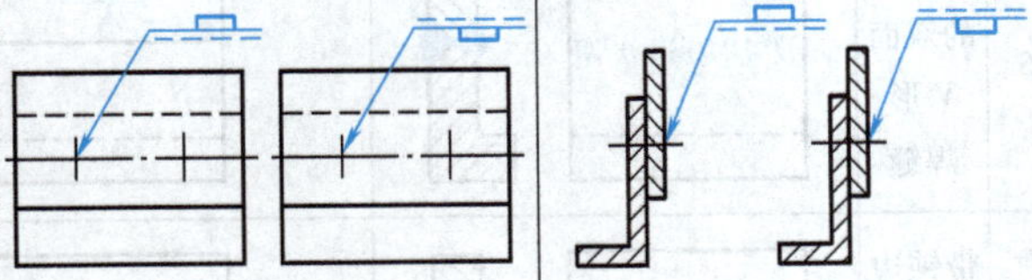
10	点焊缝	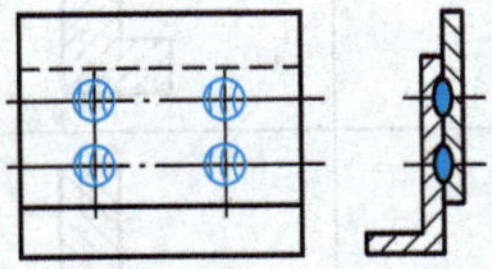	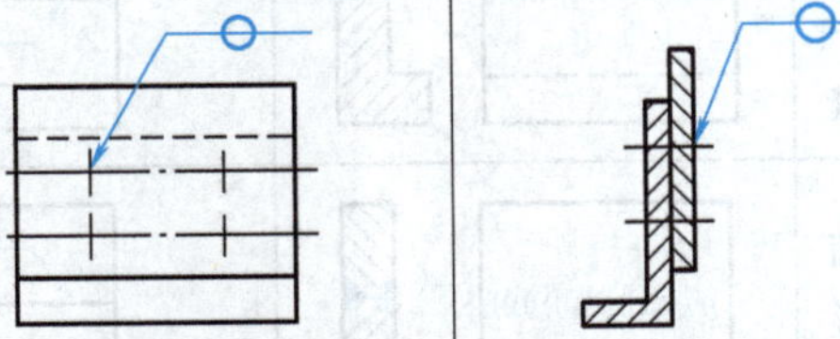

表 5-10　组合焊缝符号的标注

序号	名称	图示法	标注方法
1	V形封底焊缝	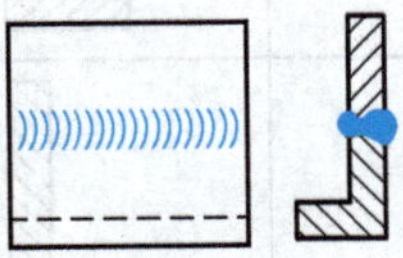	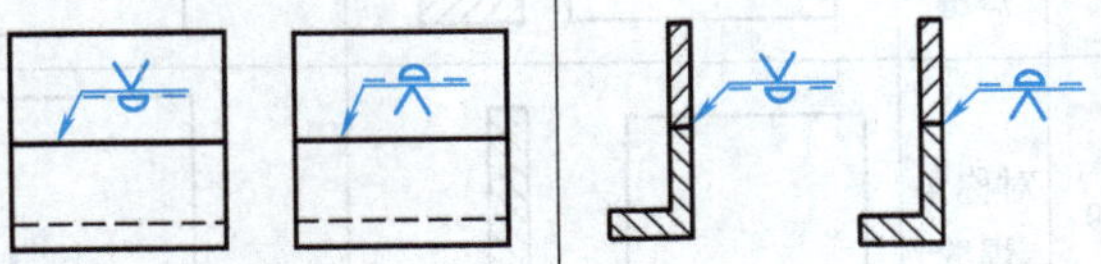

（续）

序号	名称	图示法	标注方法
2	双面I形焊缝	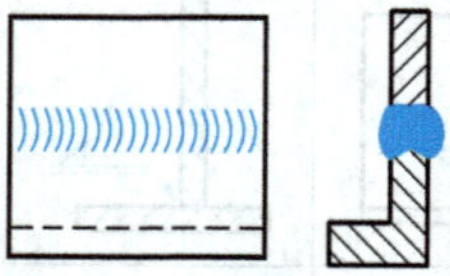	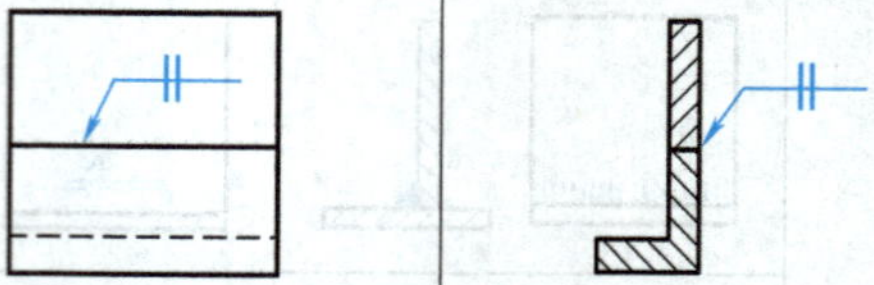
3	双面V形焊缝	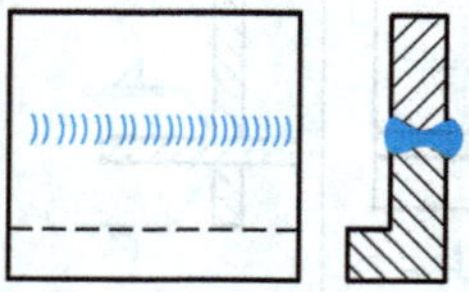	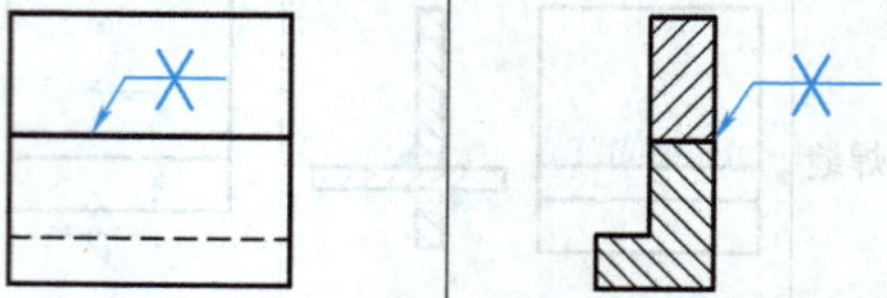
4	双面单V形焊缝	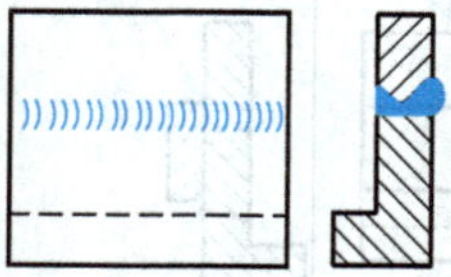	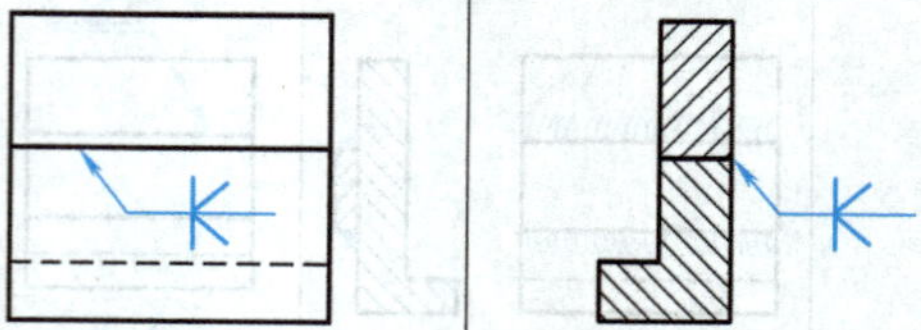
5	带钝边的双面V形焊缝	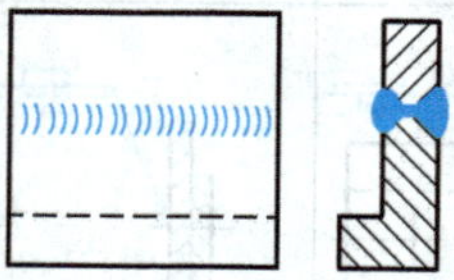	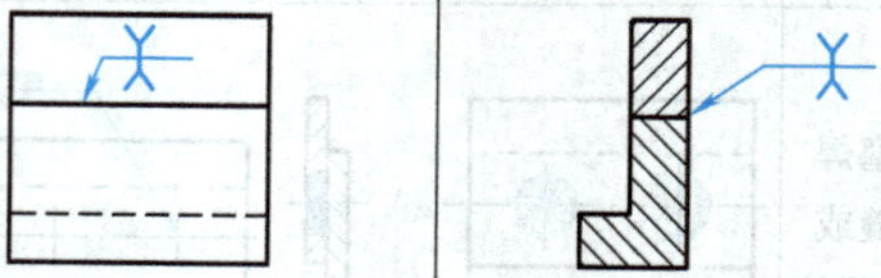
6	带钝边的双面单V形焊缝	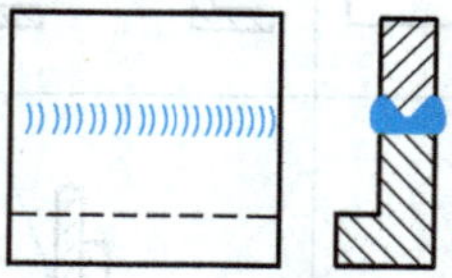	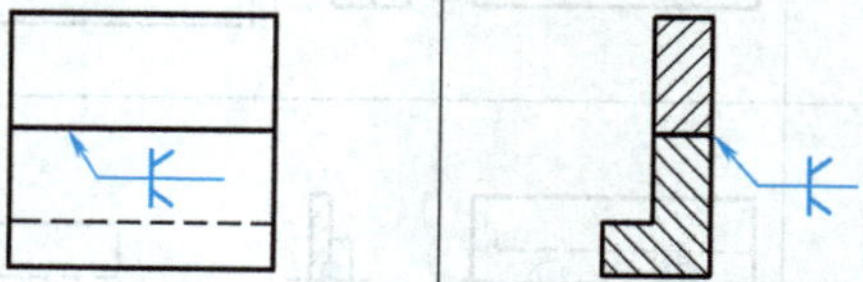
7	双面U形焊缝	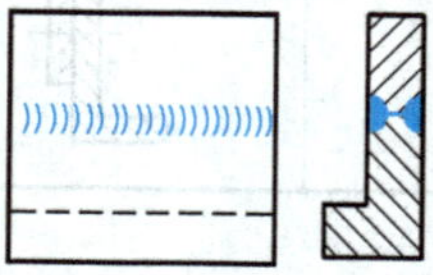	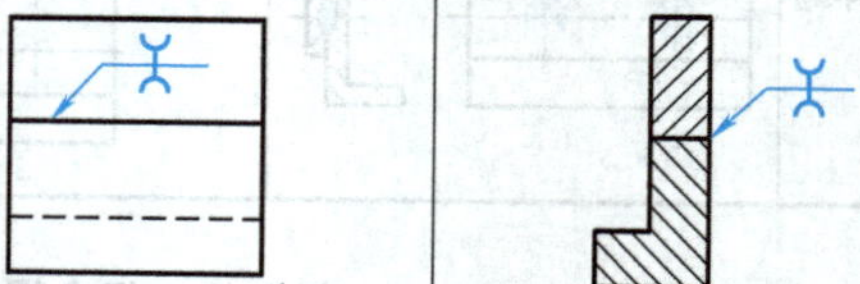
8	双面带钝边J形焊缝	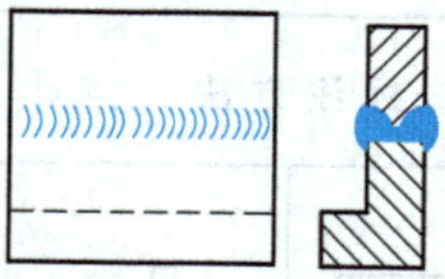	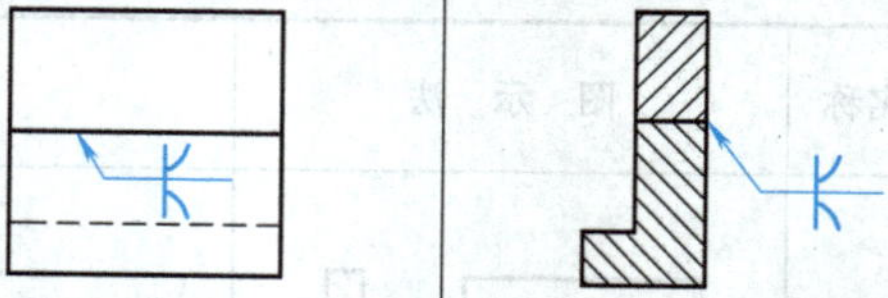
9	对称角焊缝	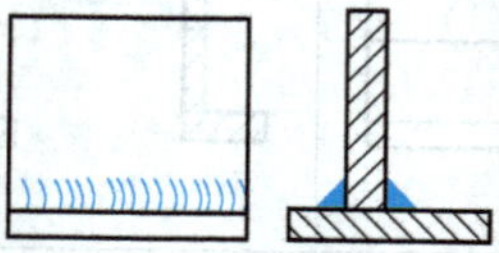	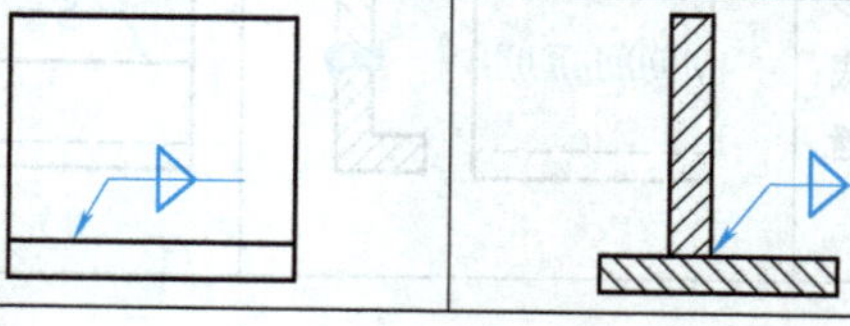

（续）

序号	名称	图示法	标注方法
10	平齐的V形封底焊缝	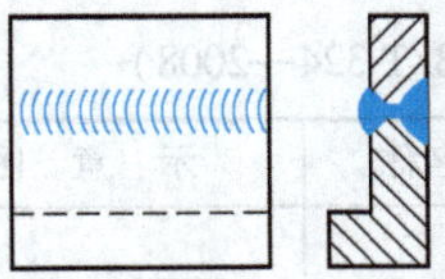	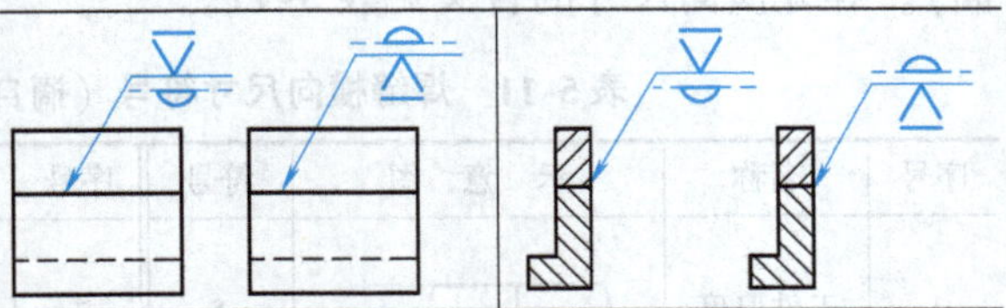
11	凸起的双面V形封底焊缝	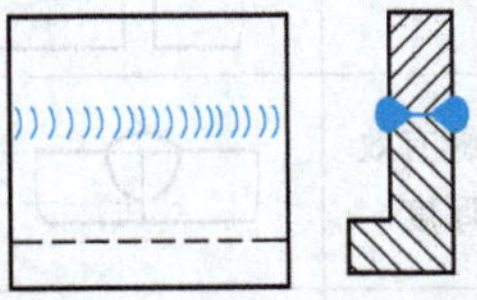	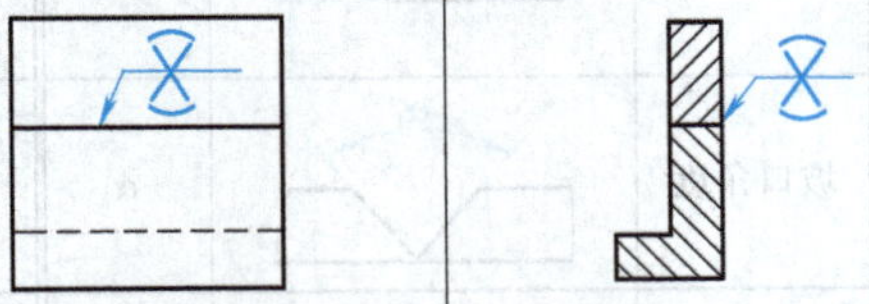
12	凹陷的角焊缝	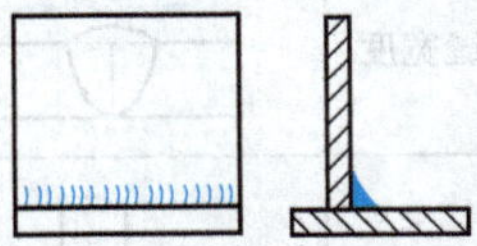	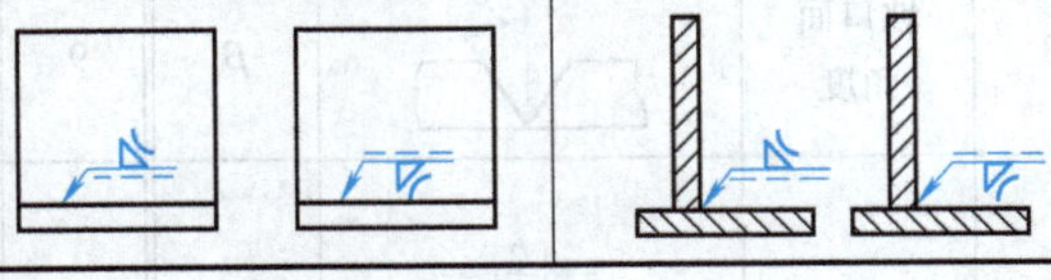

5.6 焊缝尺寸及其他信息的标注

在标注焊缝符号的基准线上除了标注基本符号、补充符号外，还需要标注焊缝截面尺寸、焊缝长度、焊缝数量等，标注的位置如图5-22所示。

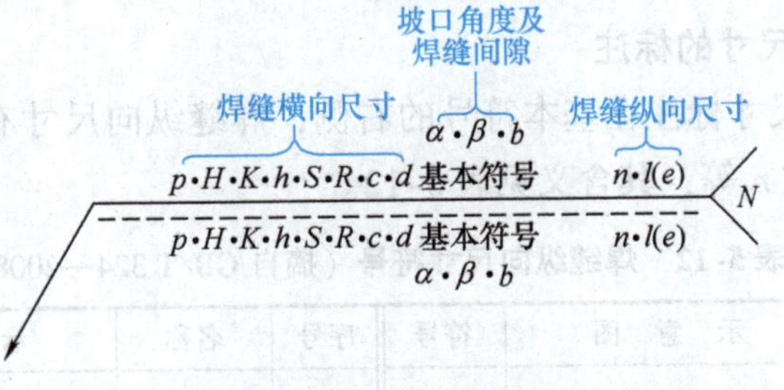

图5-22 焊缝尺寸其他数据的标注

5.6.1 焊缝尺寸的标注

1. 焊缝横向尺寸的标注

焊缝横向尺寸中，坡口深度 H、焊脚高度 K、焊缝有效厚度 S、根部半径 R、

钝边高度 p、余高 h、焊缝宽度 c、熔核直径 d 等标注在基本符号的左侧；焊缝横向尺寸中坡口角度 α、坡口面角度 β 和根部间隙 b 标注在基本符号的上面（或下面）。焊缝横向尺寸的含义见表 5-11。

表 5-11　焊缝横向尺寸符号（摘自 GB/T 324—2008）

序号	名称	示　意　图	符号	序号	名称	示　意　图	符号
1	工件厚度	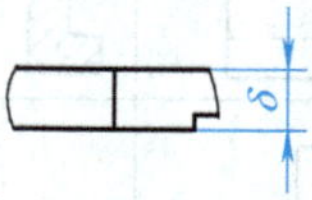	δ	7	坡口深度	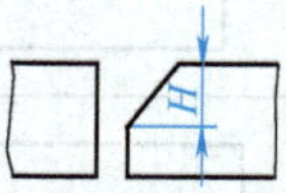	H
2	坡口角度	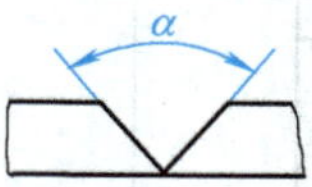	α	8	焊缝有效厚度	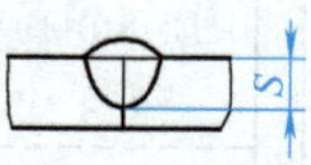	S
3	坡口面角度	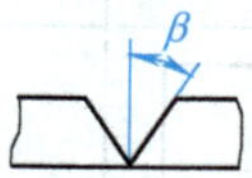	β	9	焊缝宽度	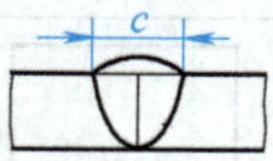	c
4	根部间隙	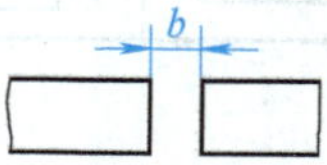	b	10	焊脚尺寸	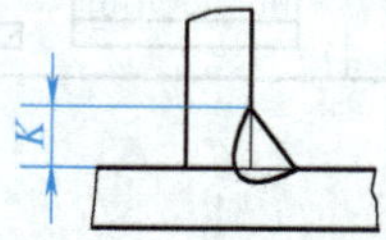	K
5	钝边高度	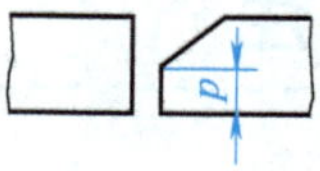	p	11	点焊：熔核直径 塞焊：孔径	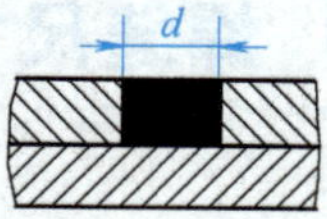	d
6	根部半径	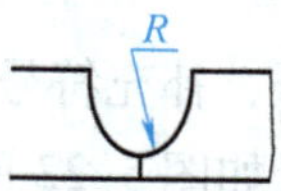	R	12	余高	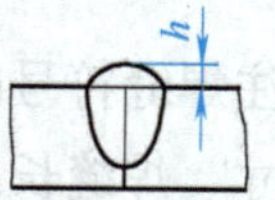	h

2. 焊缝纵向尺寸的标注

焊缝的纵向尺寸标注在基本符号的右侧，焊缝纵向尺寸有焊缝长度 l、焊缝间距 e、焊缝段数 n 等，其含义见表 5-12。

表 5-12　焊缝纵向尺寸符号（摘自 GB/T 324—2008）

序号	名称	示　意　图	符号	序号	名称	示　意　图	符号
1	焊缝段数		n	3	焊缝间距	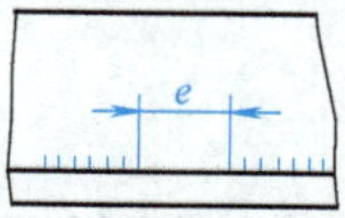	e
2	焊缝长度	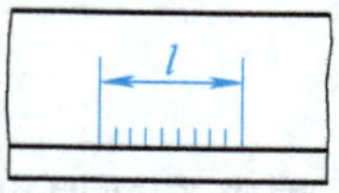	l	4	相同焊缝数量符号	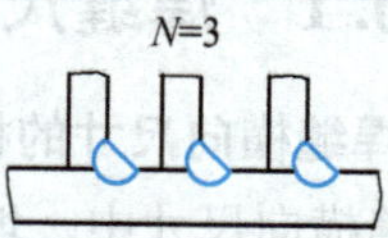	N

1）当焊缝长度的起始和终止位置明确（已由构件的尺寸等确定）时，允许在焊缝符号中省略焊缝长度。

2）当尺寸较多不易分辨时，可在尺寸数据前标注相应的尺寸符号。

3. 焊缝尺寸的标注示例

常见焊缝尺寸的标注见表5-13。

表5-13 常见焊缝尺寸的标注

序号	名称	焊接形式及尺寸	标注示例	尺寸符号	说明
1	对接焊缝	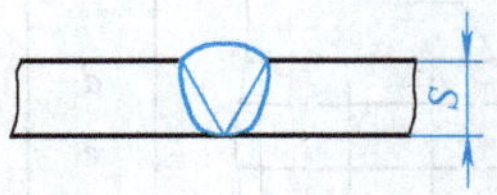	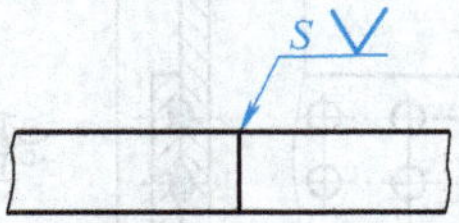	S	V形焊缝，焊缝有效厚度为S（=板厚δ）
		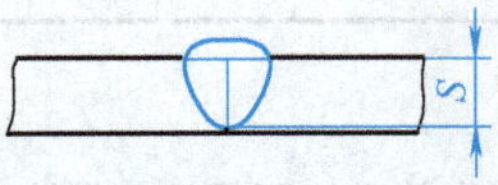	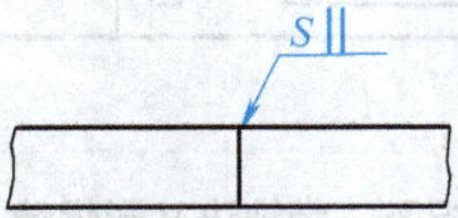		I形焊缝，焊缝有效厚度为S
		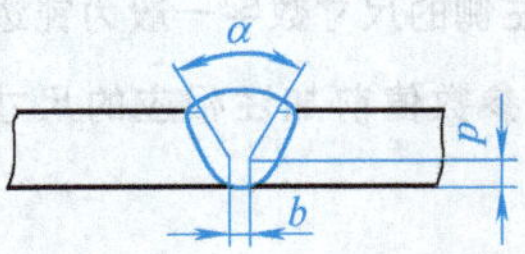	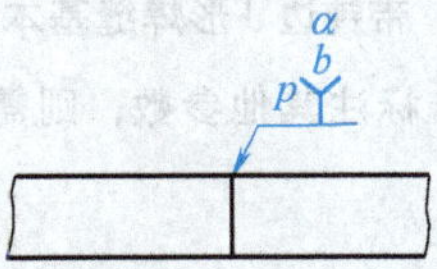		带钝边V形焊缝，钝边高度为p，坡口角度为α，根部间隙为b
2	连续角焊缝	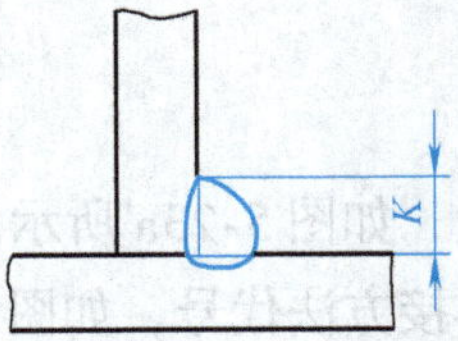	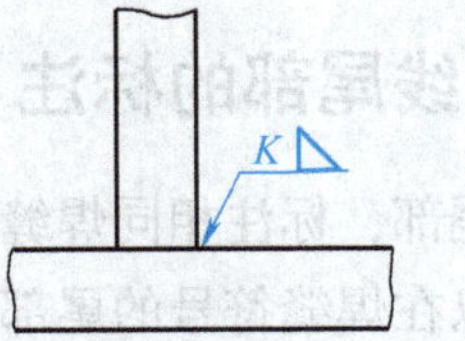	K	单面连续角焊缝，焊脚尺寸为K
3	断续角焊缝	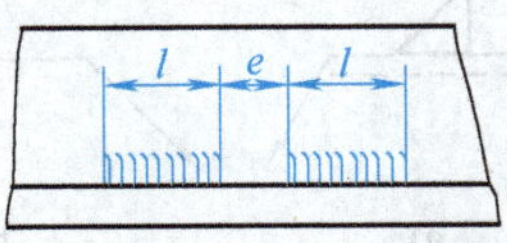	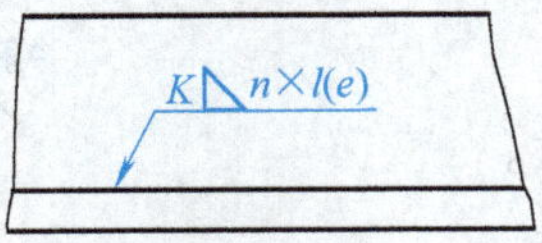	K l e	K：焊脚尺寸 n：焊缝段数 l：焊缝长度 e：间距
4	交错断续角焊缝	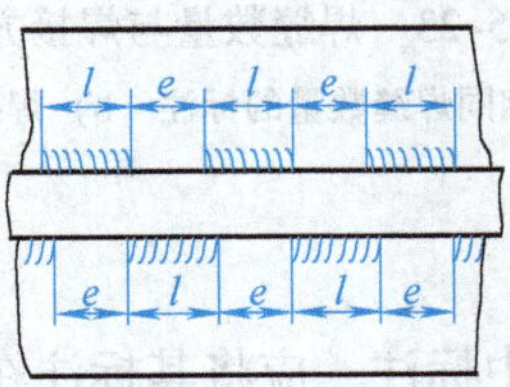	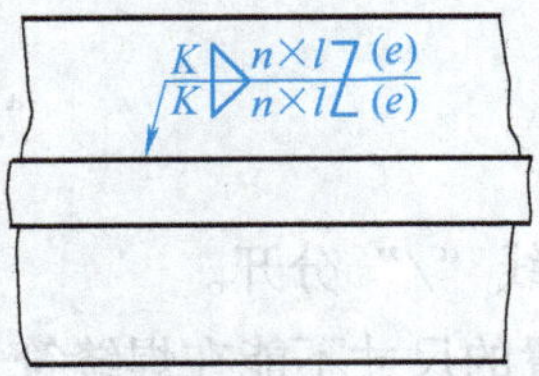	K l e	K：焊脚尺寸 n：焊缝段数 l：焊缝长度 e：间距

（续）

序号	名称	焊接形式及尺寸	标注示例	尺寸符号	说明
5	塞焊缝或槽焊缝	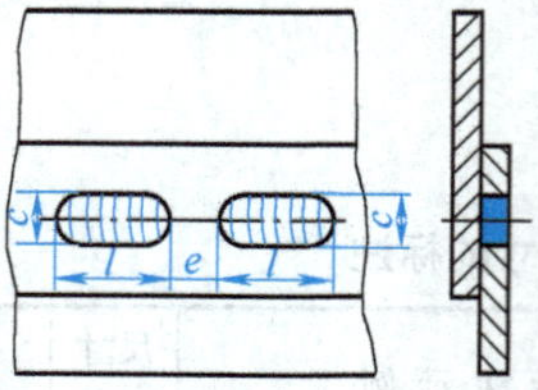	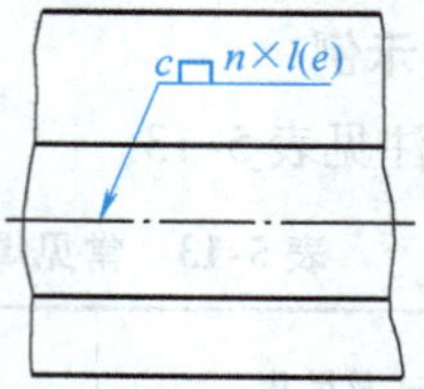	c l e	c：槽宽 n：焊缝段数 l：焊缝长度 e：间距
6	点焊缝	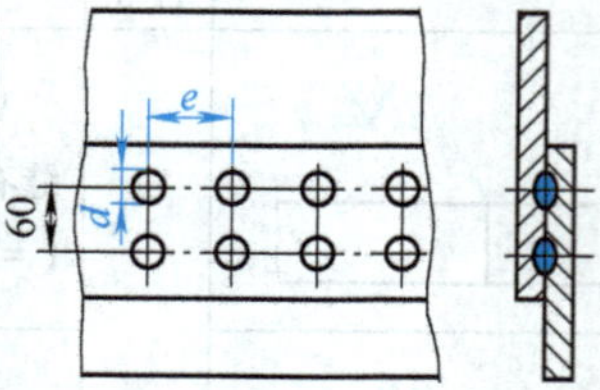	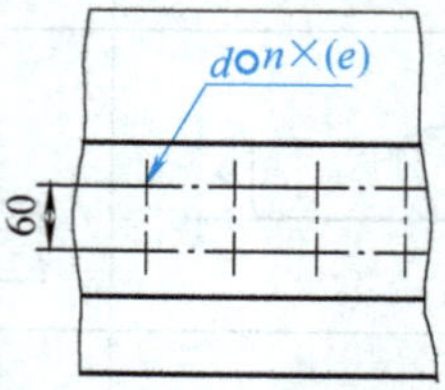	d e	d：熔核直径 e：焊点间距 n：焊点数量

提示

一般情况下，带钝边V形焊缝、带钝边单边V形焊缝、带钝边U形焊缝、带钝边J形焊缝基本符号左侧的尺寸数字一般为钝边高度 p。若标注其他参数，则需要在参数值前加注相应的尺寸符号。

5.6.2 指引线尾部的标注

1）在指引线的尾部，标注相同焊缝的数量，如图5-23a所示。

2）必要时，可以在焊缝符号的尾部标注焊接方法代号，如图5-23b所示。

尾部需要标注的内容较多时，可参照如下次序排列：

① 相同焊缝数量。

② 焊接方法代号。

③ 焊接位置。

④ 焊接材料。

⑤ 其他。

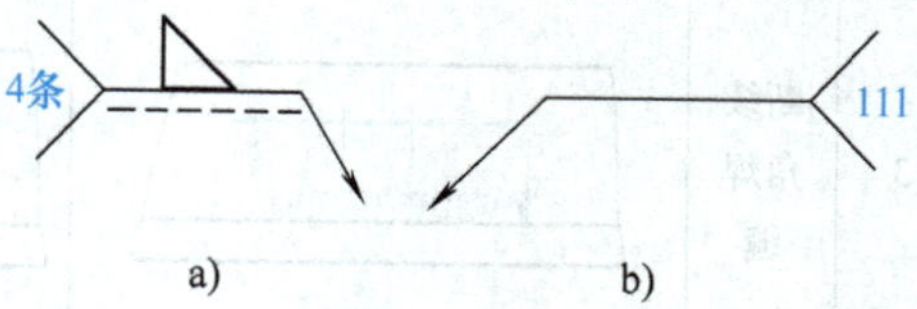

图5-23 焊缝数量与焊接方法的标注

a）相同焊缝数量的标注 b）焊接方法的标注

每个项目应用斜线“/”分开。

3）确定焊缝位置的尺寸不能在焊缝符号中标注，应将其标注在图样上。

4）如果在基本符号右侧无任何尺寸标注又无其他说明时，意味着焊缝在工件的整个长度方向上是连续的。

5）如果在基本符号左侧无任何尺寸标注又无其他说明时，意味着对接焊缝应完全焊透。

6）塞焊缝、槽焊缝带有斜边时，应标注其底部的尺寸。

7）焊条电弧焊或没有特殊要求的焊缝，可以省略尾部符号和标注。

8）当箭头线方向改变时，焊缝尺寸及尾部标注规则不变。

5.6.3 焊缝符号的简化标注规定

1）当同一图样上全部焊缝所采用的焊接方法完全相同时，焊缝符号尾部表示焊接方法的代号可省略不注，但必须在技术要求或其他技术文件中注明“全部焊缝均采用……焊”等字样；当大部分焊接方法相同时，也可在技术要求或其他技术文件中注明“除图样中注明的焊接方法外，全部焊缝均采用……焊”等字样。

2）在焊缝符号中，标注交错对称焊缝的尺寸时，允许在基准线上只标注一次，如图 5-24 所示。图中焊缝符号的含义是：双面角焊缝，两面断续交错焊缝，焊脚尺寸为 5mm，每面有 35 段长 50mm 的焊缝，焊缝间隙为 30mm。

3）当断续焊缝、对称断续焊缝和交错断续焊缝的段数无严格要求时，允许省略焊缝段数，如图 5-25 所示。

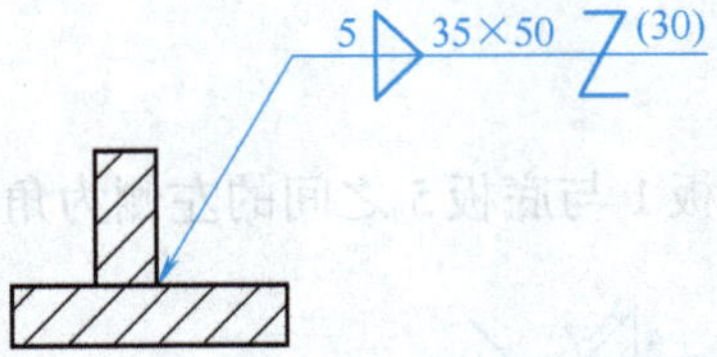

图 5-24　交错对称焊缝的标注

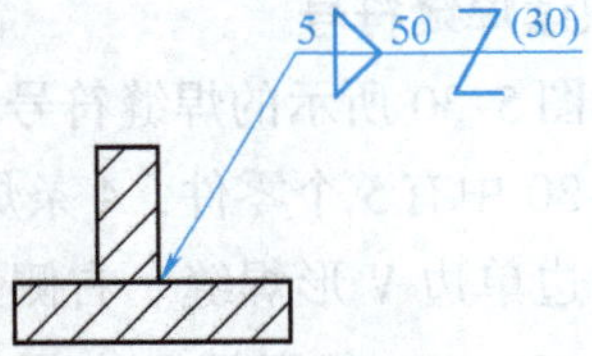

图 5-25　断续焊缝的画法

4）在同一图样中，当若干条焊缝的坡口尺寸和焊缝符号相同时，可采用集中标注的方法，如图 5-26 所示。当这些焊缝同时在接头中的位置均相同时，也可采用在焊缝符号的尾部加注相同焊缝数量的方法简化标注，但其他形式的焊缝仍需分别标注，如图 5-27 所示。

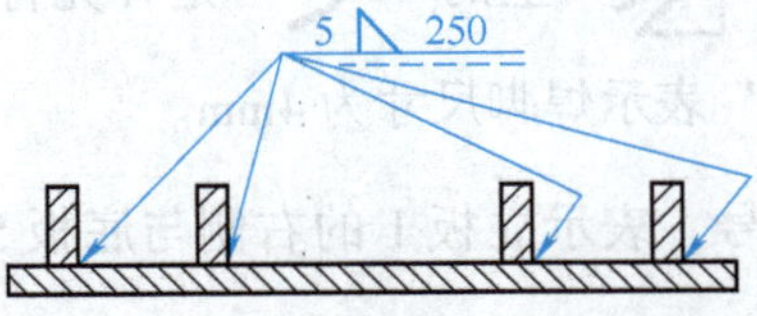

图 5-26　相同焊缝的集中标注

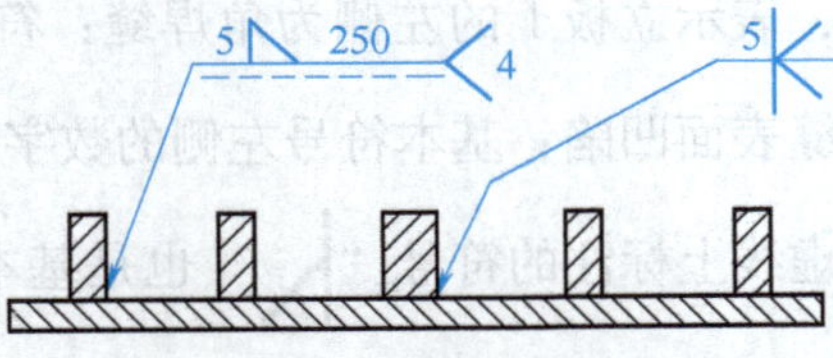

图 5-27　相同焊缝的简化标注

5）当同一图样中全部焊缝相同且已用图示法明确表示其位置时，可统一在技术要求中用符号表示或用文字说明，如“全部焊缝为5◺”；当部分焊缝相同时，也可采用同样的方法表示，但剩余焊缝应在图样中明确标注。

6）为了简化标注方法，或者标注位置受到限制时，可以标注焊缝简化代号，但必须在该图样下方或在标题栏附近说明这些简化代号的意义，如图5-28所示。

7）在不致引起误解的情况下，当箭头线指向焊缝，而非箭头侧又无焊缝要求时，允许省略非箭头侧的基准线（细虚线），如图5-29所示。

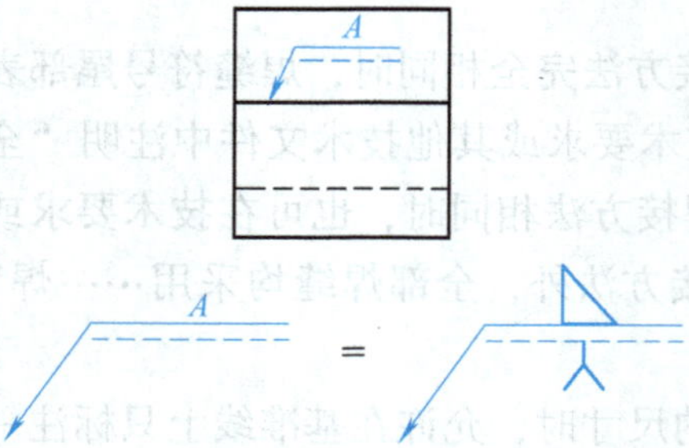

图5-28　简化标注

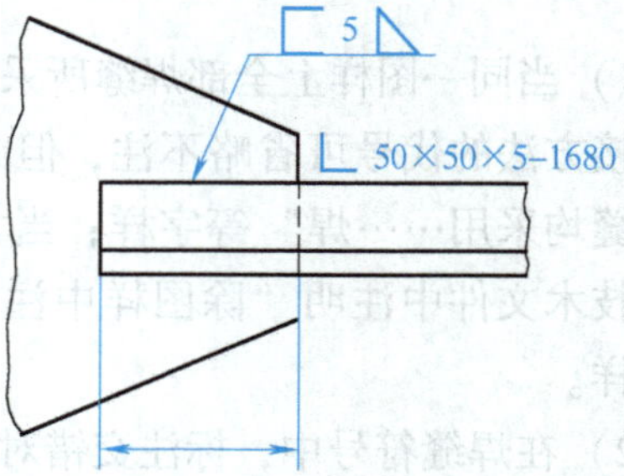

图5-29　省略非箭头侧基准线和焊缝长度

5.6.4　焊缝符号的识读和标注

1. 识读焊缝符号

识读图5-30所示的焊缝符号。

图5-30中有5个零件，4条焊缝。竖板1与底板5之间的左侧为角焊缝，右侧为带钝边单边V形焊缝。右侧三个立板（2、3、4）和底板5之间的焊缝皆为双面断续角焊缝。

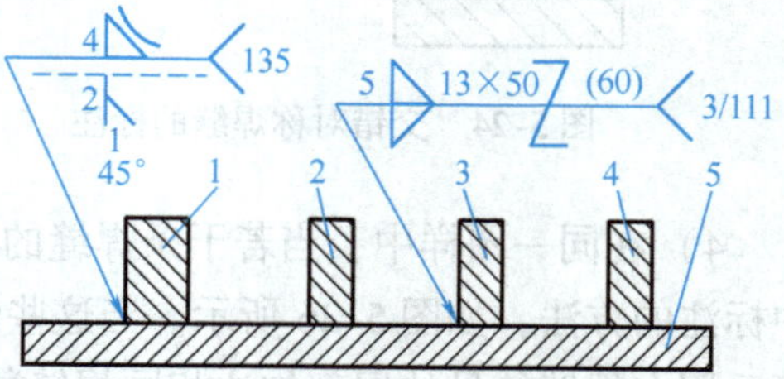

图5-30　识读焊缝符号

（1）分析焊缝符号 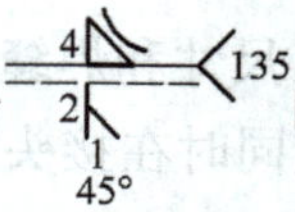 的含义　焊缝符号中符号“”是基本符号，表示立板1的左侧为角焊缝；符号“”上的“”是补充符号，表示焊缝表面凹陷；基本符号左侧的数字“4”表示焊脚尺寸为4mm。

细虚线上标注的符号“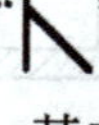”也是基本符号，表示立板1的右侧与底板5之间为带钝边单边V形焊缝；基本符号左侧的数字“2”表示焊缝的钝边高度为

2mm；基本符号下面的数字“1”表示间隙为 1mm，45°是焊缝的坡口面角度。焊缝符号尾部的数字“135”是焊接方法代号，表示熔化极非惰性气体保护焊。

（2）分析焊缝符号 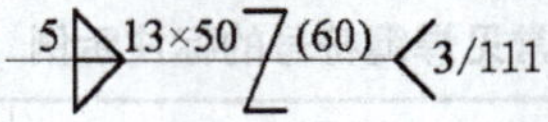

焊缝符号中的“”是基本符号，表示双面角焊缝；符号“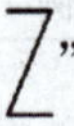”是补充符号，表示交错焊缝；基本符号左侧的数字“5”表示角焊缝的焊脚尺寸为5mm，基本符号右侧的数字“13”表示有13段焊缝，数字“50”表示每段焊缝的长度为50mm，补充符号右侧的数字60表示每段焊缝的间距为60mm；尾部符号左侧的数字“3”表示有3条焊缝，数字“111”表示该焊缝的焊接方法为焊条电弧焊。

2. 标注焊缝符号

焊件的结构如图5-31所示，焊缝要求为：

1）圆筒1的外侧和底板3之间为周围单面角焊缝焊缝，焊脚尺寸为6mm。

2）底板3的内孔和圆筒1下端面之间为周围单面角焊缝，焊脚尺寸为4mm。

3）肋板2和圆筒1、底板3之间为双面角焊缝，焊脚尺寸为5mm。

4）所有焊缝采用氧乙炔焊。

图5-31所示焊件由三种零件组成，圆筒和底板之间的内外焊缝都是角焊缝，肋板和其他零件之间采用双面角焊缝。

焊缝符号的标注如图5-32所示，焊脚尺寸标注在角焊缝的基本符号“”的左侧，周围焊缝的符号“”标注在基准线和箭头线的交点处，氧乙炔焊的焊接方法代号为311。

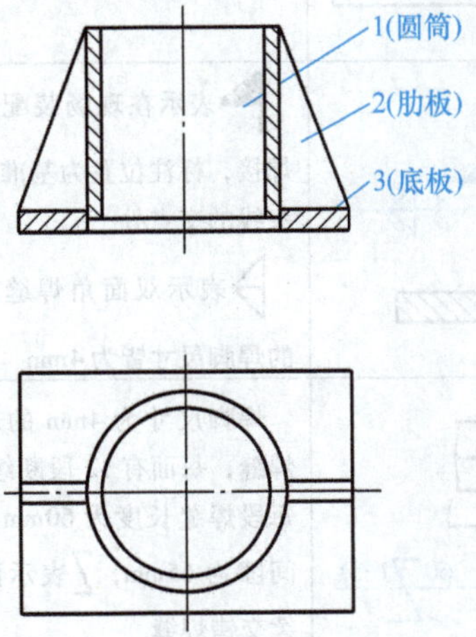

图5-31 轴座

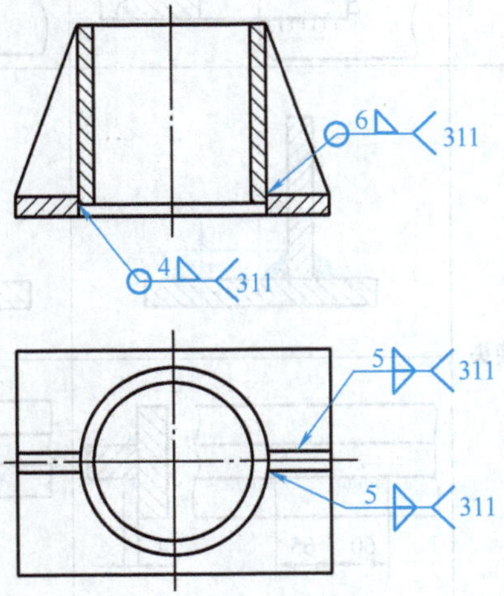

图5-32 标注焊缝符号

3. 常见焊缝的标注示例

常见焊缝符号的标注示例见表 5-14。

表 5-14 常见焊缝符号的标注示例

接头形式	焊接形式及尺寸	标注示例	说明
对接接头	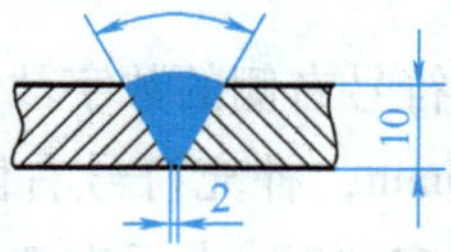	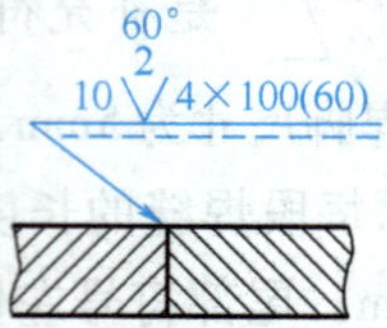	V 形焊缝，板厚为 10mm（对接焊缝应完全焊透），间隙 2mm，坡口角度 60°，4 段焊缝，每段焊缝的长度为 100mm，焊缝间距为 60mm
角接接头	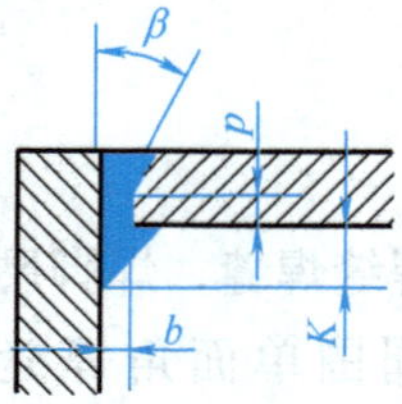	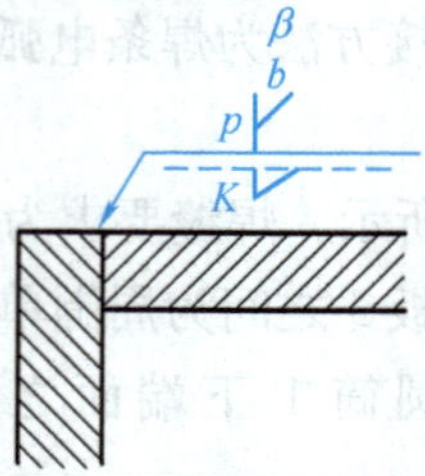	表示双面焊缝，上面为带钝边单边 V 形焊缝，下面为角焊缝，p 表示钝边高度，β 表示坡口面角度，b 表示根部间隙，K 表示焊脚尺寸
搭接接头	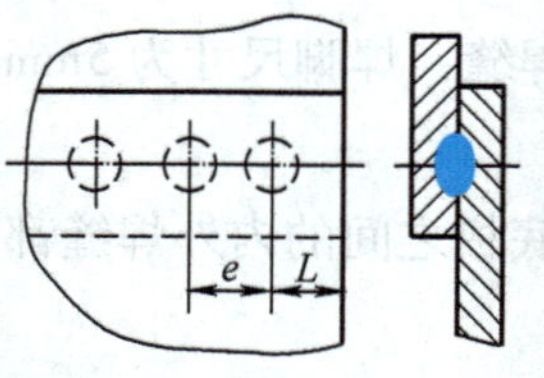	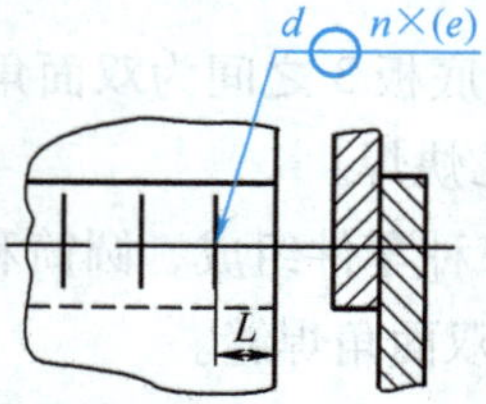	表示点焊缝，熔核直径为 d，共 n 个焊点，焊点间距为 e，L 为确定第一个起始焊点中心位置的定位尺寸
	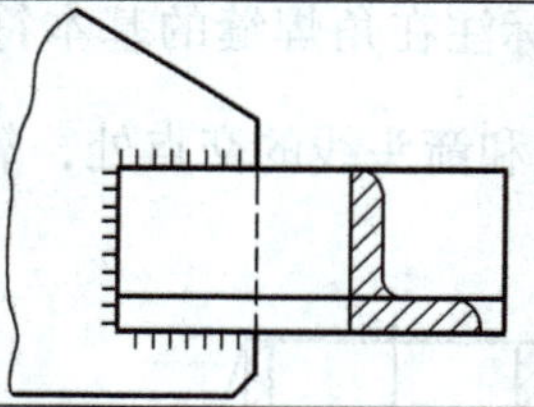	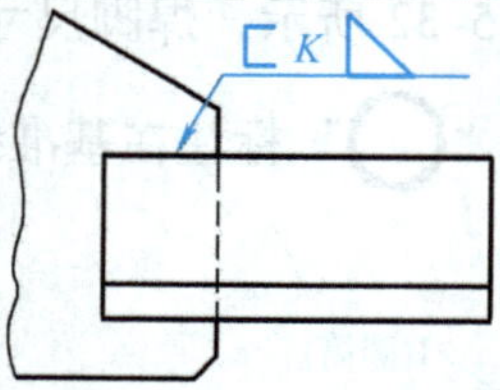	表示三面焊缝 表示单面角焊缝 K 表示焊脚尺寸
T 形接头	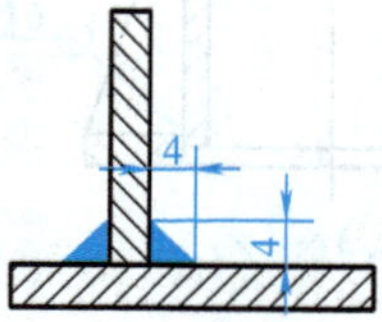	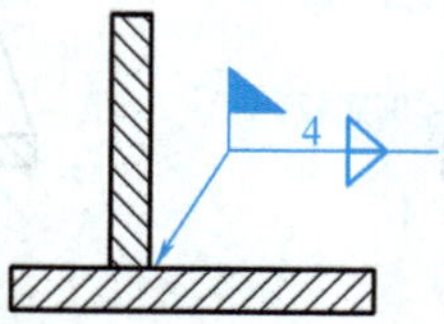	表示在现场装配时进行焊接，标注位置为基准线与箭头线的交点处 表示双面角焊缝，两面的焊脚尺寸皆为 4mm
	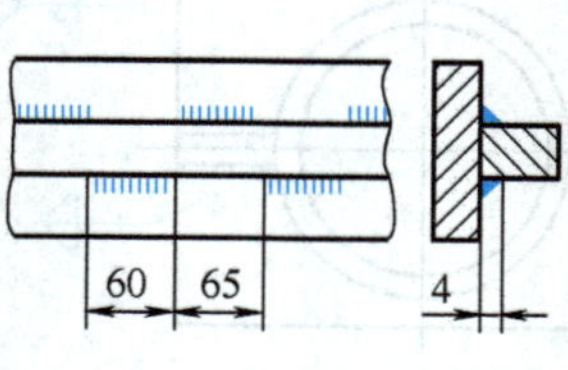	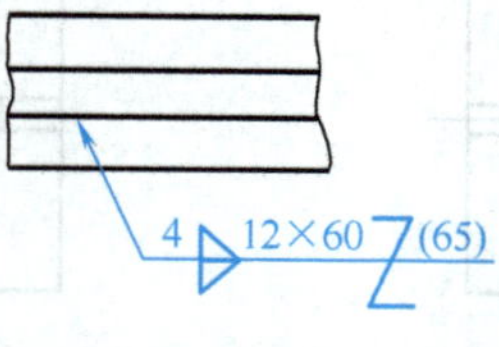	焊脚尺寸为 4mm 的双面角焊缝，每面有 12 段断续焊缝，每段焊缝长度为 60mm，焊缝间隙为 65mm，表示两面断续交错焊缝

第 6 章

Chapter

焊接装配图

6.1 焊接装配图概述

如图 6-1 所示，焊接装配图是表达焊接结构件的图样，主要用来表达焊接结构件的结构、各零件的位置关系，同时表达焊接接头的类型、形状、尺寸、位置、表面状况、焊接方法以及与焊接结构件有关的各项质量要求等。焊接技术工人只有看懂焊接装配图，才能按照焊接装配图的要求完成结构件的焊接装配，加工出合格的产品。

6.1.1 焊接装配图的内容

焊接装配图的内容与普通的机器或部件的装配图类似，一张完整的焊接装配图应包括图形、尺寸、焊缝符号、技术要求、标题栏、明细栏及零件或构件的编号等。

1. 一组图形

焊接装配图可以运用必要的视图和各种表达方法，完整清晰地表达焊接结构件各组成零件（或构件）之间的相互位置关系和焊接连接关系，以及主要零件的基本结构形状，有些简单的焊接装配图的图形还需要表达清楚各个零件的全部形状，以便钳工放样。

2. 一组尺寸

焊接装配图的尺寸需要根据其用途进行标注。当焊接件比较简单，焊接装配图同时作为钣金下料图时，应按照零件图尺寸标注的方式，在焊接装配图上必须标注足够的尺寸，以表达焊接结构件的外形大小、各个零件之间的相对位置，表达各个构件的结构大小、其上结构（如孔、槽等）的定形尺寸和定位尺寸，如图 6-1b 所示。

在复杂焊接结构件的装配图上，为了更加清楚地表达复杂焊接结构件各零件间的位置关系，在焊接装配图上可省略各零件的定形尺寸，即按照装配图的尺寸标注方式，标注焊接装配体的外形尺寸，各零件间的相对位置尺寸和焊接装配体的安装尺寸，如支座的装配图中可以省略标注板厚（6mm）、支承板的定形尺寸（36mm、9mm、16mm）、底板上的定形尺寸（ϕ15mm、50mm、27mm）等。

3. 焊缝符号

在焊接装配图上必须标注所有焊缝的焊缝符号，并符合国家标准的有关规定。

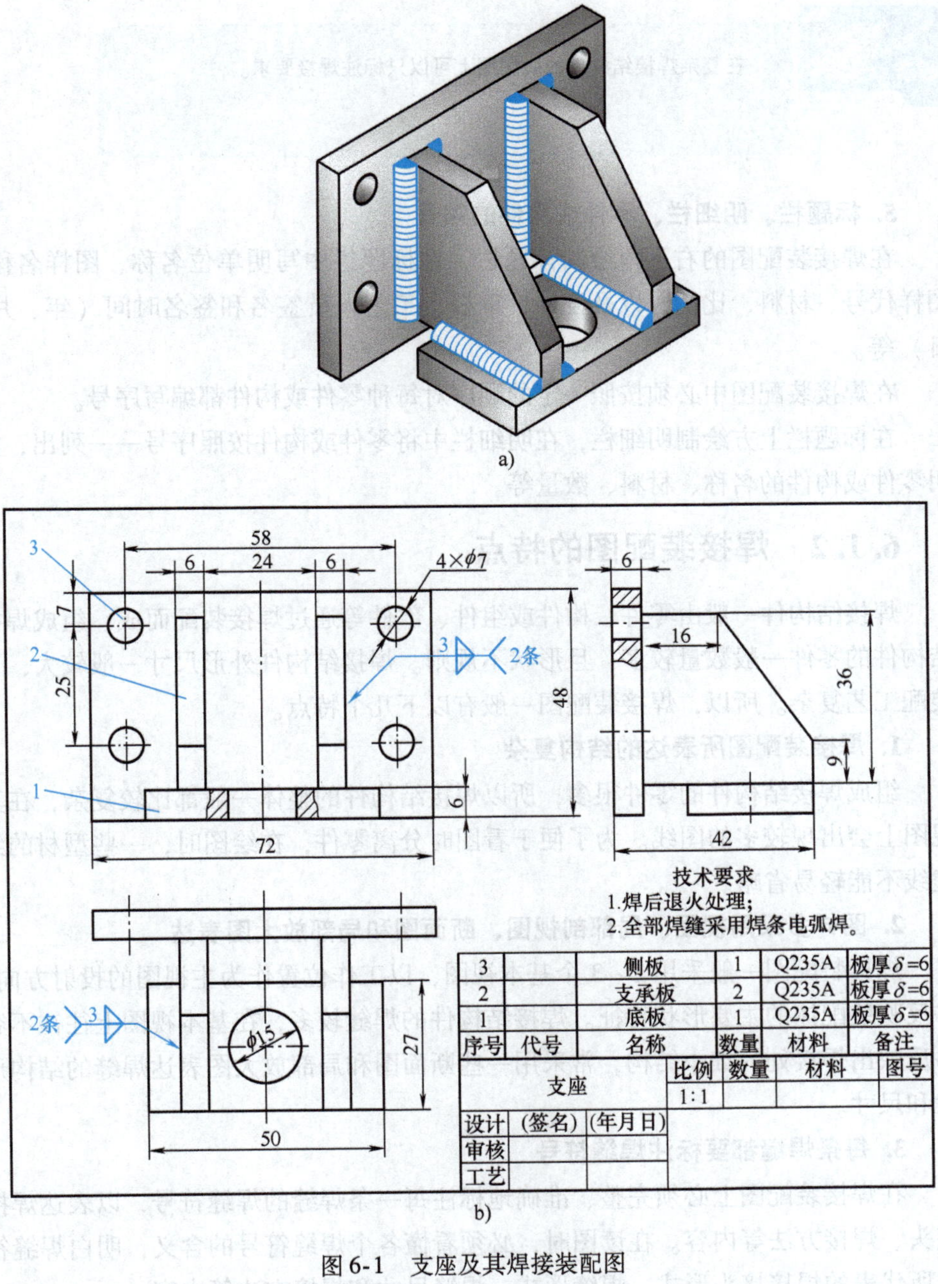

图 6-1　支座及其焊接装配图

4. 技术要求

为了确保焊接结构件的焊接质量，在焊接装配图上一般用规定的代号、数字、字母或文字注解，简明、准确地给出焊接结构件在制造和检验时应达到的质量要求，如焊接结构件的焊接要求、公差要求等。

提示 在复杂焊接结构件的装配图上可以只标注焊接要求。

5. 标题栏、明细栏、零件或构件的编号

在焊接装配图的右下角绘制标题栏，在标题栏中写明单位名称、图样名称、图样代号、材料、比例，以及设计、审核、工艺人员签名和签名时间（年、月、日）等。

在焊接装配图中必须按照一定的顺序对每种零件或构件都编写序号。

在标题栏上方绘制明细栏，在明细栏中将零件或构件按照序号一一列出，注明零件或构件的名称、材料、数量等。

6.1.2 焊接装配图的特点

焊接结构件一般由零件、构件或组件、部件等通过焊接装配而成，组成焊接结构件的零件一般数量较多，且形状不规则。焊接结构件外形尺寸一般较大，且装配工艺复杂。所以，焊接装配图一般有以下几个特点。

1. 焊接装配图所表达的结构复杂

组成焊接结构件的零件很多，所以焊接结构件的整体一般都比较复杂，在其视图上会出现较多的图线。为了便于看图时分离零件，在绘图时，一些型材的细虚线不能轻易省略。

2. 图样多采用视图、局部剖视图、断面图和局部放大图表达

焊接装配图一般采用2~3个基本视图，以工作位置作为主视图的投射方向，并反映装配体的主要形状特征。焊接结构件的焊缝较多，在基本视图上往往不容易反映出焊接处的细小结构，常采用一些断面图和局部放大图表达焊缝的结构形状和尺寸。

3. 每条焊缝都要标注焊缝符号

在焊接装配图上必须完整、准确地标注每一条焊缝的焊缝符号，以表达焊接接头、焊接方法等内容。在读图时，必须看懂各个焊缝符号的含义，明白焊缝符号所代表的焊接接头形式、焊缝形式、焊缝尺寸和焊接方法等内容。

4. 有的焊接装配图同时要作为放样图使用

有的焊接装配图只用于焊接加工，零件放样和加工使用零件图，这种焊接图只需要表达清楚焊接所需要的内容，而不需要表达各个零件的结构形状和尺寸等。而有些焊接装配图要同时用于零件的放样，所以图中各个构件的形状、尺寸等要尽量完整。

5. 对焊接技术要求的表达

在焊接装配图上，一般只给出焊接的质量要求和焊接方法，焊接装配工艺等内容还需要看焊接工艺卡等技术文件。

6.2 绘制焊接装配图

6.2.1 图幅与标题栏

1. 图幅

绘制焊接装配图时，要根据图形的复杂程度选择适当的图纸幅面，基本幅面有A0、A1、A2、A3、A4五种型号，其尺寸见表6-1，各种幅面的尺寸关系如图6-2所示。

表6-1 基本幅面尺寸

幅面代号	A0	A1	A2	A3	A4
尺寸 $B \times L$	841×1189	594×841	420×594	297×420	210×297
c	10			5	
a	25				
e	20		10		

2. 图框

根据国家标准规定，图框用粗实线绘制，图框可分为不留装订边和留装订边两种，如图6-3和图6-4所示。图中的周边尺寸a、c、e可查表6-1。

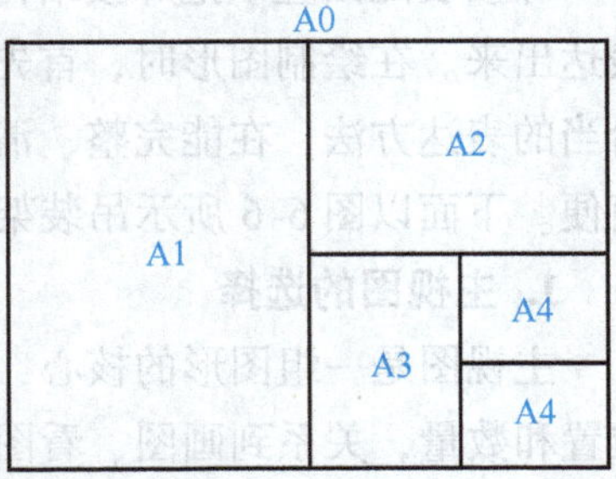

图6-2 基本幅面的尺寸关系

3. 标题栏

在每张图纸上都必须画出标题栏。标题栏的格式和尺寸如图6-5所示。标题栏应位于图纸的右下角，如图6-3和6-4所示，此时，看图的方向与看标题栏的方向一致。图6-5a所示是国家标准中推荐的格式，其结构复杂、内容较多，但是绘图麻烦，在机械制图作业中可采用图6-5b所示的简化格式。

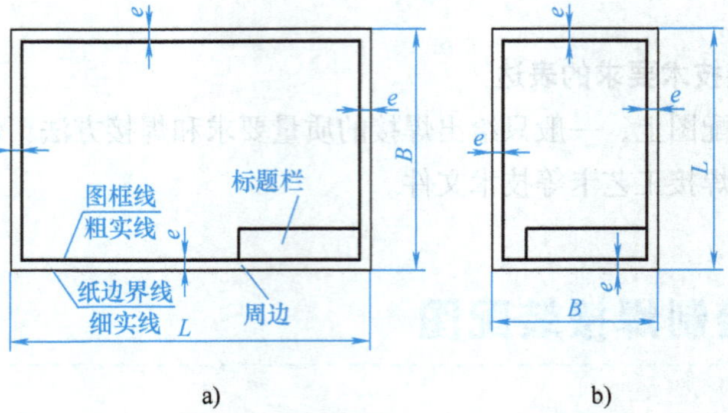

图 6-3　不留装订边的图框格式

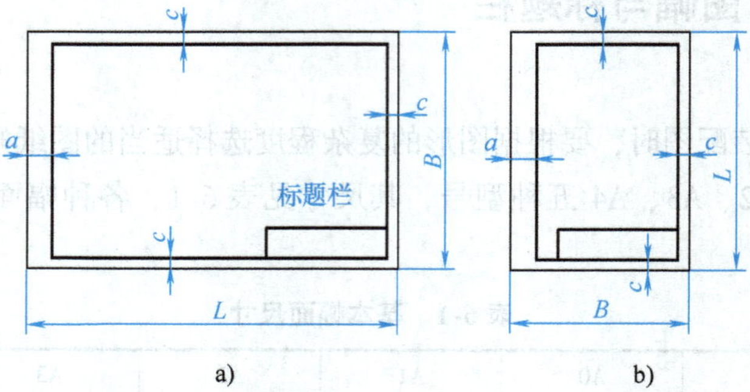

图 6-4　留装订边的图框格式

6.2.2　焊接装配图的视图表达

焊接装配图应该把焊接结构件各部分结构的形状和位置正确、完整、清晰地表达出来。在绘制图形时，首先应考虑看图方便，根据装配体的结构特点，选用恰当的表达方法，在能完整、清晰地表达各部分形状和位置的前提下，力求作图简便。下面以图 6-6 所示吊装架为例介绍焊接装配图的视图表达方法。

1. 主视图的选择

主视图是一组图形的核心，主视图选择得恰当与否将直接影响到其他视图的位置和数量，关系到画图、看图是否方便，所以主视图的选择一定要慎重。在选择主视图时应考虑表达特征原则和工作位置原则。

（1）表达特征原则　在绘制零件主视图时，要将最能反映零件形状特征的方向作为主视图的投射方向。以便识图人员看到主视图后，能大体上了解零件的基本形状和结构特点。分析图 6-6a 中 M、N、K 三个投影方向，如果将 K 向作为主视图的投射方向，则吊耳和圆板的形状和位置则无法表达；如果将 M 向作为

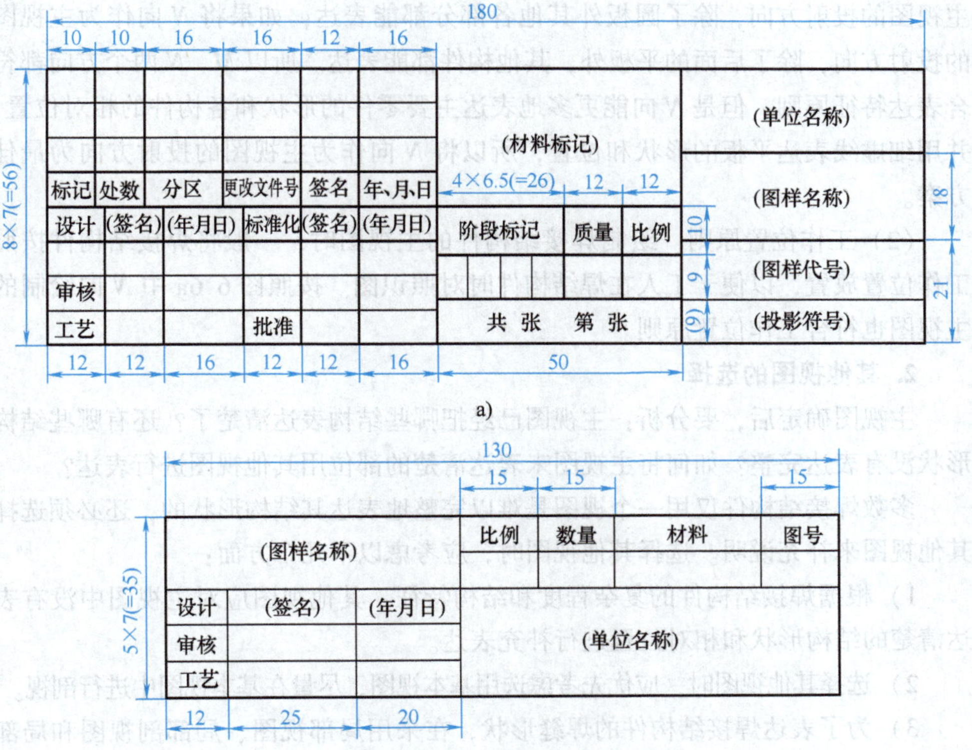

图 6-5 标题栏的格式

a）国家标准推荐格式 b）作业可采用的格式

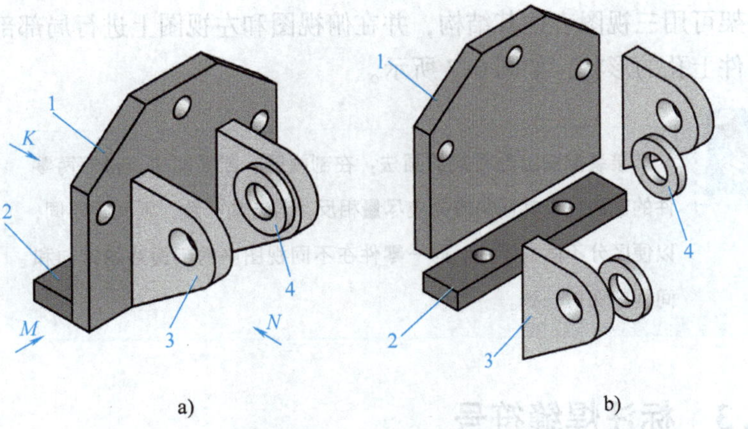

图 6-6 吊装架

a）立体图 b）各零件形状

1—立板 2—平板 3—吊耳 4—圆板

主视图的投射方向，除了圆板外其他各部分都能表达；如果将 N 向作为主视图的投射方向，除了后面的平板外，其他构件都能表达。所以 M、N 两个方向都符合表达特征原则，但是 N 向能更多地表达主要零件的形状和各构件的相对位置，并用细虚线表达平板的形状和位置，所以将 N 向作为主视图的投射方向为最佳方案。

（2）工作位置原则　绘制焊接结构件的主视图时，一般将焊接结构件按照工作位置放置，以便于工人在焊结构件时对照识图。按照图 6-6a 中 N 向绘制的主视图也符合工作位置原则。

2. 其他视图的选择

主视图确定后，要分析：主视图已经把哪些结构表达清楚了？还有哪些结构形状没有表达完整？如何将主视图未表达清楚的部位用其他视图进行表达？

多数焊接结构件仅用一个视图是难以完整地表达其结构形状的，还必须选择其他视图来补充说明。选择其他视图时，应考虑以下几个方面：

1）根据焊接结构件的复杂程度和结构特征，其他视图应对主视图中没有表达清楚的结构形状和相对位置进行补充表达。

2）选择其他视图时，应优先考虑选用基本视图，尽量在基本视图中进行剖视。

3）为了表达焊接结构件的焊缝形状，在采用局部视图、局部剖视图和局部放大图时，应尽量按投影关系配置在有关视图附近。

4）每个视图都要有明确的表达重点，应避免对同一内容重复表达。

5）视图的数量要恰当，以免主次不分。但有时为了保证尺寸标注的正确、完整、清晰，也可增加某个图形。

吊装架可用三视图表达其结构，并在俯视图和左视图上进行局部剖，以表达焊接结构件上孔的形状，如图 6-7 所示。

提示

焊接装配图上剖面线的画法：在剖视图、断面图中，相邻两零件的剖面线，其倾斜方向应尽量相反。若方向一致，则间距不同，以便区分不同的零件。同一零件在不同视图中的剖面线的方向和间距应保持一致。

6.2.3　标注焊缝符号

在焊接装配图上必须标注所有焊缝的焊缝符号。焊缝符号一般标注在图形上，也可以将焊缝要求用文字的形式标注在技术要求中。焊缝符号的标注必须符

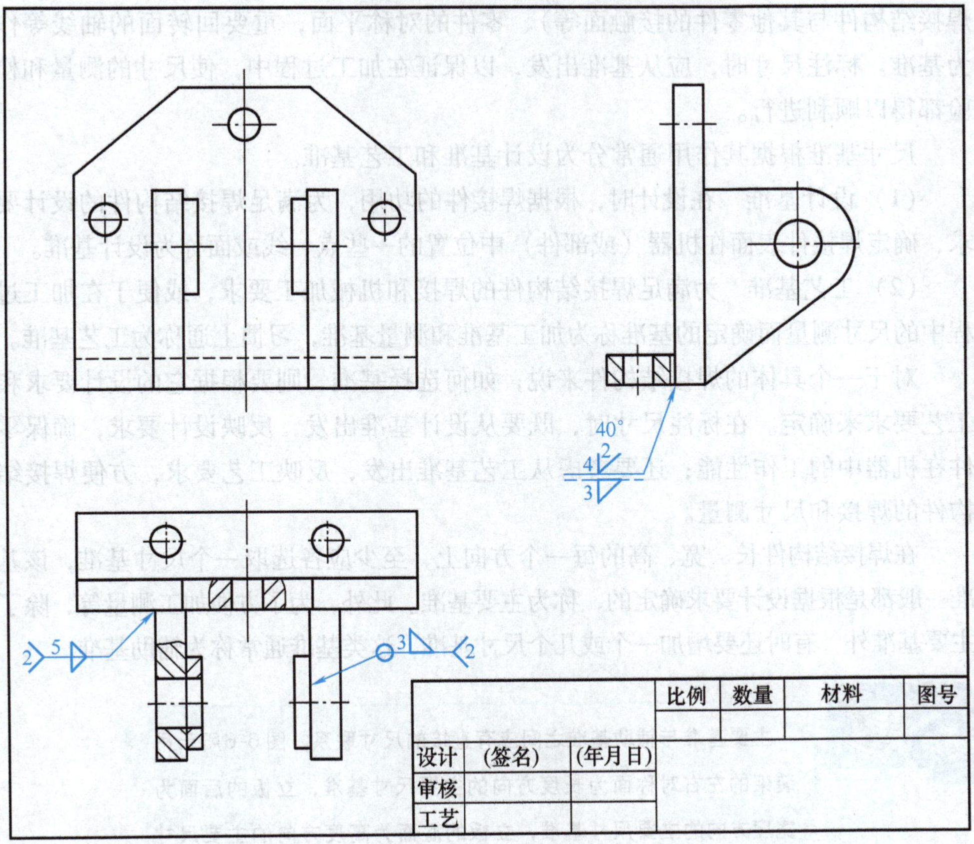

图 6-7 吊装架的视图

合国家标准的有关规定。

已知图 6-6 所示的吊装架采用 CO_2 气体保护焊。立板和平板之间，正面焊缝为带钝边单边 V 形焊缝，坡口角度为40°，钝边高度4mm，间隙2mm；背面焊缝为单面角焊缝，焊角尺寸为 2mm。立板和吊耳之间是双面角焊缝，焊角尺寸为 5mm。吊耳和圆板之间采用单面角焊缝，焊角尺寸为 3mm。

按照国家标准的规定标注焊缝符号，如图 6-7 所示。由于本焊接结构件只采用 CO_2 气体保护焊，可将焊接方法用文字在技术要求中说明。

6.2.4 焊接装配图的尺寸标注

1. 尺寸基准

焊接结构件的尺寸基准是指焊接结构件在安装或加工测量时，用以确定其位置的一些点、线、面。通常选择一些重要的加工面（如焊接结构件的安装面、焊接结构件与其他零件的接触面等)、零件的对称平面，重要回转面的轴线等作为基准。标注尺寸时，应从基准出发，以保证在加工过程中，使尺寸的测量和检验都得以顺利进行。

尺寸基准根据其作用通常分为设计基准和工艺基准。

(1) 设计基准　在设计时，根据焊接件的功用，为满足焊接结构件的设计要求，确定焊接件表面在机器（或部件）中位置的一些点、线或面称为设计基准。

(2) 工艺基准　为满足焊接结构件的焊接和机械加工要求，或便于在加工过程中的尺寸测量而确定的基准称为加工基准和测量基准，习惯上通称为工艺基准。

对于一个具体的焊接结构件来说，如何选择基准，则要根据它的设计要求和工艺要求来确定。在标注尺寸时，既要从设计基准出发，反映设计要求，确保零件在机器中的工作性能；还要考虑从工艺基准出发，反映工艺要求，方便焊接结构件的焊接和尺寸测量。

在焊接结构件长、宽、高的每一个方向上，至少应各选取一个尺寸基准，该基准一般都是根据设计要求确定的，称为主要基准。此外，为了方便加工测量等，除了主要基准外，有时还要增加一个或几个尺寸基准，这类基准通常称为辅助基准。

提示

主要基准与辅助基准之间应有直接的尺寸联系。图6-6所示吊装架的左右对称面为长度方向的主要尺寸基准，立板的后面为宽度方向的主要尺寸基准，立板的底面为高度方向的主要尺寸基准。

2. 尺寸的种类

在焊接装配图中需要标注以下尺寸：

(1) 定形尺寸　表示焊接结构件各组成部分的形状大小的尺寸称为定形尺寸。在焊接装配图中，如果结构比较复杂，可以省略部分细小结构的定形尺寸，而将各个零件的定形尺寸标注在零件的放样零件图中，如果焊接结构件比较简单，可以标注全部定形尺寸，并将焊接装配图作为放样图使用。在图6-8中，标注了4个组成零件大小的尺寸，该焊接装配图可以作为放样图使用。

(2) 定位尺寸　表示零件间相对位置和零件上各基本结构（如孔、槽等）相对位置的尺寸称为定位尺寸。在图6-8中，标注了吊耳的定位尺寸60mm，标注了3×ϕ10mm孔的定位尺寸12mm、30mm和90mm，标注了2×ϕ10mm孔的定位尺寸52mm和10mm，标注了ϕ16mm孔的定位尺寸40mm和45mm等。

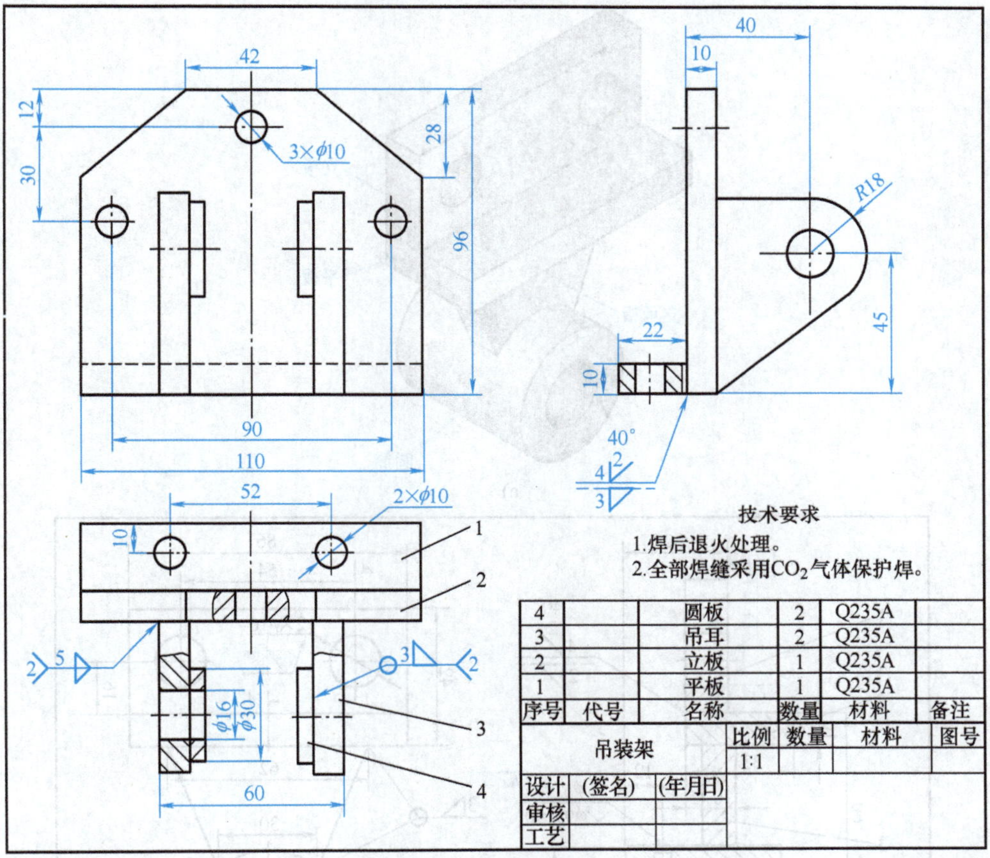

4		圆板	2	Q235A	
3		吊耳	2	Q235A	
2		立板	1	Q235A	
1		平板	1	Q235A	
序号	代号	名称	数量	材料	备注
吊装架		比例	数量	材料	图号
		1:1			
设计	(签名)	(年月日)			
审核					
工艺					

图 6-8 吊装架的焊接装配图

(3) 总体尺寸 表示焊接结构件总长、总宽、总高的尺寸称为总体尺寸。在图 6-8 中，标注了总长尺寸 110mm，总高尺寸 96mm。总宽尺寸可以通过计算得到。

(4) 安装尺寸 表示焊接结构件安装到其他装配体上或地基上所需的尺寸称为安装尺寸。在图 6-8 中，标注了立板和平板上安装孔的定形尺寸（$2\times\phi10$mm、$3\times\phi10$mm）和定位尺寸（10mm、52mm、30mm、90mm）等。

6.2.5 技术要求

在焊接装配图上，如果焊接结构件的装配精度要求不高，可以不标注尺寸公差、几何公差、表面结构要求等技术要求，如图 6-8 所示。但是如果焊接结构件的安装精度要求较高，或焊接结构件焊接后需要进行切削加工，则需要标注尺寸公差、几何公差、表面结构要求等技术要求，如图 6-9 所示。

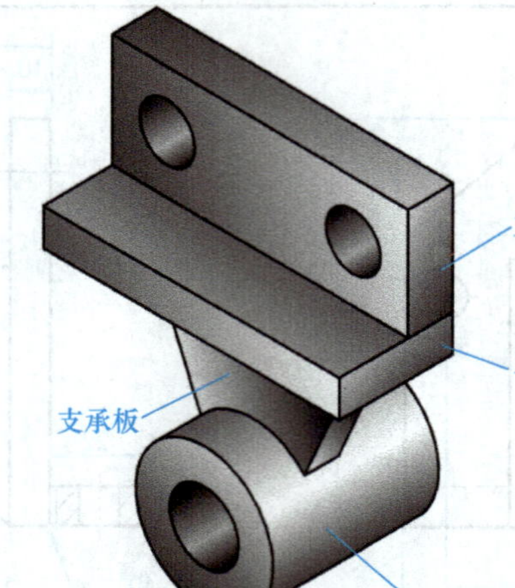

a)

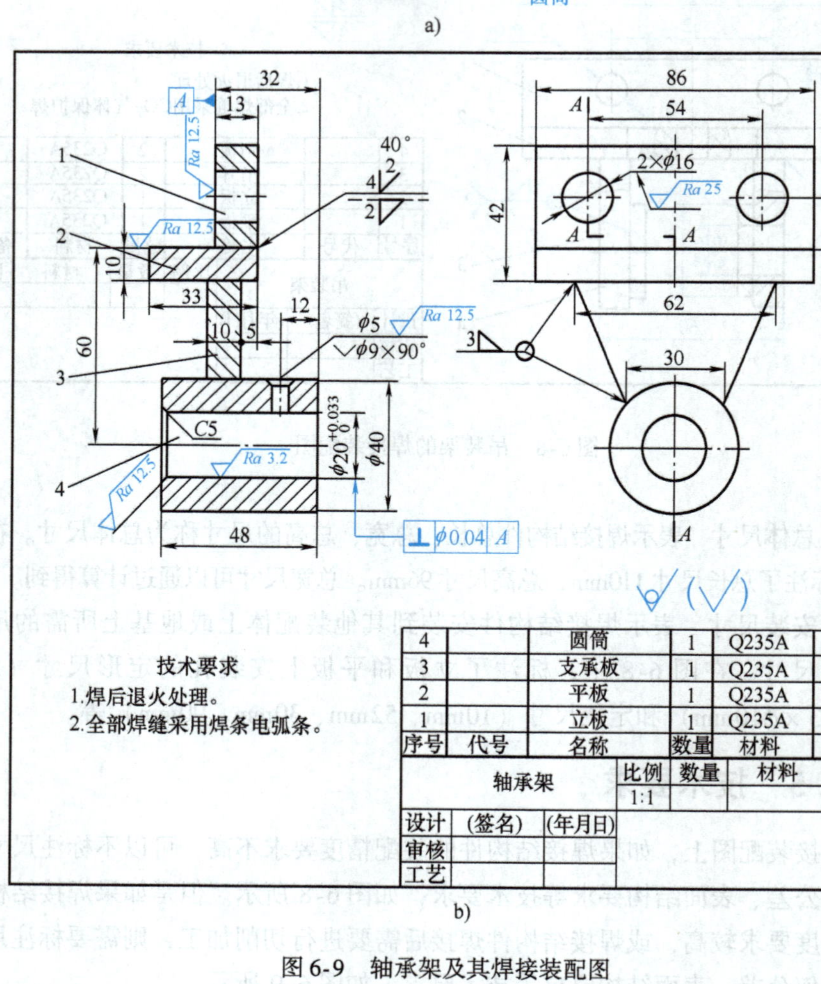

4		圆筒	1	Q235A	
3		支承板	1	Q235A	
2		平板	1	Q235A	
1		立板	1	Q235A	
序号	代号	名称	数量	材料	备注

轴承架		比例	数量	材料	图号
		1:1			
设计	(签名)	(年月日)			
审核					
工艺					

b)

图 6-9　轴承架及其焊接装配图

6.2.6 零件编号及明细栏

1. 零件序号

为了便于看图、管理图样和组织生产，焊接装配图必须对每种零件都编写序号，如图6-8和图6-9所示。

焊接装配图中的零件序号一般由指引线（细实线）、圆点（或箭头）和序号数字组成，如图6-10所示。指引线末端不便画出圆点时，可在指引线末端画出箭头，箭头指向该零件的轮廓线，如图6-10c所示。焊接装配图中的零件序号应沿水平方向或垂直方向按顺时针（或逆时针）方向连续、整齐排列。

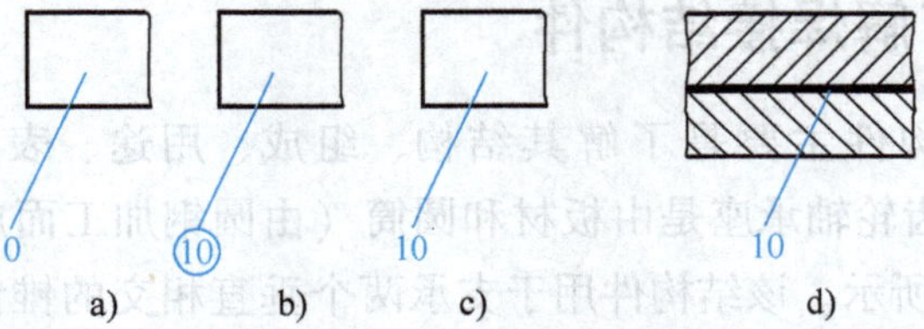

图6-10 零件序号的组成

2. 明细栏

在标题栏上方编制明细栏，并按零件序号将零件一一列出，明细栏包括序号、代号、名称、数量、材料、备注等内容。明细栏的格式如图6-11所示，在实际绘图时，可以根据需要增加或减少栏目。

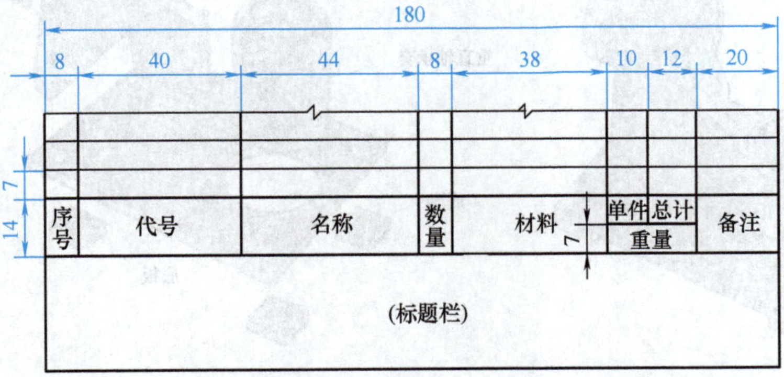

图6-11 明细栏的格式

明细栏在标题栏的上方按自下而上地顺序填写，如位置不够时，可紧靠在标题栏的左边自下而上延续。

6.3 测绘焊接结构件

测绘焊接结构件是对现有焊接件的实物进行观察分析、测量、绘制零件草图、制订技术要求，然后在此基础上绘制零件图。在进行设备维修或改造时，经常需要对焊接结构件进行测绘，它是焊接技术人员必备的技能之一。下面以测绘图 6-12 所示锥齿轮轴承座为例，学习测绘焊接结构件的方法和步骤。

6.3.1 了解焊接结构件

了解焊接结构件主要是了解其结构、组成、用途、表面质量、焊缝等。图 6-12所示的锥齿轮轴承座是由板材和圆筒（由圆钢加工而成）等零件焊接而成的，如图 6-13 所示。该结构件用于支承两个垂直相交的锥齿轮轴，两个轴承套的内孔及端面进行了机械加工，所有焊缝均为角焊缝。

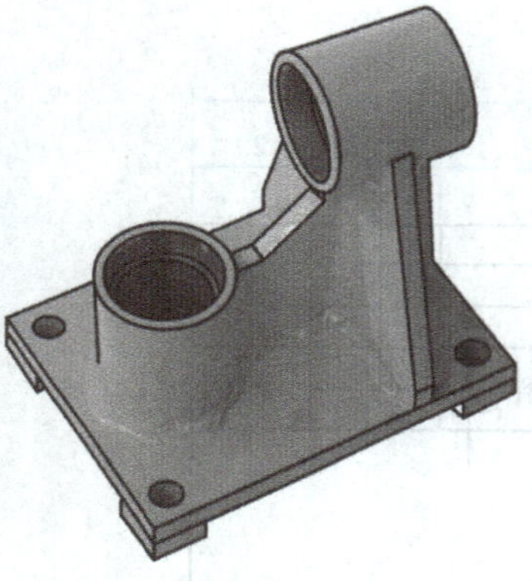

图 6-12　锥齿轮轴承座

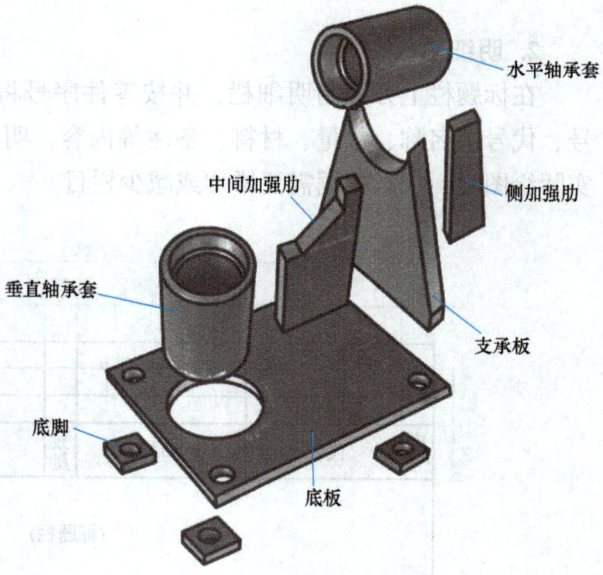

图 6-13　锥齿轮轴承座各零件结构示意图

6.3.2 绘制草图

目测尺寸，估计图形与实物的比例，按一定画法要求徒手（或部分使用绘图仪器）绘制的图，称为草图。草图是画正规图的重要依据，虽为徒手绘制，但不能潦草马虎，要求原理正确，内容完整，比例匀称，线型分明，尺寸齐全，字体工整，图面整洁。

徒手画草图一般用 HB 或 B 铅笔。图纸不必固定，可根据需要转动。握笔姿势要轻松，运笔力求自然。

1. 直线的画法

画直线时，眼睛注视着线段终点，以眼睛的余光控制运笔方向，便于控制图线。画短线以手腕运笔；画长线以手臂动作，转移手腕使笔尖沿要画线的方向作直线运动。为使画线顺手，可将图纸斜放，或侧转身体。画水平线、垂直线及斜线的运笔方向如图 6-14 所示。

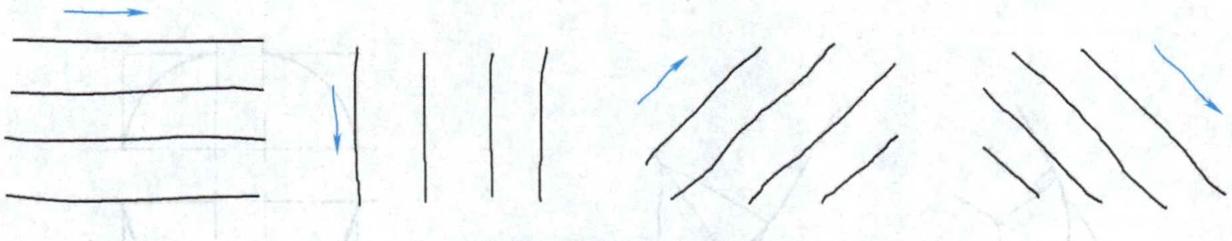

图 6-14　直线的徒手画法

2. 斜线的绘制

画与水平方向成 30°、45°、60°倾斜的斜线时，可按两直角边的近似比例关系，定出两端点后，连成直线，如图 6-15 所示。

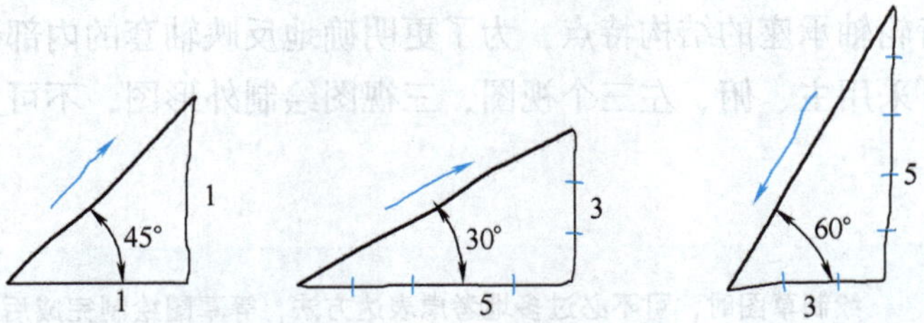

图 6-15　常用角度的斜线的画法

3. 圆的画法

画较小圆时，先在中心线上按半径目测定出四点，然后徒手将各点连接成圆（图 6-16a）。画较大圆时，通过圆心加画两条约 45°的斜线，按半径目测定出八点，连接成圆（图 6-16b）。当圆更大时，可以目测增加辅助点数，使徒手画得更准确。

4. 圆角和连接圆弧的画法

画圆角和圆弧连接时，根据圆角半径大小，在分角线上定出圆心位置，从圆

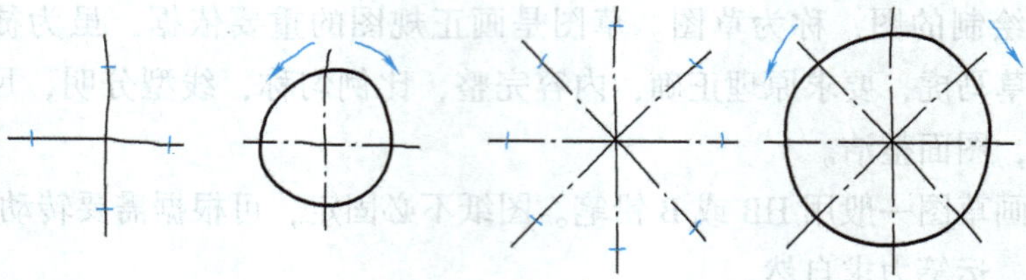

a)　　　　　　　　b)

图 6-16　圆的画法

心向分角两边引垂线，定出圆弧的两连接点，并在分角线上定出圆弧上的点，然后过这三点作圆弧（图 6-17a）；也可以利用圆弧与正方形相切的特点画出圆弧（图 6-17b）。

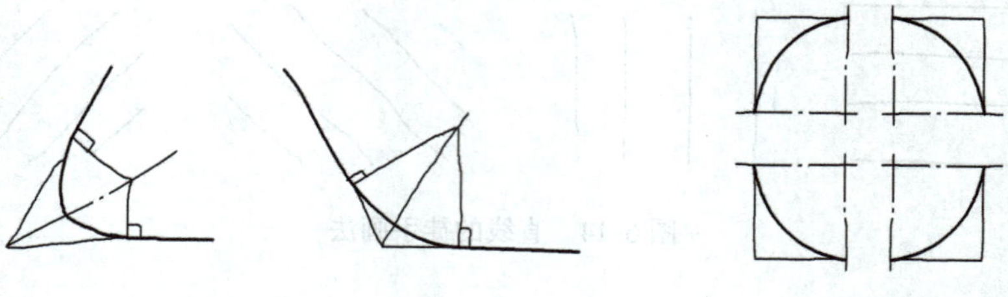

a)　　　　　　　　b)

图 6-17　圆角的画法

根据锥齿轮轴承座的结构特点，为了更明确地反映轴套的内部形状及肋板的连接结构，可采用主、俯、左三个视图，三视图绘制外形图，不可见部分用细虚线表达。

提示　绘制草图时，可不必过多地考虑表达方法，等草图绘制完成后，再分析草图的优缺点，进一步改进表达方案。

锥齿轮轴承座的具体绘图步骤如下：

1）绘制图框、标题栏，绘制各个视图的定位线，如图 6-18a 所示。

2）绘制底板，绘制底脚，如图 6-18b 所示。

3）绘制垂直轴承套，绘制水平轴承套，如图 6-18c 所示。

4）绘制支承板，如图 6-18d 所示。

5）绘制中间加强肋，绘制侧加强肋，如图 6-18e 所示。

a)

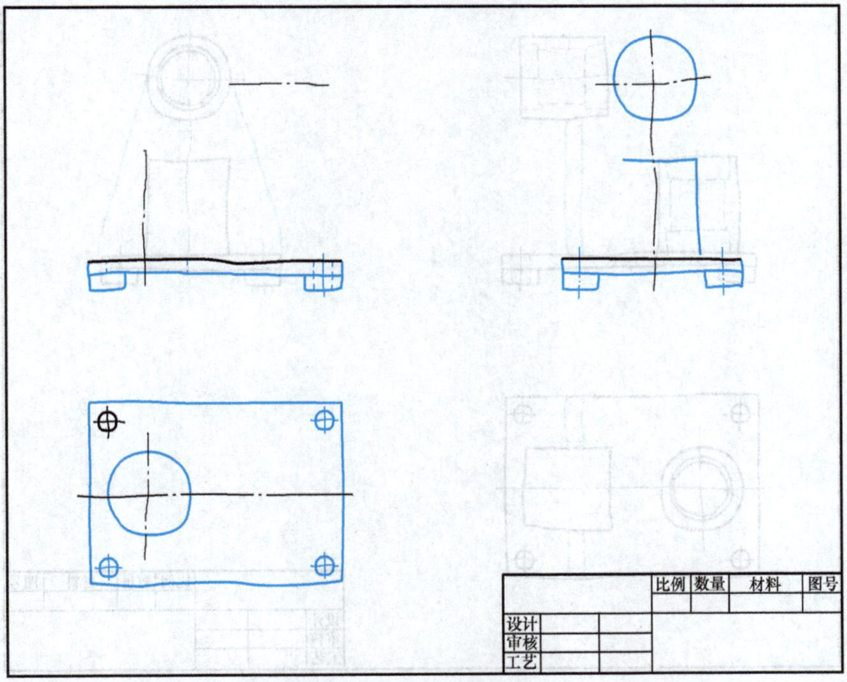

b)

图 6-18　锥齿轮轴承座草图绘制方法和步骤

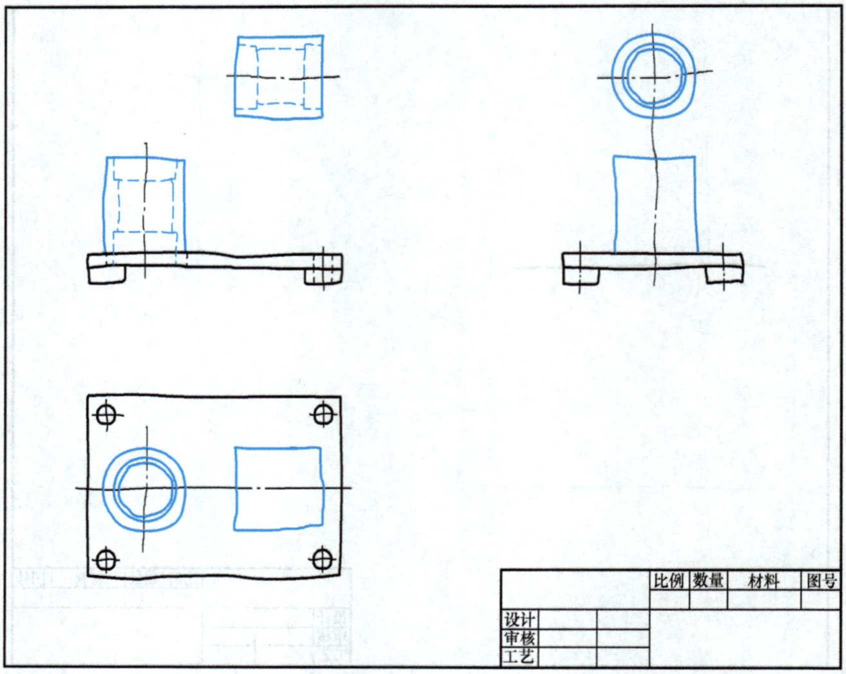

c)

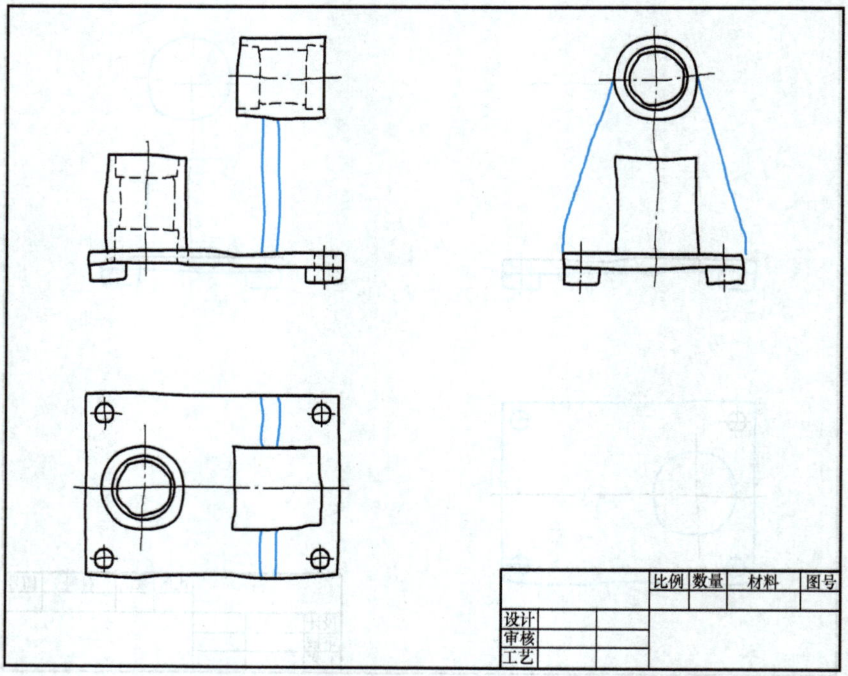

d)

图 6-18　锥齿轮轴承座草图绘制方法和步骤（续）

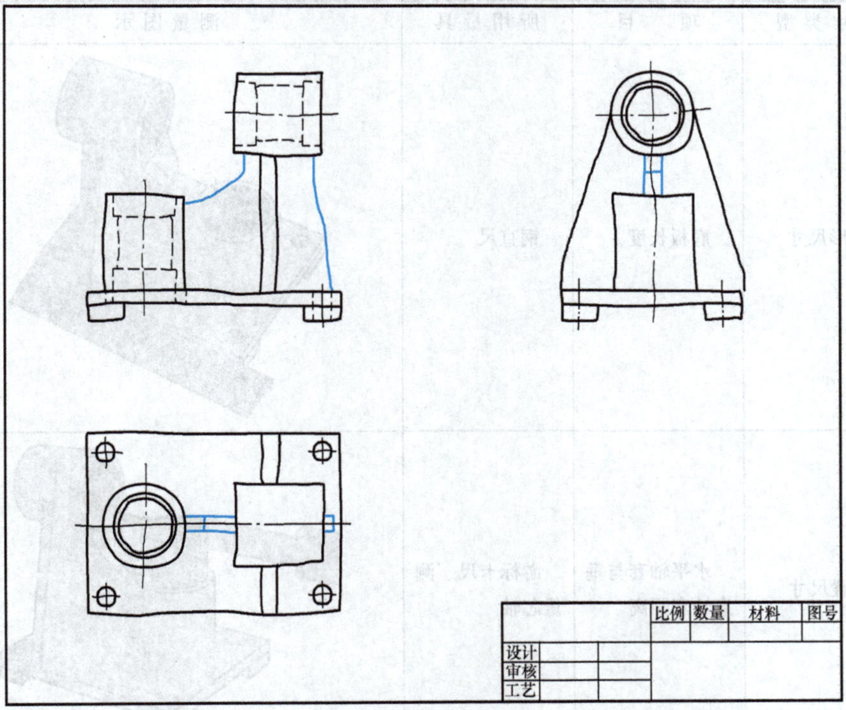

e)

图 6-18　锥齿轮轴承座草图绘制方法和步骤（续）

6.3.3　测量并在草图上标注尺寸

尺寸是焊接装配图的重要组成部分，它包括各零件件的定形尺寸、定位尺寸，也包括各零件间的定位尺寸以及焊缝尺寸等。

由图 6-13 可知，组成锥齿轮轴承座的各零件的形体较为简单，可在焊接装配图中直接标注出全部尺寸，而不必再单独画出各组成构件的零件图。

1. 焊接图的尺寸测量

测量尺寸时，应根据焊接结构件的特点、精度要求选择恰当量具和测量方法。一般常用的量具有钢直尺、卷尺、游标卡尺、焊缝万能量规等，其主要测量方法见表 6-2 所示。

表 6-2　锥齿轮轴承座的尺寸测量方法

尺寸类型	项　　目	所用量具	测量图示
体形尺寸	底板长度	钢直尺	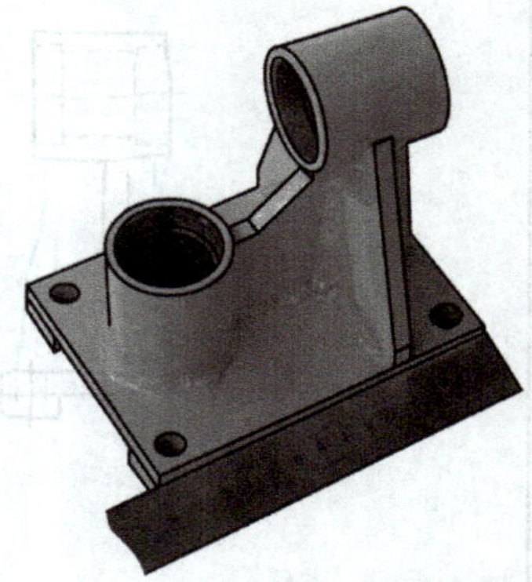
位置尺寸	水平轴套与垂直轴套距离	游标卡尺、测量芯轴	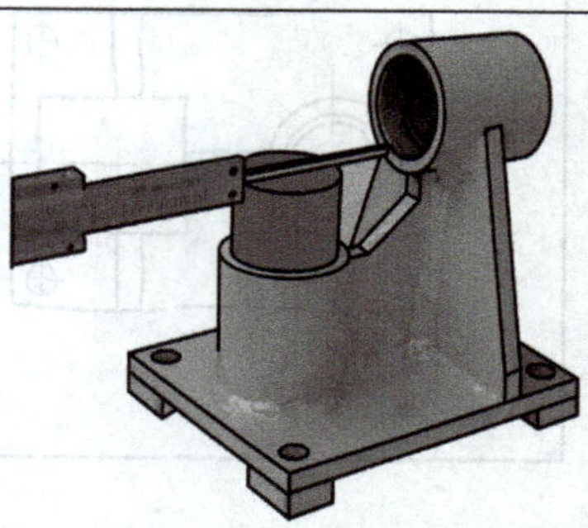
焊缝尺寸	角焊缝高度	焊缝万能量规	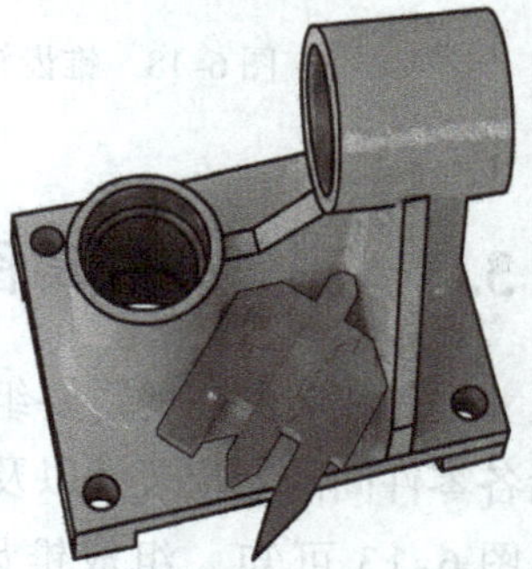

2. 标注尺寸

将测量的各个尺寸标注在零件草图上，如图 6-19 所示。标注尺寸时，为避免遗漏尺寸，可先标注各零件的定形尺寸及定位尺寸，然后再标注零件间的定位尺寸。

3. 标注技术要求

分析各结构的用途，观察各表面的表面质量，在零件草图上记录必要的技术要求，如图 6-20 所示。尺寸公差、几何公差等要根据零件各个结构或表面的用

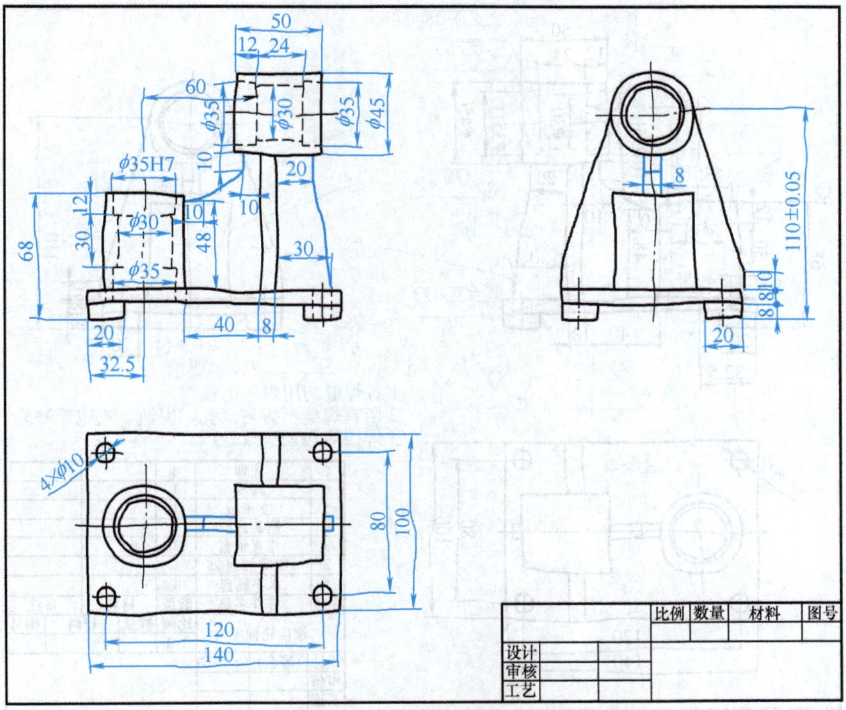

图 6-19 标注锥齿轮轴承座的尺寸

途，查阅有关标准或手册获得。

4. 编写零件序号，注写技术要求，填写标题栏、明细栏

给每一种零件都按照规定编写零件序号，根据使用要求加注技术要求，并填写标题栏、明细栏，如图 6-20 所示。

6.3.4 绘制焊接装配图

检查草图，根据焊接结构件的尺寸大小，选择图幅、确定比例，按草图绘制步骤绘制焊接装配图，具体如下：

1. 工作准备

准备绘图工具，根据图形的复杂程度确定绘图比例和图幅，在图板上粘贴图纸。

2. 确定零件表达方案

分析焊接装配体的结构，对焊接装配草图的表达方案进行修正，制订新的表达方案。图 6-20 用三视图表达锥齿轮轴承座比较合理，只需要用剖视图将细虚线表达的内部结构改为用剖视图表达即可。如图 6-21 所示，在主视图上用了两个局部剖，其中一个局部剖的剖切平面通过锥齿轮轴承座的前后对称面，用于表

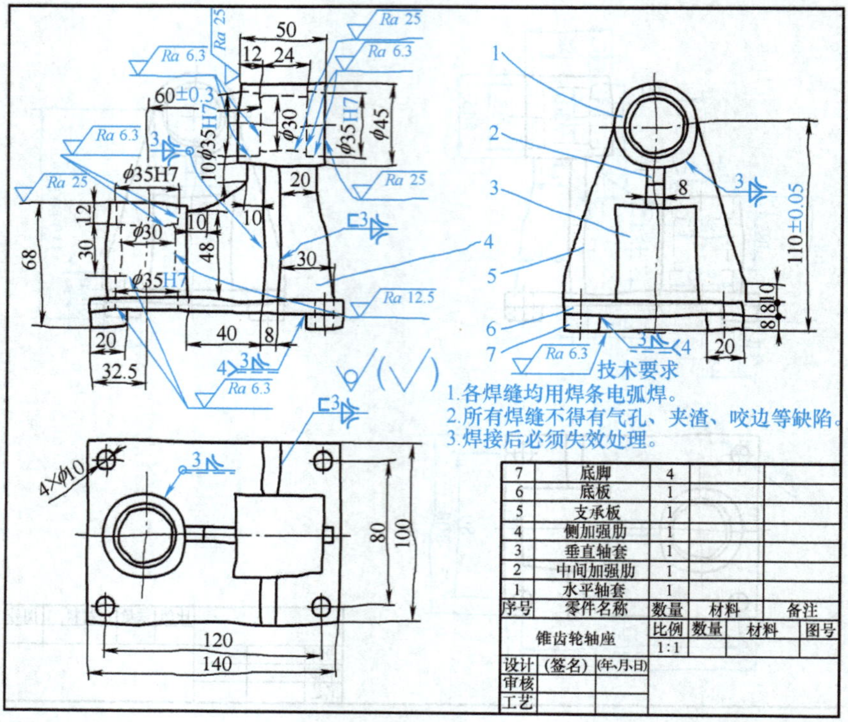

图 6-20　完成焊接装配草图

达两个轴套的内部结构；另一个剖切平面通过底板上 ϕ10mm 孔的轴线，用于表达底板及底脚上安装孔的形状。

3. 绘制图形

按照草图的绘图步骤绘制锥齿轮轴承座的焊接装配图。绘图时，应先绘制基准线；再绘制底图；然后绘制剖面线；最后检查视图，按线型描深图线。

4. 标注尺寸

在现场测量的尺寸，要根据设计要求进行修改，有些标准结构的尺寸要查阅有关标准，有些尺寸要进行适当圆整，锥齿轮轴承座的尺寸标注如图 6-21 所示。

5. 标注焊缝符号

分析焊接结构件的焊缝形状，根据有关标准或查阅有关手册，确定焊缝横截面形状、焊缝尺寸、焊接方法等，标注焊缝符号。

6. 标注技术要求

分析各个零件的表面质量，根据零件各结构的用途，查阅有关资料，确定尺寸公差、几何公差和表面结构要求。

分析焊接工艺，标注焊接工艺要求。

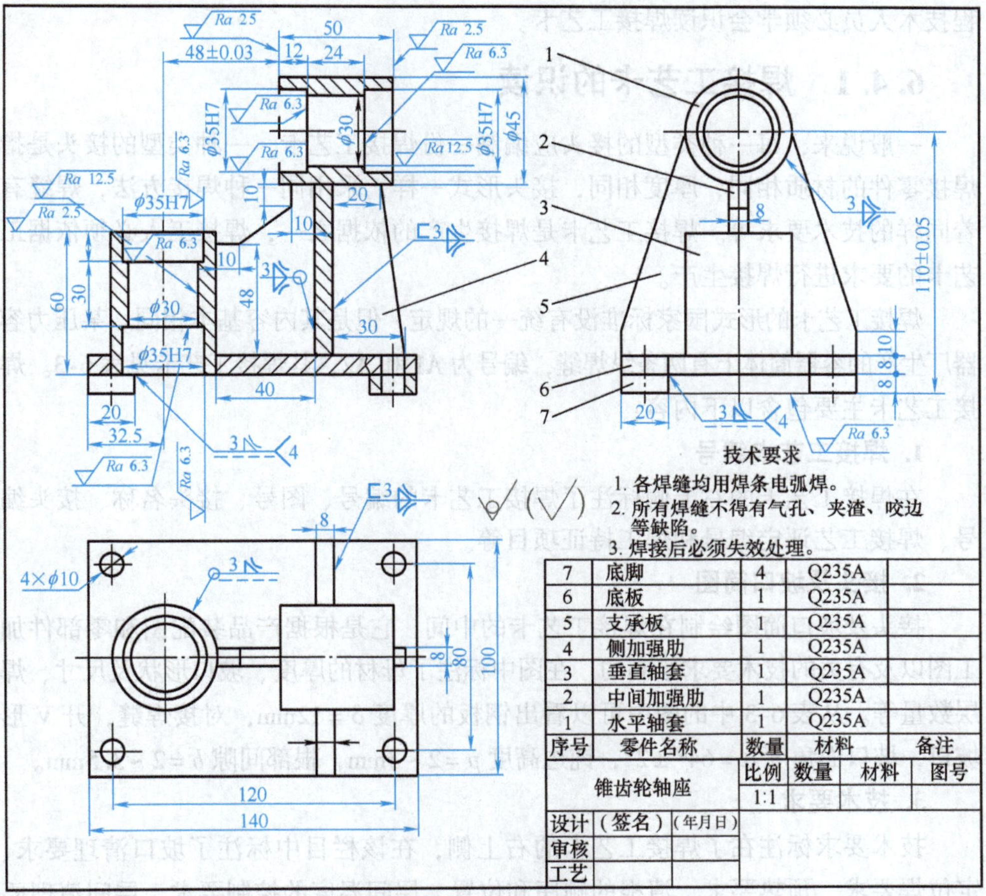

图 6-21　锥齿轮轴承座焊接装配图

7. 绘制标题栏、明细栏

按照国家标准规定的格式绘制标题栏和明细栏，在标题栏中填写图名、绘图比例、绘制者的姓名等内容。

在焊接装配图的视图上编写零件序号，同时填写明细栏的相关内容。

6.4 焊接工艺卡

焊接工艺卡是指导焊接生产的细则，其中规定了加工该产品的焊接工艺。它的编制依据是产品的零件图和焊接装配图、产品的技术标准和验收标准，焊接工程技术人员必须学会识读焊接工艺卡。

6.4.1 焊接工艺卡的识读

一般说来，每一种类型的接头应编制一份焊接工艺卡，一种类型的接头是指焊接零件的材质相同，厚度相同，接头形式一样，采用同一种焊接方法，焊缝有着同样的技术要求等。焊接工艺卡是焊接生产的依据之一，焊接工人必须依据工艺卡的要求进行焊接生产。

焊接工艺卡的形式国家标准没有统一的规定，但是其内容基本相同。某压力容器厂生产的容器筒体上有两条纵焊缝，编号为 A1 和 A2，其焊接工艺卡见表 6-3。焊接工艺卡主要包含以下内容：

1. 焊接工艺卡编号

在焊接工艺卡的右上侧标注了焊接工艺卡的编号、图号、接头名称、接头编号、焊接工艺评定编号和焊工持证项目等。

2. 接头及坡口简图

接头及坡口简图绘制在焊接工艺卡的中间，它是根据产品装配图和零部件加工图以及有关的技术要求绘制的，在图中标注了母材的厚度、坡口形状及尺寸、焊层数量等。从表 6-3 中的图中可以看出钢板的厚度 $\delta=12\text{mm}$，对接焊缝，开 V 形坡口，坡口面角度 $\alpha=64°\pm2°$，钝边高度 $p=2\sim3\text{mm}$，根部间隙 $b=2\sim3.5\text{mm}$。

3. 技术要求

技术要求标注在了焊接工艺卡的右上侧，在该栏目中标注了坡口清理要求、定位焊要求、预热要求、清根的顺序和位置、层间温度的控制要求、层间清理要求，以及检验或其他有关的技术要求。

4. 焊接工艺参数

焊接工艺参数标注在焊接工艺卡的左下方，主要填写每一层焊道的焊接方法、填充材料的牌号和直径、焊接电流的极性和电流值和电弧电压等。

此外，在该栏目还填写了预热温度、层间温度、气体流量、背面清根方法、焊后热处理等参数。

5. 产品检验

产品检验栏目在工艺卡的右侧中间位置，包括检验机关、检验方法和检验比例。

上述内容构成了一份完整的焊接工艺卡，各企业可以根据自己的实际情况增加或减少一些内容，但必须保证焊接操作工人能够根据工艺卡进行操作。

6.4.2 焊接工艺卡的编制

某压力容器厂生产一种水冷凝器，其焊缝位置如图 6-22 所示。其中，C1 和

表 6-3 焊接工艺卡

产品名称	筒 体	焊接工艺卡	编号	GY01-K02
产品图号	GY01			
母材牌号	16MnR	焊缝编号：A1、A2		
工艺评定编号	GYPD-008B	接头及坡口图		

焊接材料	牌号	规格	烘烤温度/℃	保温时间
	E5015	ϕ3.2mm	350～400	2h
	E5015	ϕ4.0mm	350～400	2h

预热温度/℃	
层间温度/℃	
气体流量/(L/min)	
背面清根方法	
焊后热处理说明：	

接头及坡口图：

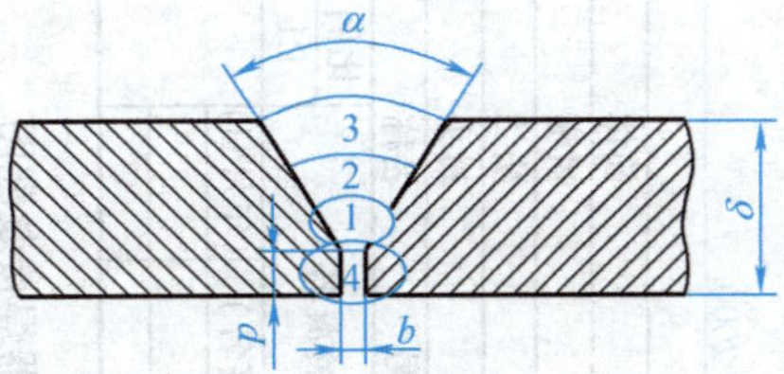

$\alpha = 64° \pm 2°$

$\delta = 12\text{mm}$

$p = 2 \sim 3\text{mm}$

$b = 2 \sim 3.5\text{mm}$

技术要求：

1. 将坡口两侧 20mm 内的油、锈、氧化皮等清理干净，见金属光泽
2. 筒体外侧坡口内点固，点焊间距 200～300mm，长度 20mm
3. 筒体两端加引弧板和熄弧板
4. 筒体外焊 3 层，第 4 层焊前从筒体内清根
5. 焊后清理焊渣及飞溅，焊缝不圆滑处用砂轮打磨
6. 焊后外观检查，不得有裂痕、气孔、夹渣、未熔合、咬边等
7. 100% RT 检查

焊工资格：SMAW-Ⅱ-6FG-12/57-F3J

焊接工艺参数	层数	焊接方法	电源极性	焊接材料	规格	电流/A	电压/V
	1	SMAW	反接	E5015	ϕ3.2mm	120～140	22～30
	2	SMAW	反接	E5015	ϕ4.0mm	150～170	22～28
	3	SMAW	反接	E5015	ϕ4.0mm	150～170	22～28
	4	SMAW	反接	E5015	ϕ4.0mm	140～160	22～28

更改	标记	内容	签字

编制	（签字）	年 月 日
校核	（签字）	年 月 日
批准	（签字）	年 月 日

C2 为水冷凝器封头和筒体之间的环形焊缝，C3 和 C4 为喷嘴与法兰之间的环形焊缝，D1 和 D2 为喷嘴和筒体之间的环形焊缝，产品图号为 WN26.9-00，采用焊条电弧焊，下面编制焊接工艺卡。

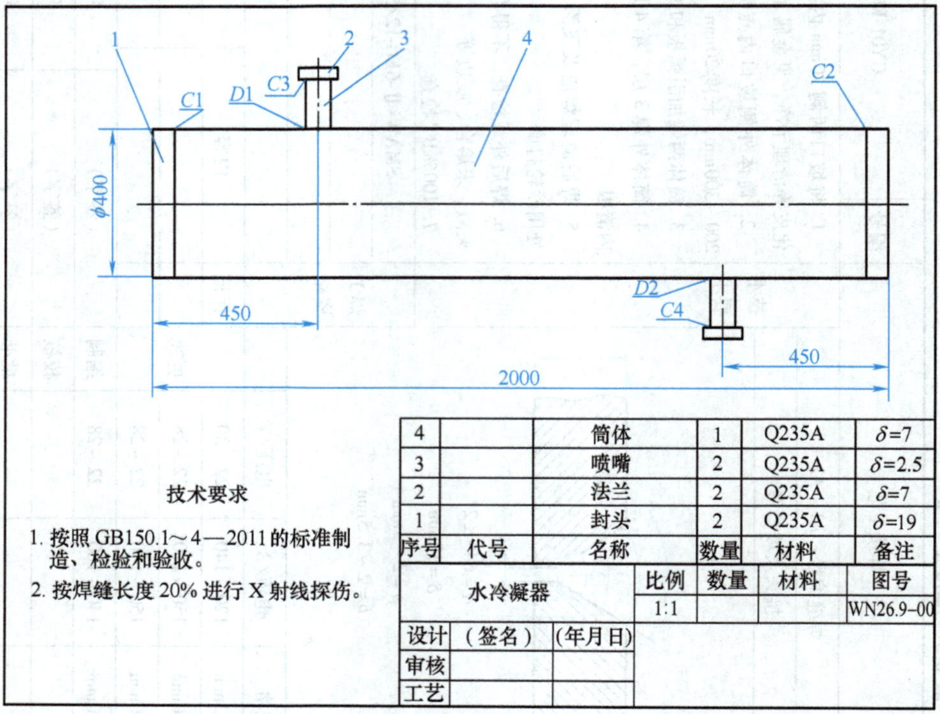

图 6-22　水冷凝器焊接装配图

1. 确定母材参数

母材的牌号、规格等可以从焊接装配图中查到，所有母材的材料为 Q235A，封头的厚度为 $\delta=19\text{mm}$，筒体和法兰的厚度为 $\delta=7\text{mm}$，喷嘴的厚度为 $\delta=2.5\text{mm}$。

2. 确定坡口、接头形式及焊缝要求

C1 和 C2 为对接接头，开 V 形坡口。C3 和 C4 为 T 形接头，角焊缝，不开坡口。D1 和 D2 为 T 形接头，角焊缝，开单边 V 形坡口。所有焊缝采用焊条电弧焊。

3. 绘制接头简图

根据焊接工艺绘制接头简图，给出接头的尺寸、焊接层数等。

4. 填写工艺卡的其他项目

根据焊接工艺要求，填写各焊接工艺卡的其他项目。

图 6-22 所示水冷凝器各焊缝的焊接工艺卡见表 6-4、表 6-5 和表 6-6。

表 6-4 水冷凝器焊接工艺卡 I

产品名称	水冷凝器	焊接工艺卡	编号	WN26.9-00-1
产品图号	WN26.9-00			
母材牌号	Q235A	焊缝编号：$C1$、$C2$	技术要求	1）施焊前，应清除坡口及其母材两侧表面20mm范围内的氧化物、油污及其他有害杂质 2）焊后彻底清渣、清除飞溅 3）焊后自检
工艺评定编号	PQR071001	接头及坡口图	焊工资格	SMAW-Ⅱ-6FG-12/57-F3J

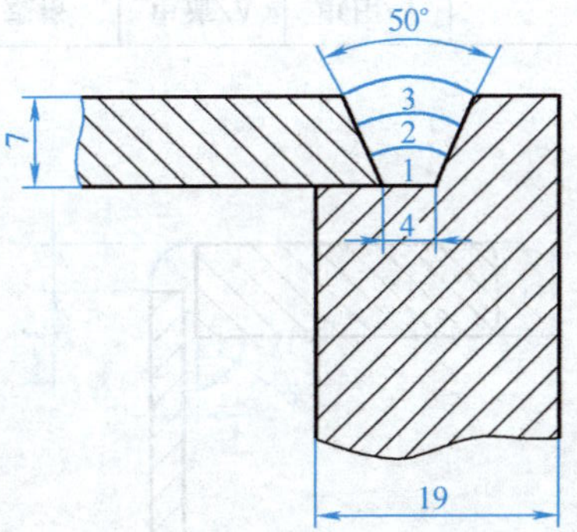

焊接材料	牌号	规格	烘烤温度/℃	保温时间
	E5015	ϕ3.2mm	350~400	2t
	E5015	ϕ4.0mm	350~400	2t

预热温度/℃	
层间温度/℃	
气体流量/(L/min)	
背面清根方法	
焊后热处理说明：	

焊接工艺参数	层数	焊接方法	电源极性	焊接材料	规格	电流/A	电压/V
	1	SMAW	反接	E5015	ϕ3.2mm	120~140	22~30
	2	SMAW	反接	E5015	ϕ4.0mm	150~170	22~28
	3	SMAW	反接	E5015	ϕ4.0mm	150~170	22~28

	标记	内容	签字
更改			
编制	（签字）	年 月 日	
校核	（签字）	年 月 日	
批准	（签字）	年 月 日	

表 6-5　水冷凝器焊接工艺卡 Ⅱ

产品名称		水冷凝器		焊接工艺卡			编号	WN26. 9-00-2
产品图号		WN26. 9-00						
母材牌号		Q235A		焊缝编号：C3、C4		技术要求	1）施焊前，应清除坡口及其母材两侧表面 20mm 范围内的氧化物、油污及其他有害杂质 2）焊后彻底清渣、清除飞溅 3）焊后自检	
工艺评定编号		PQR071001		接头及坡口图				
焊接材料	牌号	规格	烘烤温度/℃	保温时间				
	E5015	ϕ3. 2mm	350～400	2t				
焊接工艺及参数	预热温度/℃							
	层间温度/℃							
	气体流量/(L/min)							
	背面清根方法					焊工资格	SMAW-Ⅱ-6FG-12/57-F3J	
	焊后热处理说明：							

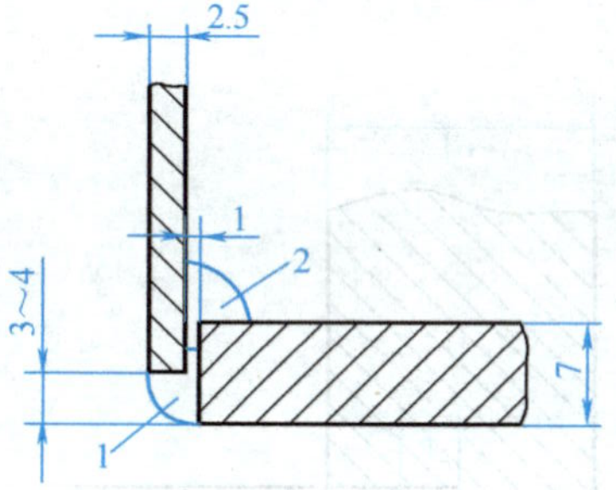

层数	焊接方法	电源极性	焊接材料	规格	电流/A	电压/V		标记	内容	签字
1	SMAW	反接	E5015	ϕ3. 2mm	120～140	22～30	更改			
2	SMAW	反接	E5015	ϕ3. 2mm	120～140	22～30				
							编制	（签字）	年　月　日	
							校核	（签字）	年　月　日	
							批准	（签字）	年　月　日	

表 6-6 水冷凝器焊接工艺卡Ⅲ

产品名称	水冷凝器	焊接工艺卡	编号 WN26. 9-00-3
产品图号	WN26. 9-00		
母材牌号	Q235A	焊缝编号：*D*1、*D*2	
工艺评定编号	PQR071001	接头及坡口图	

焊接材料

牌号	规格	烘烤温度/℃	保温时间
E5015	ϕ3. 2mm	350 ~ 400	2h
E5015	ϕ4. 0mm	350 ~ 400	2h

预热温度/℃	
层间温度/℃	
气体流量/(L/min)	
背面清根方法	
焊后热处理说明：	

接头及坡口图

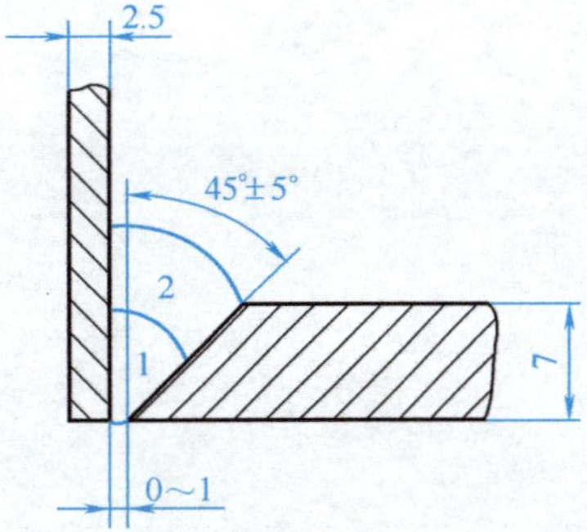

技术要求	1）施焊前，应清除坡口及其母材两侧表面20mm范围内的氧化物、油污及其他有害杂质 2）焊后彻底清渣、清除飞溅 3）焊后自检
焊工资格	SMAW-Ⅱ-6FG-12/57-F3J

焊接工艺参数

层数	焊接方法	电源极性	焊接材料	规格	电流/A	电压/V
1	SMAW	反接	E5015	ϕ3. 2mm	120 ~ 140	22 ~ 30
2	SMAW	反接	E5015	ϕ4. 0mm	150 ~ 170	22 ~ 28

更改	标记	内容	签字

编制	（签字）	年 月 日
校核	（签字）	年 月 日
批准	（签字）	年 月 日

第7章 Chapter

典型焊接装配图的识读

准确、熟练地识读焊接装配图，是焊接技术工人必须具备的基本功之一。识读焊接装配图的目的是根据焊接装配图想象焊接结构件的结构形状、了解焊件的尺寸和技术要求。识读焊接装配图时，应尽量了解焊接结构件在机器或部件中的位置、作用以及和其他零件的关系，以便于读懂焊接装配图。

识读焊接装配图的方法和步骤是：先看标题栏，了解焊接结构件的概貌；再看视图，分析焊接结构件各零件的结构形状及各零件之间的相对位置，了解焊接结构件上各结构的用途，了解各零件间的连接关系；三看尺寸标注，明确各部分的结构大小；四看技术要求，掌握零件的质量要求。

7.1 管类结构件焊接装配图的识读

管类结构件通常用来输送流体或气体物料，管类结构件的焊接接头形式一般有对接接头、角接接头、搭接接头等，可选用的焊接方法有焊条电弧焊、氩弧焊、埋弧焊、全位置熔化极半自动焊、热丝 TIG 全位置自动焊等。

7.1.1 识读法兰接管的焊接装配图

法兰接管的焊接装配图如图 7-1 所示，下面以此为例说明识读焊接装配图的方法和步骤。

1. 看标题栏、明细栏，概括了解焊接结构件

通过看标题栏、明细栏，了解焊件的概貌。从标题栏中可以了解到焊接结构件的名称、绘图比例等零件的一般信息，从明细栏中可以知道焊接结构件的数量、名称、材料等。结合对全图的浏览，初步认识焊接结构件。在可能的情况下，还应尽可能搞清楚焊接结构件的作用以及与其他零件的关系。分析图 7-1 所示法兰接管焊接装配图的标题栏可知，焊接结构件的名称是法兰接管，绘图的比例为 1∶2。该焊接结构件由法兰盘、套管、支管、接管四个零件组成，各零件所用的材料均为 Q235A。

2. 分析视图

看懂视图是识读焊接装配图的关键，要通过对装配图的各个视图进行分析，明确视图之间的关系。结合焊缝符号、明细栏等，将各个零件从视图中

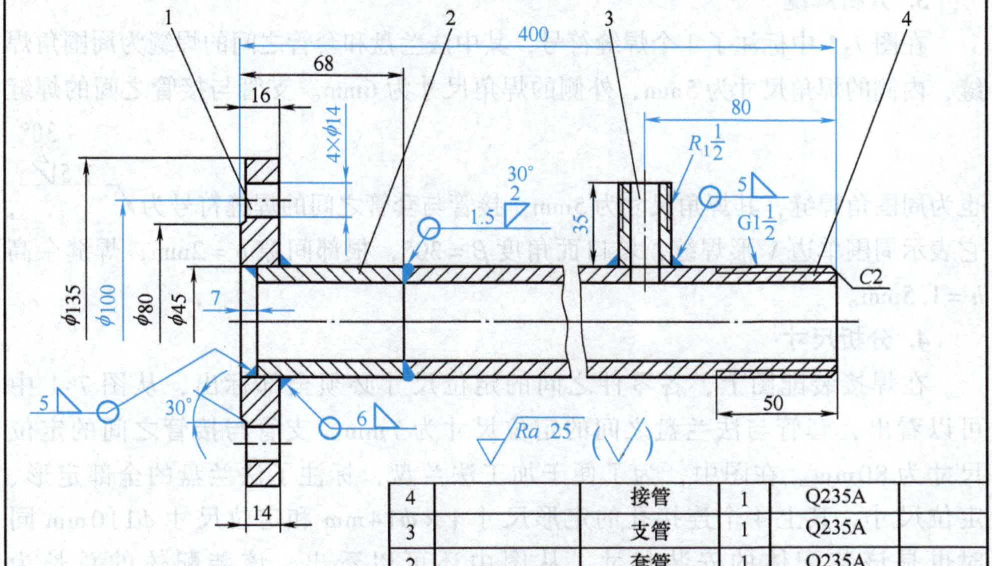

4		接管	1	Q235A	
3		支管	1	Q235A	
2		套管	1	Q235A	
1		法兰盘	1	Q235A	
序号	代号	名称	数量	材料	备注

法兰接管		比例	数量	材料	图号
		1:2			
设计	（签名）	（年月日）			
审核					
工艺					

技术要求
1. 加工圆角倒钝。
2. 焊后退火处理。
3. 全部焊缝采用焊条电弧焊。

图 7-1　法兰接管的焊接装配图

分离出来，分析各个零件的形状、作用，弄懂焊接结构件和其他零件的连接情况。

由于焊接结构件是由一个个简单零件焊接而成的，所以可运用形体分析法看图。分析图 7-1 所示法兰接管的焊接装配图可知，法兰接管的四个零件皆为回转体零件，所以该焊接装配图只用了一个视图表达其结构，通过分析视图很容易将它们分离开。该焊接装配体的各个零件都比较简单，其中，零件 1（法兰盘）的结构稍微复杂些。分析视图可知，法兰盘的左侧有一凸台，在法兰盘的外围均匀分布着 4 个圆孔，其形状如图 7-2 所示。套管、支管和接管都是套类零件，在接管的右侧和支管的上侧加工了螺纹。

图 7-2　法兰盘

3. 分析焊缝

在图 7-1 中标注了 4 个焊缝符号，其中法兰盘和套管之间的焊缝为周围角焊缝，内侧的焊角尺寸为 5mm，外侧的焊角尺寸为 6mm。支管与接管之间的焊缝也为周围角焊缝，其焊角尺寸为 5mm。接管与套管之间的焊缝符号为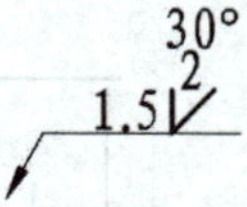

，它表示周围单边 V 形焊缝，坡口面角度 $\beta = 30°$，根部间隙 $b = 2\text{mm}$，焊缝余高 $h = 1.5\text{mm}$。

4. 分析尺寸

在焊接装配图上，各零件之间的定位尺寸必须全部标出，从图 7-1 中可以看出，套管与法兰盘之间的定位尺寸为 7mm，支管与接管之间的定位尺寸为 80mm。在图中，为了便于加工法兰盘，标注了法兰盘的全部定形、定位尺寸，其上 4 个连接孔的定形尺寸 $4 \times \phi 14\text{mm}$ 和定位尺寸 $\phi 110\text{mm}$ 同时也是该装配体的安装尺寸。从图中还可以看出，该装配体的总长为 400mm，接管右侧的螺纹规格为 G $\frac{1}{2}$，支管上螺纹的规格为 $R_1 1/2$。

5. 分析技术要求

在图 7-1 中，用符号标注了焊接装配体的表面结构要求，用文字标注了零件的加工要求和焊接工艺要求。

6. 综合归纳

在概括了解、分析视图的基础上，对尺寸、技术要求进行分析，然后综合分析焊接装配图的各项内容，对焊接结构件的结构形状、用途等有一个较完整、明确的认识。

实际上，上述各项识图步骤是不能截然分开的，通常需要对视图、尺寸、技术要求、标题栏和明细栏等进行反复地对照、分析，以看懂焊接装配图。

7.1.2 识读弯头的焊接装配图

弯头的焊接装配图如图 7-3 所示，下面识读该焊接装配图。

1. 看标题栏、明细栏，概括了解焊接结构件

分析图 7-3 所示弯头焊接装配图的标题栏可知，焊接结构件的名称是弯头，绘图的比例为 1:1。该焊接结构件由法兰盘、弯管、底盘三个零件组成，各零件所用的材料均为 Q235A，弯头可用于两个垂直管道之间的连接。

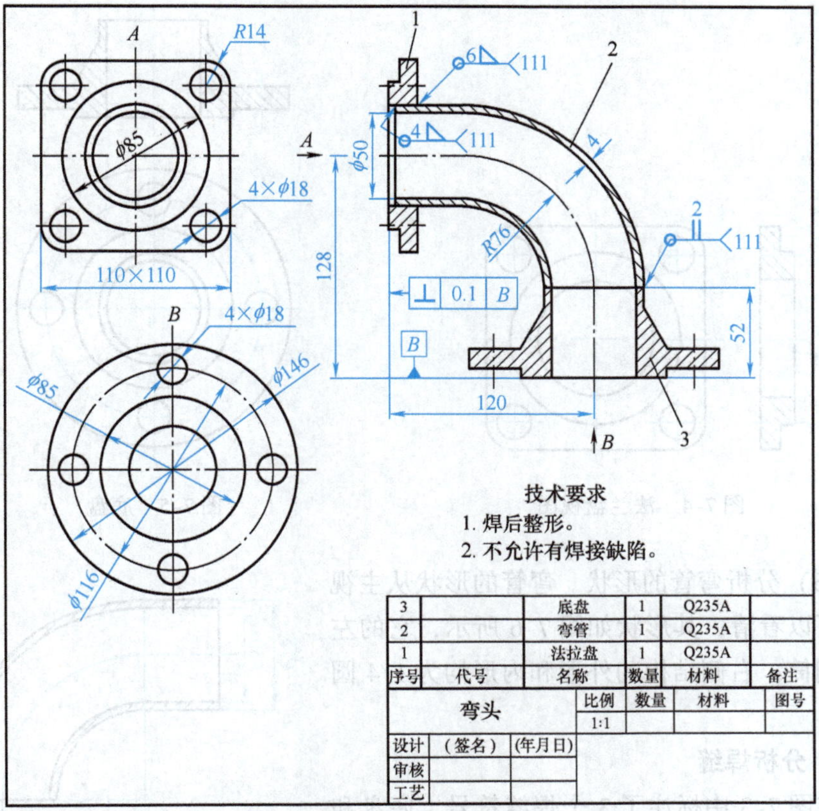

图7-3 弯头的焊接装配图

2. 分析视图

分析图7-3所示弯头的焊接装配图可知，弯头由法兰盘、弯管和底盘三个零件组成，通过分析主视图很容易将它们分离开。

（1）分析法兰盘的形状 在焊接装配图中，法兰盘的形状通过主视图的有关部分和*A*向视图表达，将其从装配图中拆分出来后的图形如图7-4所示，从图中不难看出，法兰盘的左侧为圆盘，右侧为方板，在法兰盘的中间加工了圆孔，方板四角倒圆，并在四个角上加工了4个连接孔。

（2）分析底盘的形状 底盘的形状可通过主视图的有关部分和*B*向视图表达，从装配图中将其拆分后的形状如图7-5所示，该形体为回转体零件，其最上端外形为圆柱体，下端外形为圆盘和圆柱体，中间外形为圆锥体，其内形为圆孔，且在圆盘上加工了4个连接孔。

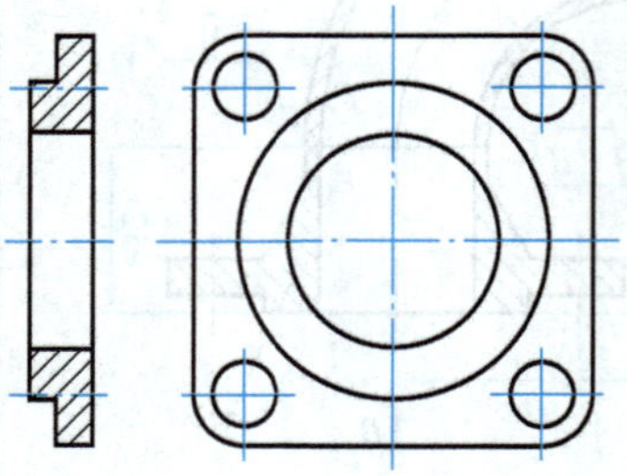

图 7-4　法兰盘视图

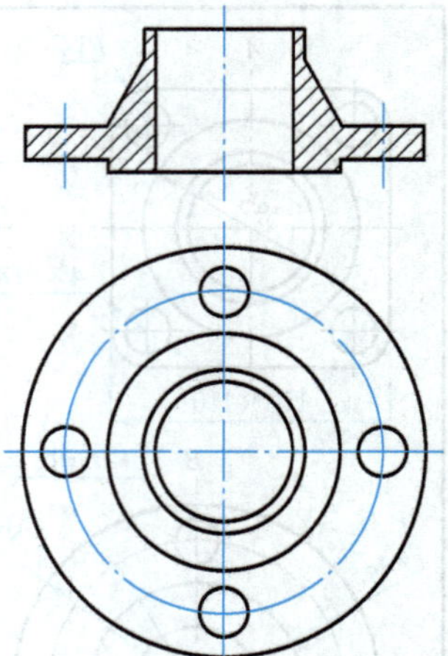

图 7-5　底盘

（3）分析弯管的形状　弯管的形状从主视图中可以看清，其形状如图 7-6 所示，它的左侧为圆筒，右侧结构的外形和内形均为 1/4 圆环面。

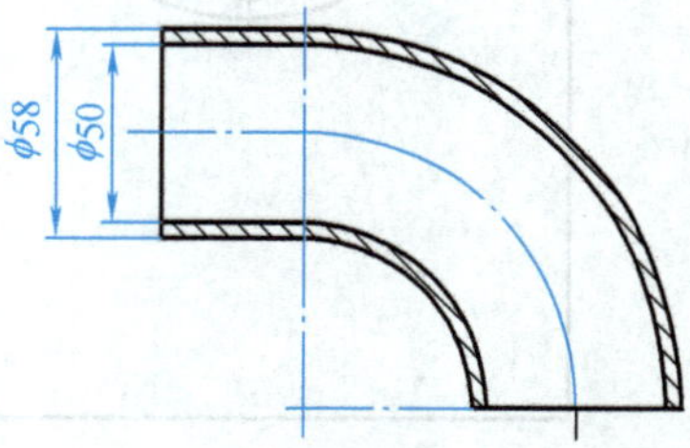

图 7-6　弯管

3. 分析焊缝

在图 7-3 中标注了 3 个焊缝符号，底盘和弯管间焊缝的焊缝符号为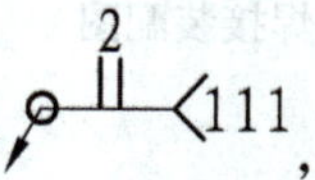

，它表示Ⅰ形坡口对接接头，单面周围角焊缝，间隙为 2mm。法兰盘和弯管之间的外侧焊缝符号为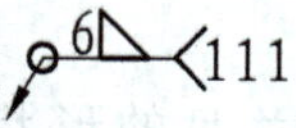

，它表示单面周围角焊缝，焊角尺寸为 6mm。法兰盘和弯管之间的内侧焊缝符号为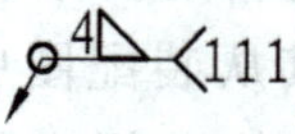

，它表示单面周围角焊缝，焊角尺寸为 4mm。从焊缝符号的尾部的焊接方法代号“111”可知，弯头采用焊条电弧焊。

4. 分析尺寸

在该焊接装配图中并没有将三个零件的定形、定位尺寸全部标出，而是只标注出和焊接有关的尺寸、焊接结构件和其他管件连接所需要的连接尺寸、确定弯头规格的弯管内径尺寸及其他重要尺寸等。例如，图 7-3 中标注了弯管的壁厚 4mm、弯头高度方向的定位尺寸 128mm 和宽度方向的定位尺寸 120mm 等，这些都是与焊接有关的尺寸。在图中的法兰盘上标注了安装尺寸 110mm × 110mm、4 × ϕ18mm、R14mm 等，在底盘标上注了安装尺寸 ϕ146mm、ϕ85mm、4 ×

ϕ18mm、ϕ116mm，这些尺寸都是和安装有关的尺寸。

5. 分析技术要求

在图7-3中只标注了弯头左侧竖安装面相对于弯头下方横安装面的垂直度公差。由于焊接结构件的表面结构要求和尺寸公差要求不高，所以没有标注。

在该装配图上用文字标注了焊接工艺要求，具体如图7-3所示。

7.2 梁、柱、支架类结构件焊接装配图的识读

梁、柱、支架类结构件一般由型材和板材焊接而成，其中角钢、工字钢、空心方钢等型材应用最多。在车间焊接梁柱时，大量地采用单丝埋弧焊、双丝埋弧焊、电渣焊、CO_2 气体保护焊等。在工地上焊接连接板时，多采用自保护药芯焊丝电弧焊。梁柱类零件采用的接头多为T形接头。

7.2.1 识读前梁的焊接装配图

前梁是架设在立柱上的横梁，其焊接装配图如图7-7所示，下面识读该焊接装配图。

1. 看标题栏、明细栏，概括了解焊接结构件

从标题栏和明细栏中可以看出，该焊接结构件是前梁，其两边与立柱焊接在一起。该焊接装配体由连接板、梁板和横梁等焊接而成。连接板为8mm×150mm×120mm的钢板，共有4块；梁板为10mm×150mm×2514mm的钢板，共有2块；横梁为⊏14a-2514槽钢。

2. 分析视图

如图7-7所示，表达前梁共用主视图、左视图和K向局部视图，分析视图可知，梁板在上、下位置各有一块，横梁在前后位置各有一块，连接板在左、右接头各有2块，用以将前梁与立柱相连。在图中，用细双点画线绘制了立柱及其上支撑架的形状。

3. 分析焊缝

梁板2和横梁3之间的焊缝符号为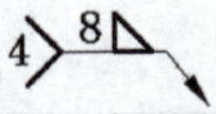，它表示梁板和横梁之间采用角焊缝焊接，焊角尺寸为8mm，在该前梁上，同样的焊缝共有4条。前梁下面的梁板与立柱上的支撑架之间的焊缝符号为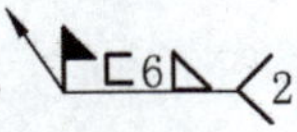，其中表示现场焊缝，

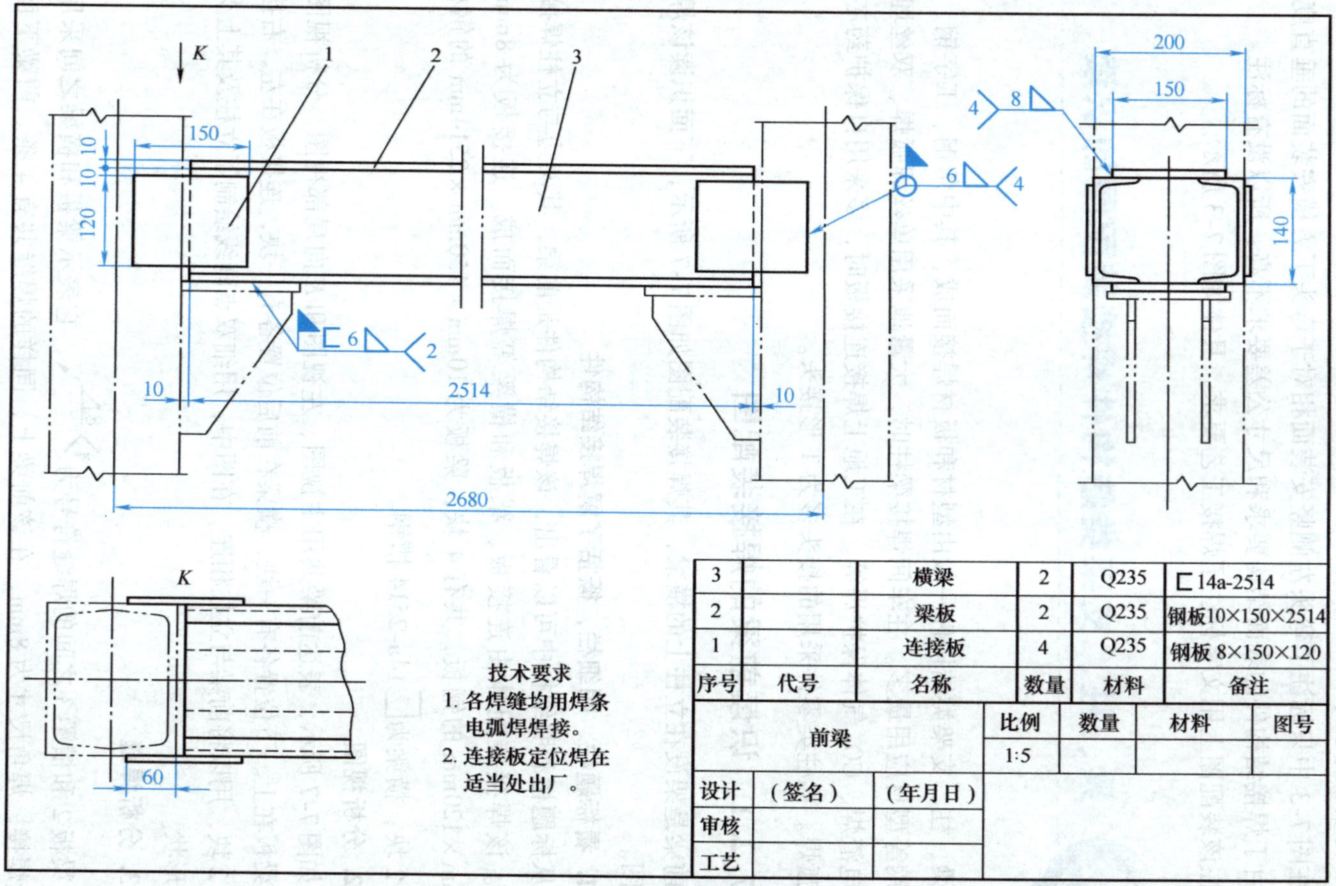

技术要求

1. 各焊缝均用焊条电弧焊焊接。
2. 连接板定位焊在适当处出厂。

序号	代号	名称	数量	材料	备注
3		横梁	2	Q235	⊏14a-2514
2		梁板	2	Q235	钢板10×150×2514
1		连接板	4	Q235	钢板 8×150×120

前梁			比例	数量	材料	图号
			1:5			
设计	（签名）	（年月日）				
审核						
工艺						

图 7-7　前梁的焊接装配图

⊏表示三面焊缝，⊿表示角焊缝，6表示焊角尺寸为6mm，2表示前梁上有2条这样的焊缝。连接板与立柱之间的焊缝符号为 ，其中，○表示连接板与横梁及立柱之间的焊缝为周围焊缝，⊿表示角焊缝，6表示焊角尺寸为6mm。4表示这样的焊缝有4条。

4. 分析尺寸

该焊接装配体上的零件都是用板材或型材加工而成的，其尺寸标注在了明细栏的备注中，在图中主要标注了各零件之间的相对位置尺寸，如横梁与立柱之间的间隙10mm，两根横梁最外侧之间的距离200mm，两根立柱之间的距离2680mm，连接板相对于横梁的定位尺寸10mm。同时，在图中标注了各零件上比较重要的定形尺寸，如横梁和梁板的长度2514mm，横梁的宽150mm，槽钢的高度140mm，连接板的定形尺寸150mm和120mm等。

5. 分析技术要求

在图中用文字标注了焊接要求。

7.2.2 识读轴承座支架的焊接装配图

轴承座支架的焊接装配图如图7-8所示，下面对该焊接装配图进行识读。

1. 看标题栏、明细栏

从标题栏可以看出，该零件的名称是为轴承座支架，主要用来支承轴承座。从明细栏中可知，该焊接结构件有8种零件，每种零件的名称和数量如图7-8所示。

2. 分析视图

表达该零件共用了主、俯两个视图。两个视图均为外形图，主要表达各个零件的形状和它们之间的位置关系。从图7-8中可以看出，支架的最下端为两块460mm×460mm的钢板，支架由21块厚度为$\delta=20$mm的钢板焊接而成。

3. 分析焊缝

由于该焊接结构件是由钢板焊接而成的，焊缝位置很容易找到，所以在图中没有标注焊缝符号，对焊缝的要求用文字标注在了技术要求中，具体见图7-8左下侧的技术要求。

4. 分析尺寸

在该焊接装配图中标注了安装尺寸460mm×460mm、380mm×380mm、16×ϕ31mm等。还标注了总高尺寸1120mm、两支脚中心之间的相对位置尺寸1400mm、支脚的长300mm和宽300mm等，标注了与安装轴承座有关的尺寸1020mm、160mm、230mm等。但是在图中没有标注各钢板的定形尺寸，在进行

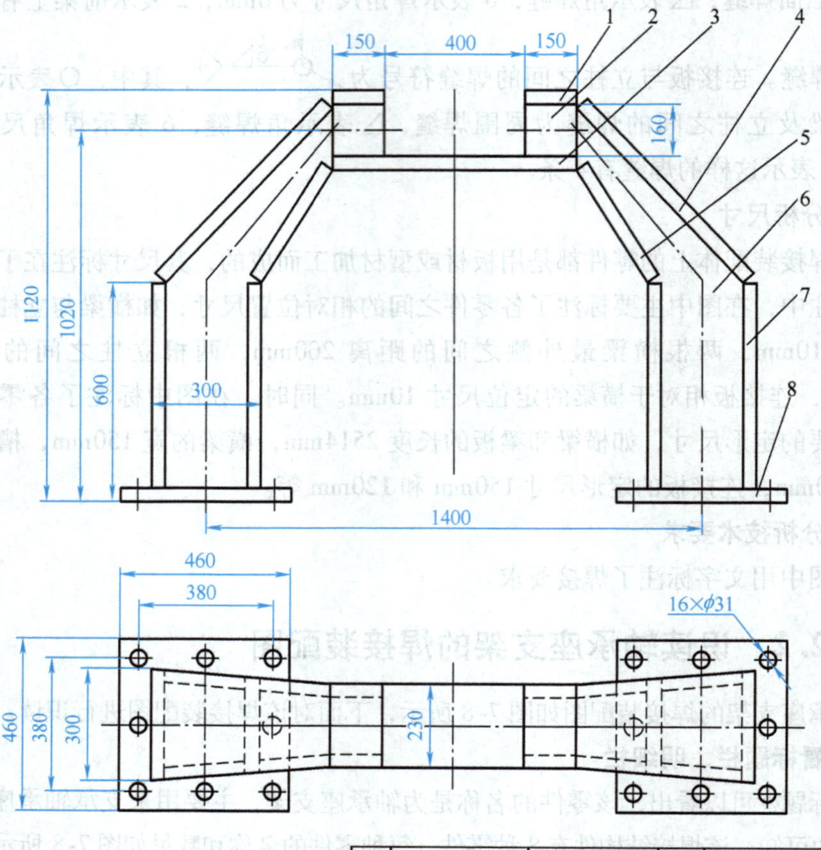

技术要求

1. 材料全部为δ=20mm 的钢板。
2. 图中全部尺寸极限偏差±1mm。
3. 各部分的连接均为焊接，采用角焊缝，焊脚尺寸 5mm，连续焊缝。
4. 尺寸 400mm 处，将轴承座先装入，然后焊接。

序号	代号	名称	数量	材料	备注
8		钢板	2	Q235A	
7		钢板	4	Q235A	
6		钢板	4	Q235A	
5		钢板	2	Q235A	
4		钢板	2	Q235A	
3		钢板	1	Q235A	
2		钢板	4	Q235A	
1		钢板	2	Q235A	

轴承座支架		比例	数量	材 料	图号
		1:10			
设计	（签名）	（年月日）			
审核					
工艺					

图 7-8　轴承座支架的焊接装配图

下料时，可依据有关的零件图进行放样。

5. 分析技术要求

在图中没有标注尺寸公差、几何公差和表面结构要求。和焊接工艺有关的一这些技术要求标注在了图形左下侧的技术要求中。

7.2.3 识读立柱的焊接装配图

立柱的装配图如图 7-9 所示，下面对该焊接装配图进行识读。

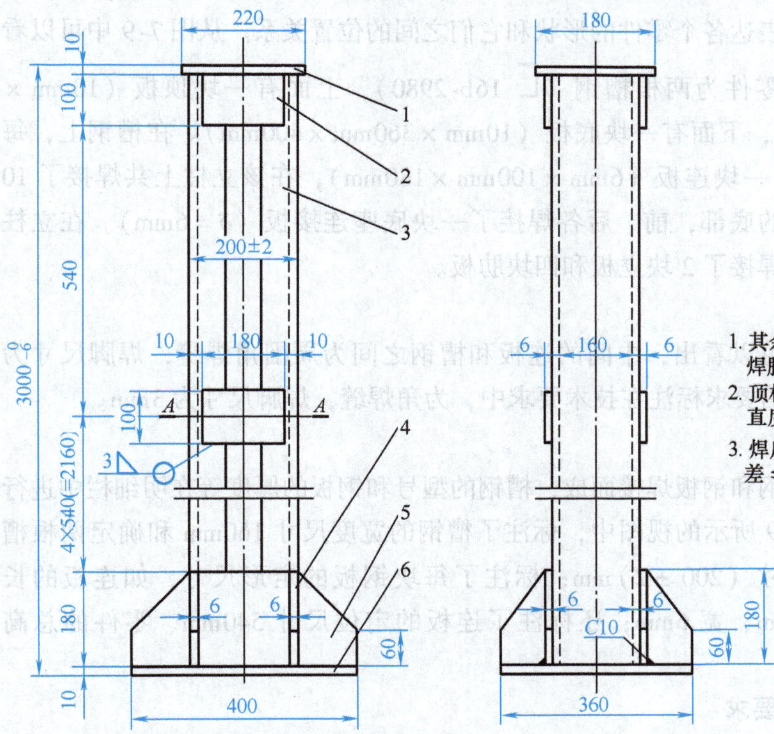

技术要求

1. 其余焊缝均为角焊缝，焊脚高度为 3mm。
2. 顶板、底板与轴线垂直度允差 ≤2mm。
3. 焊后矫正，直线度允许误差 ≤2mm，扭转值≤3°。

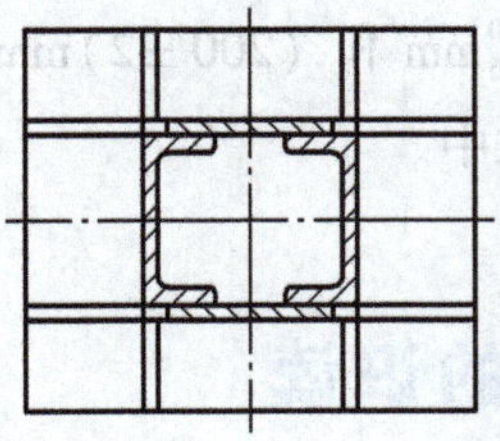

序号	代号	名称	数量	材料	备注
6		底板 10×360×400	1	Q235A	
5		立板 16	2	Q235A	
4		肋板 16	4	Q235A	
3		立柱 ⊏16b–2980	3	Q235A	
2		连板 6×100×180	10	Q235A	
1		顶板 10×180×220	1	Q235A	

立柱		比例	数量	材料	图号
		1:20			
设计	（签名）	（年月日）			
审核					
工艺					

图 7-9 立柱的焊接装配图

1. 看标题栏、明细栏

从图 7-9 所示立柱焊接装配图的标题栏可以看出，该零件的名称是为立柱，立柱属于梁柱类结构，主要起支承作用。从明细栏中可知，该焊接结构件有 6 种零件。

2. 分析视图

表达该零件共用了主、俯、左三个视图。主、左视图均为外形图，俯视图为全剖视图，主要表达各个零件的形状和它们之间的位置关系。从图 7-9 中可以看出，立柱的主要零件为两根槽钢（[16b-2980），上面有一块顶板（10mm × 180mm × 220mm），下面有一块底板（10mm × 360mm × 400mm）。在槽钢上，每隔 540mm 焊接了一块连板（6mm × 100mm × 180mm），在该立柱上共焊接了 10 块连板。在立柱的底部，前、后各焊接了一块底座连接板（$\delta = 6$mm）。在立柱的底部左、右共焊接了 2 块立板和四块肋板。

3. 分析焊缝

从主视图上可以看出，中间的连板和槽钢之间为周围角焊缝，焊脚尺寸为 3mm。其余焊缝的要求标注在技术要求中，为角焊缝，焊脚尺寸为 3mm。

4. 分析尺寸

该立柱由槽钢和钢板焊接而成，槽钢的型号和钢板的厚度等在明细栏中进行了标注。在图 7-9 所示的视图中，标注了槽钢的宽度尺寸 160mm 和确定两根槽钢相对位置的尺寸（200 ± 2）mm；标注了每块钢板的定形尺寸，如连板的长 180mm、高 100mm、宽 6mm；还标注了连板的定位尺寸 540mm、零件的总高 3000_{-6}^{0}mm 等。

5. 分析技术要求

在图中有两个尺寸标注了尺寸公差，即 3000_{-6}^{0}mm 和（200 ±2）mm。有两项几何公差要求标注在了焊接装配图右侧的技术要求中。

7.3 容器类结构件焊接装配图的识读

容器类零件一般由壳体、支座、接管及其他附件（如扶梯、平台等）组成。壳体由钢板卷制或冲压后焊接而成，支座、扶梯和平台等一般由钢板或型材焊接而成。

7.3.1 识读锅炉分气缸的焊接装配图

锅炉分气缸的焊接装配图如图 7-10 所示，下面对该图进行识读。

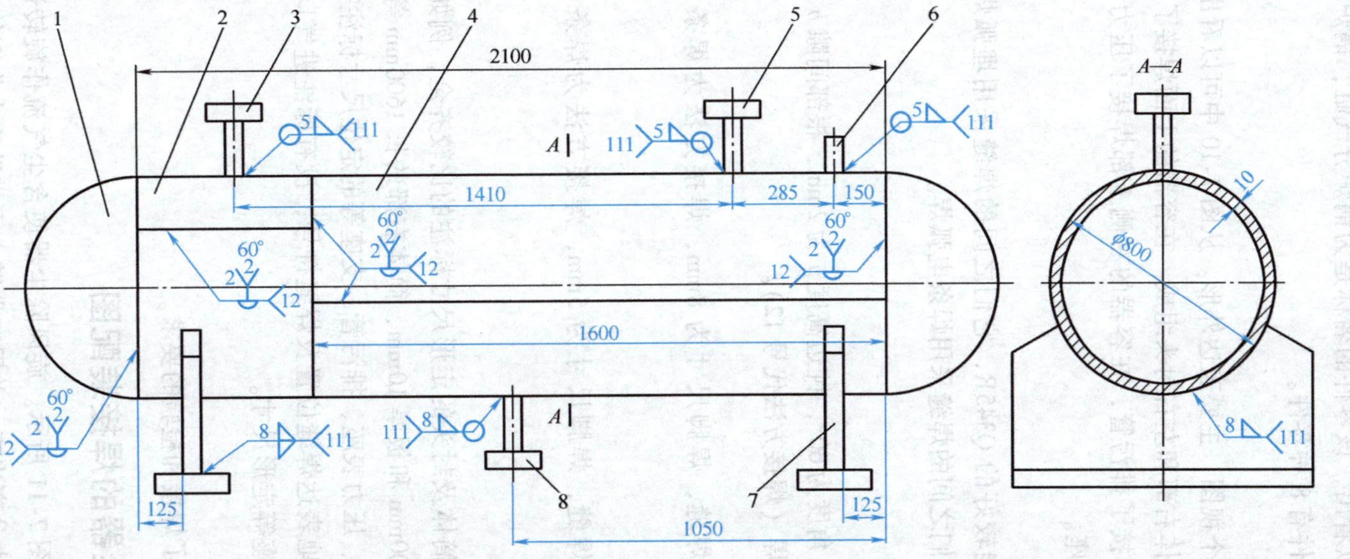

技术要求

1. 按照 GB150.1～GB150. 4—2011《钢制压力容器》的标准制造、检验和验收。

2. 按焊缝长度 20% 进行 X 射线探伤，最后一道环焊缝采用超声波探伤。

序号	代号	名称	数量	材料	备注
8		排污管	1	Q235A	
7		支座	2	Q235A	
6		压力表座	1	Q235A	
5		出气口	1	Q235A	
4		筒体右部	1	Q345R	
3		进气口	1	Q235A	
2		筒体左部	1	Q345R	
1		封头	2	Q345R	

			比例	数量	材料	图号
锅炉分气缸			1:25			
设计	（签名）	（年月日）				
审核						
工艺						

图 7-10　锅炉分气缸焊接装配图

1. 看标题栏、明细栏

从图 7-10 所示的标题栏可以看出，该零件的名称是为锅炉分气缸，锅炉分气缸属于压力容器，该焊接结构件有 8 种零件。

2. 分析视图

表达该零件共用了主、左两个视图，主要表达外形。从图 7-10 中可以看出，锅炉分气缸主要由筒体左部、筒体右部和左右封头组成。在容器的上面焊接了进气口和出气口，在容器的下面焊接了排污管，在容器的右侧上部焊接了压力表座，在容器的下部焊接了两个支座。

3. 分析焊缝

封头和筒体采用了焊接性能较好的 Q345R，它们之间的焊缝采用埋弧焊。其他零件采用 Q235A，筒体和它们之间的焊缝采用焊条电弧焊。

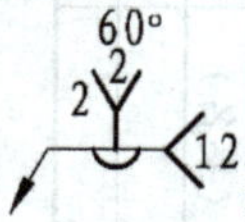

表示：焊缝的坡口角度为60°，钝边高度 p 为 2mm，根部间隙 b 为 2mm，封底焊，焊接方法为埋弧焊（焊接方法代号 12）。

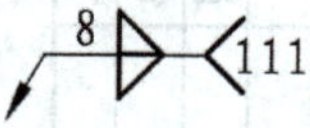

表示：双面角焊缝，焊脚尺寸为 8mm，焊接方法为焊条电弧焊。

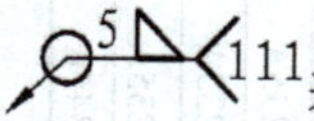

表示：周围角焊缝，焊脚尺寸为 5mm，焊接方法为焊条电弧焊。

4. 分析尺寸

该焊接装配图为装配简图，筒体及封头的定形尺寸标注的比较齐全，例如，长度（2100 + 800）mm、直径 ϕ800mm 和板厚 10mm、筒体右部的长 1600mm 等。在筒体上焊接的进气口、出气口、压力表座、排污管、支座等的定位尺寸标注齐全，但是为了使图样简练而清楚地表达焊缝位置及焊缝符号，没有标注进气口、出气口、压力表座、排污管、支座等定形尺寸。

5. 分析技术要求

在图样的左下侧用文字表达了焊接和检验的要求。

7.3.2 识读旋风除尘器的焊接装配图

旋风除尘器的焊接装配图如图 7-11 所示。旋风除尘器使含尘气流作旋转运动，借助于离心力使尘粒从气流中分离出来，并甩向器壁，再借助重力作用使尘粒落入灰斗。下面识读旋风除尘器的焊接装配图。

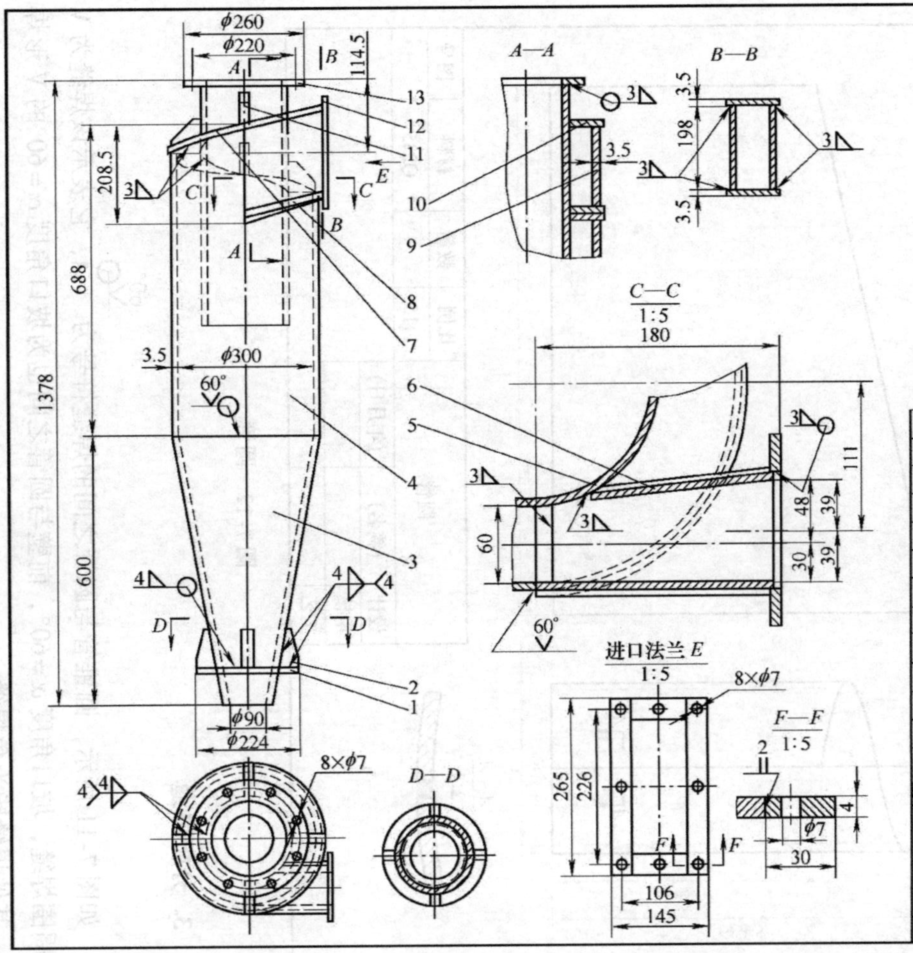

技术要求

1. 组装时全部用焊条电弧焊。
2. 圆锥管支承法兰1和圆锥管肋板2，可在与集灰斗组装时再进行焊接。
3. 排出管5、圆锥管3与圆管4轴线间的偏心不得超过2mm。
4. 筒体内表面刷红丹防锈漆一遍，外表面刷红丹防锈漆一遍 灰色漆两遍。

序号	代号	名称	数量	材料	备注
13		排出管法兰	1	Q235	钢板δ=5
12		进口法兰	1	Q235	钢板δ=4
11		连接板	4	Q235	钢板δ=5
10		顶壁	1	Q235	钢板δ=3.5
9		前壁	1	Q235	钢板δ=3.5
8		底壁	1	Q235	钢板δ=3.5
7		螺旋盖	1	Q235	钢板δ=3.5
6		后壁	1	Q235	钢板δ=3.5
5		排出管	1	Q235	钢板δ=3.5
4		圆管	1	Q235	钢板δ=3.5
3		圆锥管	1	Q235	钢板δ=3.5
2		圆锥管肋板	4	Q235	钢板δ=5
1		圆锥管支承法兰	1	Q235	钢板δ=4

旋风除尘器		比例	数量	材料	图号
		1:15			
设计	(签名)	(年月日)			
审核					
工艺					

图 7-11 旋风除尘器的焊接装配图

1. 看标题栏、明细栏

从标题栏可以看出，该焊接装配体的名称为旋风除尘器，绘图比例为1∶15。从明细栏中可知，该焊接结构件上有13种零件，主要由进口法兰、排气管法兰、圆管、圆锥管等组成。

2. 分析视图

表达该焊接装配体用了主、俯两个基本视图。*A—A*和*B—B*局部剖视图，*D—D*俯视方向的全剖视图，*C—C*、*F—F*和*E*向局部放大图。在许多情况下，焊接装配图主要表达焊接结构件的工作原理、各组成零件的焊接装配关系，因此不需要将每个零件的形状和大小都表达得十分完整，各零件的形状和大小由零件图表达，图7-12～图7-15所示分别为圆管、圆锥管、螺旋盖、排出管的零件图。

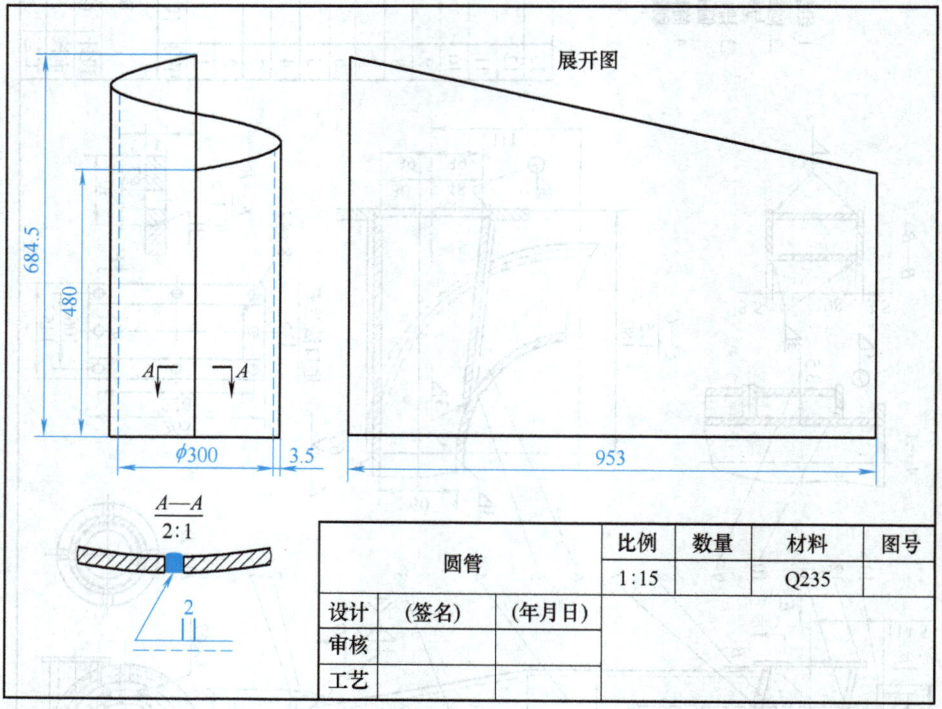

图7-12　圆管

3. 分析焊缝

如图7-11所示，圆锥管与圆管之间的焊缝符号为 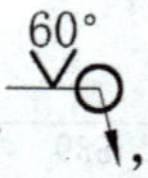

，它表示该焊缝为V形周围焊缝，坡口角度$\alpha=60°$，前壁与圆管之间也为坡口角度$\alpha=60°$的V形焊缝，其他焊缝皆为角焊缝。

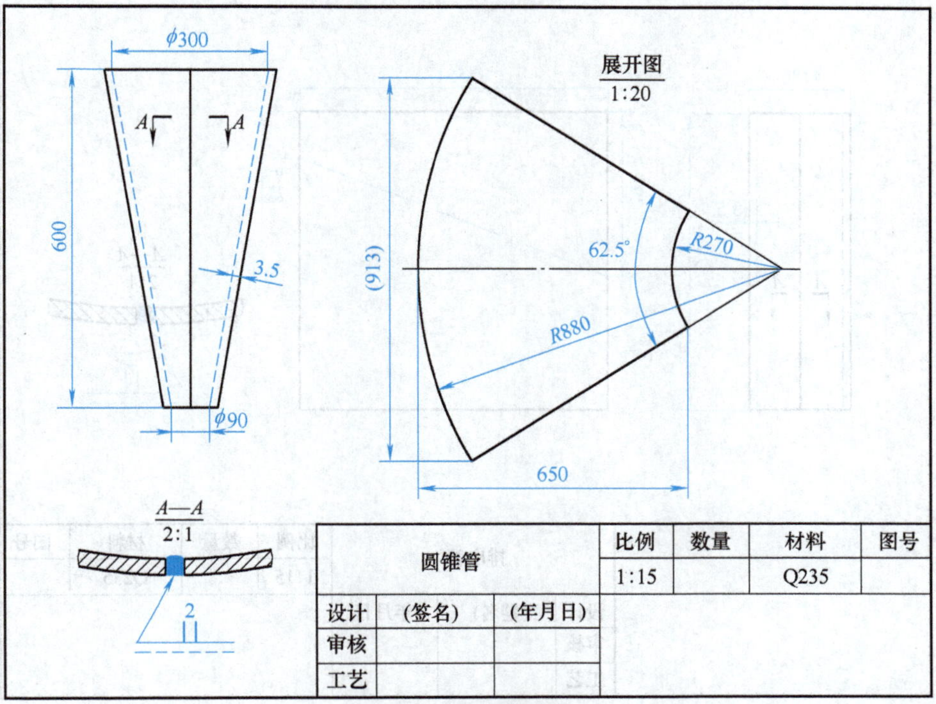

图 7-13　圆锥管

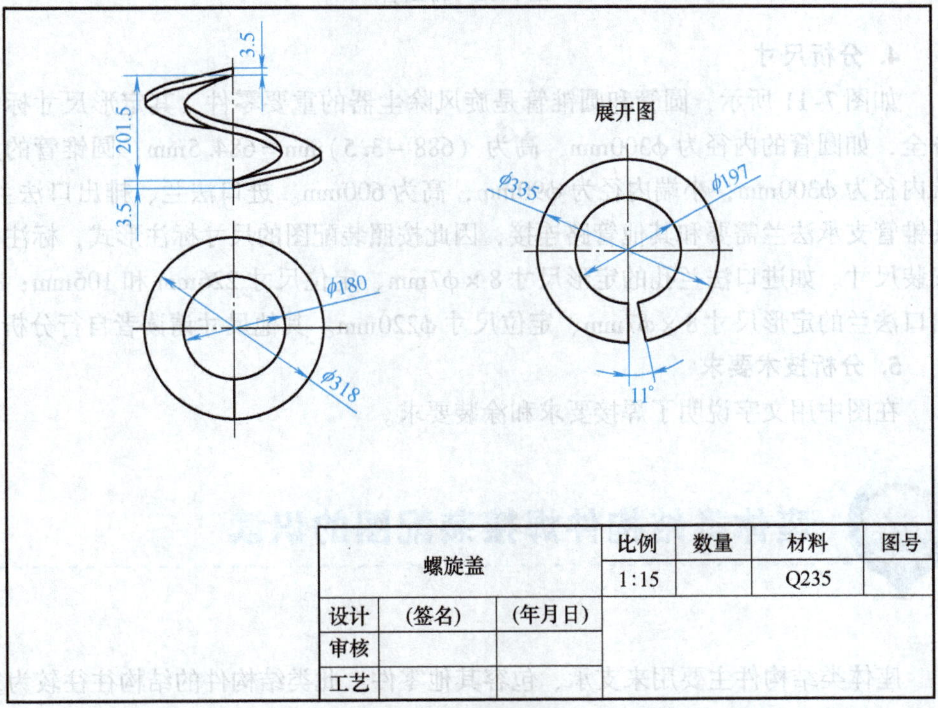

图 7-14　螺旋盖

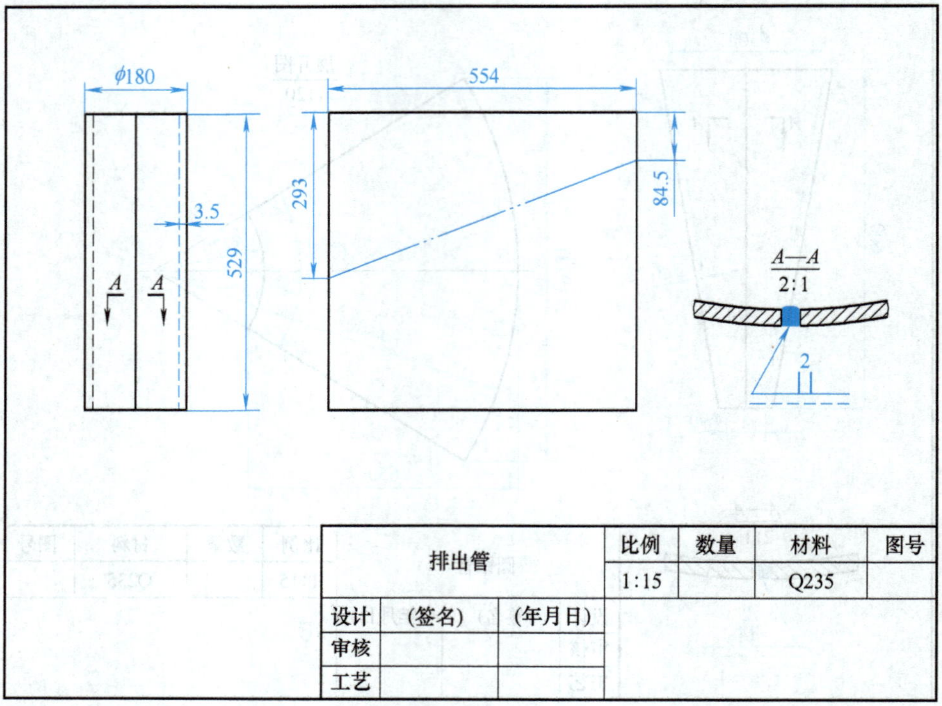

图 7-15 排出管

4. 分析尺寸

如图 7-11 所示，圆管和圆锥管是旋风除尘器的重要零件，其定形尺寸标注齐全，如圆管的内径为 ϕ300mm，高为 (688 − 3.5) mm = 684.5mm；圆锥管的大端内径为 ϕ300mm，小端内径为 ϕ90mm，高为 600mm。进口法兰、排出口法兰、圆锥管支承法兰需要和其他管路连接，因此按照装配图的尺寸标注形式，标注了安装尺寸。如进口法兰孔的定形尺寸 8 × ϕ7mm、定位尺寸 226mm 和 106mm；排出口法兰的定形尺寸 8 × ϕ7mm、定位尺寸 ϕ220mm。其他尺寸请读者自行分析。

5. 分析技术要求

在图中用文字说明了焊接要求和涂装要求。

7.4 座体类结构件焊接装配图的识读

座体类结构件主要用来支承、包容其他零件，此类结构件的结构往往较为复杂，一般带有空腔、轴孔、肋板、凸台、沉孔及螺孔等结构。

7.4.1 识读支架的焊接装配图

支架的焊接装配图如图 7-16 所示。下面识读标题栏和明细栏，分析视图和尺寸，识读技术要求，以看懂支架的焊接装配图。

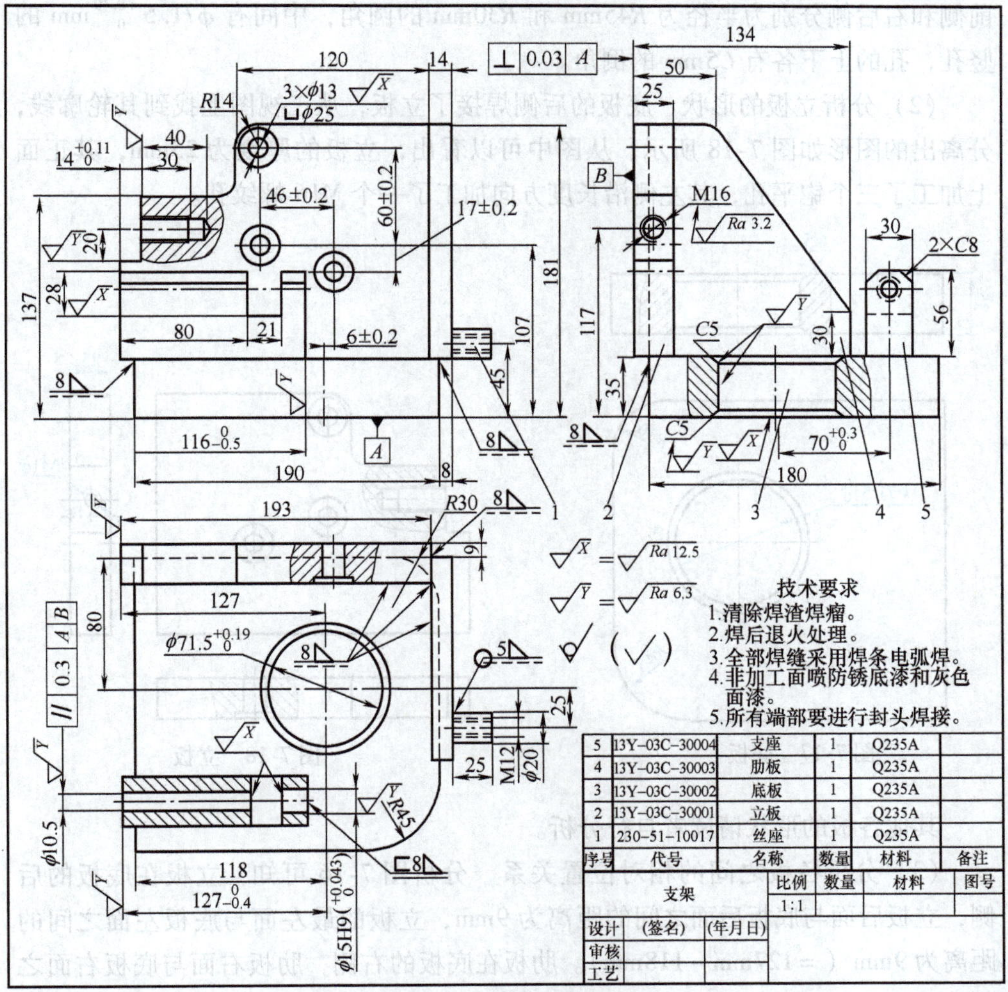

图 7-16 支架的焊接装配图

1. 看标题栏、明细栏

从标题栏可以看出，该焊接结构件的名称是支架，主要用来支承其他零部件。从明细栏中可知，该焊接结构件上有 5 个零件，分别为丝座、立板、底板、肋板、支座。

2. 分析视图

表达该焊接装配体共用了主、俯、左三个视图。三个视图都进行了局部剖视，以表达各种光孔或螺孔的形状。

通过分析视图上标注的零件序号，结合分析焊缝符号，找到序号指引线所指零件在视图上的位置，再分析各个零件在三视图上的投影，分别想象各个零件的形状。

（1）分析底板的形状　底板3为支架最下面的平板，其上焊接了立板、肋板、支座等。底板的形状如图7-17所示，该零件为厚度35mm的方形板，其右前侧和右后侧分别为半径为$R45$mm和$R30$mm的圆角，中间有$\phi71.5^{+0.19}_{0}$mm的竖孔，孔的上下各有$C5$mm的倒角。

（2）分析立板的形状　底板的后侧焊接了立板，从三视图上找到其轮廓线，分离出的图形如图7-18所示。从图中可以看出，立板的厚度为25mm，其正面上加工了三个锪平孔，其左侧沿长度方向加工了一个M16螺纹孔。

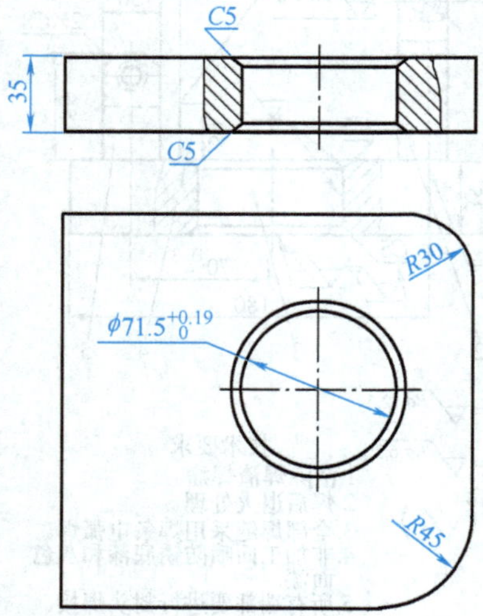

图7-17　底板

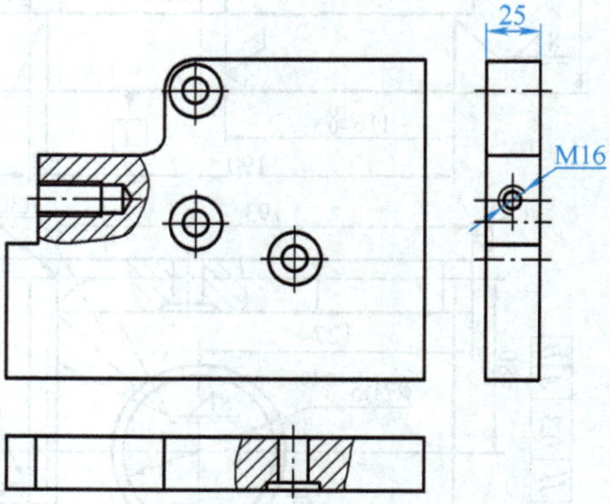

图7-18　立板

其他各板的形状请读者自行分析。

（3）分析各板之间的相对位置关系　分析图7-16可知，立板在底板的后侧，立板后面与底板后面之间的距离为9mm，立板的最左面与底板左面之间的距离为9mm（=127mm－118mm）。肋板在底板的右侧，肋板右面与底板右面之间的距离为8mm，肋板左面和立板右面紧靠在一起。支座焊接在底板的左前方。

（4）综合想象支架的形状　综合想象支架的立体形状，在大脑中形成图7-19所示形体。

3. 分析焊缝

底板、立板、肋板三者之间都采用角焊缝，焊缝符号为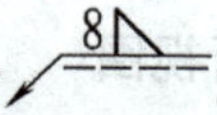。支座和底板之间为三面角焊缝，焊缝符号为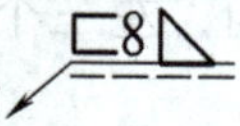。丝座和肋板之间采用周围角焊缝，

焊缝符号为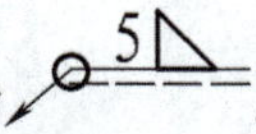。

4. 分析尺寸

分析视图中的尺寸可以看出，为了便于零件放样和机械加工，在支架的焊接装配图上标注了焊件的全部定形尺寸和定位尺寸，如在图 7-16 中标注了底板的长 190mm、宽 180mm、高 35mm，标注了底板上的圆角半径 $R30$mm 和 $R45$mm，标注了中间圆孔的直径 $\phi71.5^{+0.19}_{0}$mm 及孔的倒角尺寸 $C5$mm 等定形尺寸，同时标注了中间圆孔的定位尺寸 80mm 和 118mm。

图 7-19　支架

为了便于焊接，标注了各零件间的定位尺寸，如在图 7-16 中标注了立板长度方向的定位尺寸 127mm 和宽度方向的定位尺寸 9mm，标注了支座的定位尺寸 $127^{0}_{-0.4}$mm 和 $70^{+0.3}_{0}$mm，标注了丝座的定位尺寸 45mm 和 25mm。

其他尺寸请读者自行分析。

5. 分析技术要求

在图 7-16 中，重要的尺寸标注了公差，如 $14^{+0.11}_{0}$mm、(46 ± 0.2)mm、(6 ± 0.2)mm、(17 ± 0.2)mm、(60 ± 0.2)mm、$116^{0}_{-0.5}$mm、$70^{+0.3}_{0}$mm、$127^{0}_{-0.4}$mm、$\phi71.5^{+0.19}_{0}$mm、$\phi15^{+0.043}_{0}$mm 等。

在图 7-16 中标注了两项几何公差要求。

| // | 0.3 | A | B | 表示：$\phi10.5$mm 孔的轴线相对于底板的底面和立板的后面的平行度公差为 0.3mm。

| ⊥ | 0.03 | A | 表示：立板的后面相对于底板的底面的垂直度公差为 0.3mm。

在图中标注了各个表面的表面结构要求，表面结构要求最高的表面是 M16 螺孔，其表面粗糙度 Ra 值为 3.2μm，在零件上还有许多表面进行了机械加工，其表面结构要求也较高。

7.4.2　识读减速器箱体的焊接装配图

在单件生产减速器时，其箱体加工可以采用焊接的方式，减速器箱体的焊接装配图如图 7-20 所示。下面识读该焊接装配图。

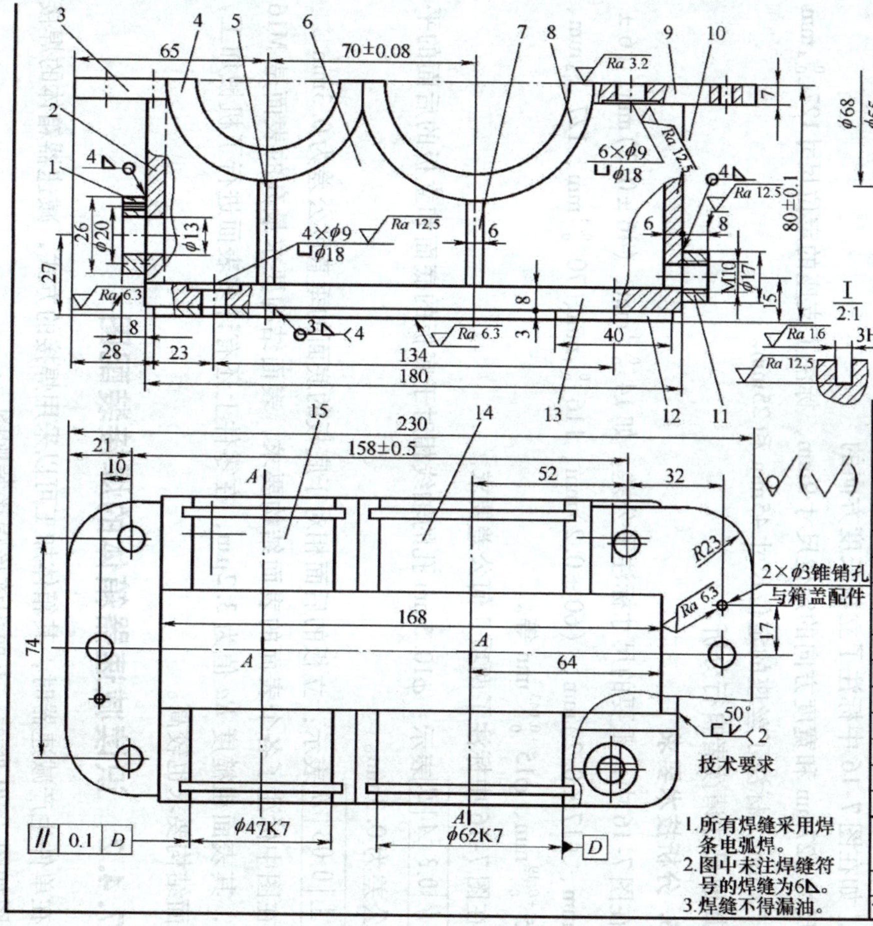

序号	名称	数量	材料	备注
15	后小轴座	1	Q325A	
14	后大轴座	1	Q235A	
13	底板	1	Q235A	钢板δ=8
12	地脚	4	Q235A	钢板δ=5
11	螺母	1	Q235A	钢板δ=8
10	右箱壁	1	Q235A	钢板δ=6
9	右连接板	1	Q235A	钢板δ=7
8	前大轴座	1	Q235A	
7	右肋板	2	Q235A	钢板δ=6
6	前后箱壁	2	Q235A	钢板δ=6
5	左肋板	2	Q235A	钢板δ=6
4	前小轴座	1	Q235A	
3	左连接板	1	Q235A	钢板δ=7
2	左箱壁	1	Q235A	钢板δ=6
1	可视环	1	Q235A	钢板δ=8

减速器箱体		比例	材料	图号
		1:1	HT200	
设计	(签名) (年月日)			
审核				

技术要求

1.所有焊缝采用焊条电弧焊。
2.图中未注焊缝符号的焊缝为6◣。
3.焊缝不得漏油。

a)

图 7-20　减速器箱体

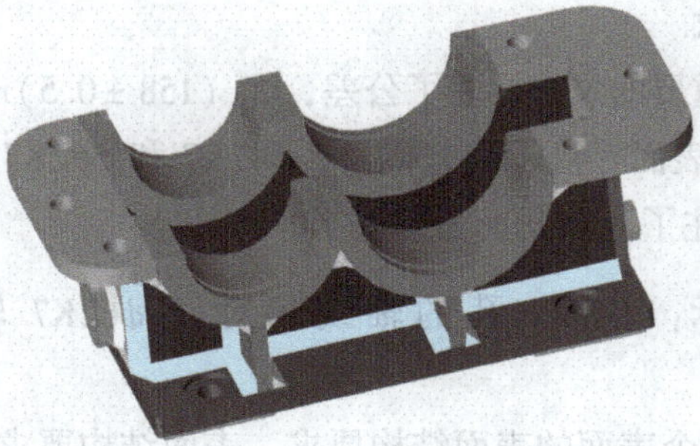

b)

图 7-20 减速器箱体（续）

1. 看标题栏、明细栏

从标题栏可以看出，该焊接结构件的名称是减速器箱体，主要用来支承其他零部件。从明细栏中可知，该焊接结构件上有 15 种零件，采用的材料为 Q235A，除了轴座外，其他零件用钢板制作。

2. 分析视图

表达该焊接装配体用了主、俯、左三个视图和一个局部放大图。主视图采用了局部剖；俯视图为外形视图，其右连接板在右前方被断掉了一部分；左视图为采用两平行剖切平面的全剖视图；Ⅰ局部放大图用来表达轴座上的凹槽。由于大、小轴座上的凹槽宽度和深度都一样，所以采用了一个局部放大图表达两个零件上的结构。

通过分析视图可知，箱体的方形底板的四角为圆角，其上焊接了四个地脚，地脚螺栓孔穿过底板和地脚。在底板的四周焊接了前、后、左、右 4 块箱壁，在前后箱壁上焊接了轴座，在左箱壁上焊接了可视环，在右箱壁上焊接了螺母，左、右连接板焊接在箱壁之上。

3. 分析焊缝

左、右箱壁与底板、前后箱壁之间采用单边 V 形焊缝，坡口面角度 $\beta = 50°$。底板与地脚之间采用周围角焊缝，焊脚尺寸为 3mm。可视环与左箱壁之间、螺母与右箱壁之间都采用周围角焊缝，焊角尺寸为 4mm。

4. 分析尺寸

分析视图中的尺寸可以看出，为了便于零件放样和机械加工，在箱体的焊接装配图上标注了焊件的全部定形尺寸和定位尺寸，如连接板上有 6 个螺栓孔，其定形尺寸为 $6 \times \phi 9$mm、锪平 $\phi 18$mm，定位尺寸为 74mm、10mm、（158 ± 0.5）mm、32mm、52mm 等。其他尺寸请读者自行分析。

5. 分析技术要求

在图 7-20 中，重要的尺寸标注了公差，如（158 ±0.5）mm、（70 ±0.08）mm、（80 ±0.1）mm；配合表面标注了公差代号，ϕ47K7 和 ϕ62K7。

在图 7-20 中标注了一项几何公差要求。

| // | 0.1 | *D* | 表示：ϕ47K7 孔的轴线相对于 ϕ62K7 轴线的平行度公差为 0.1mm。

在图中标注了各个表面的表面结构要求，表面结构要求最高的表面是箱体的顶面和轴孔，其表面粗糙度 *Ra* 值为 3.2μm，在零件上还有许多表面进行了机械加工，其表面结构要求也较高。

第 8 章

Chapter

展 开 图

在工业生产中，经常用到各种金属薄板制件，如管道、容器等。图 8-1 所示为用薄钢板焊制的集粉筒。制造这类制件时，通常是先在金属薄板上画出展开图，然后下料、加工成形，再用咬缝或焊缝连接。

将制件的各表面按其实际大小和形状，依次连续地展平在一个平面上，称为立体表面的展开。展开后所得的图形，称为展开图。立体表面分为可展表面与不可展表面两种；平面立体的表面都是平面，是可展的；曲面立体的表面有可展曲面（如圆柱面、圆锥面），也有不可展曲面（如球面、圆环面）等。不可展曲面只能用近似作图法展开，本章只学习可展表面的展开。

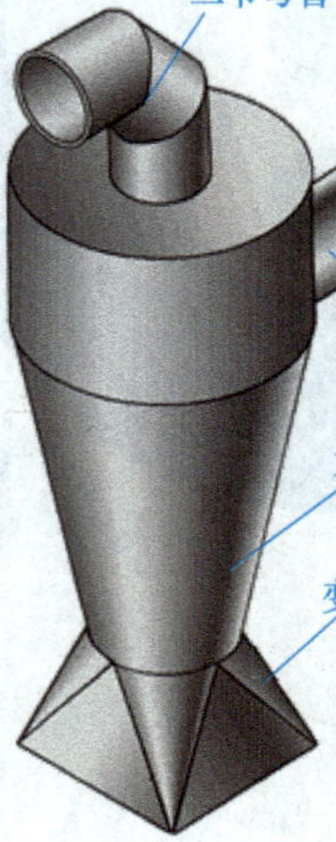

图 8-1　集粉筒轴测图

8.1　求直线实长与平面实形

在三视图上，无法表达一般位置直线的实长，也无法表达投影面垂直面和一般位置平面的实形。在绘制展开图时，经常会遇到求作直线实长和平面实形的问题，常用的方法有直角三角形法和旋转法。

8.1.1　直角三角形法

1. 直角三角形法求一般位置直线的实长

如图 8-2a 所示，AB 为一般位置直线，在平面 $AabB$ 内，过点 A 作 ab 的平行线交 Bb 于 B_0，即得直角三角形 ABB_0。该直角三角形的一条直角边 $AB_0 = ab$，另一直角边 $BB_0 = b'b'_0 = Bb - Aa$（为两点的高度差）。不难看出直角三角形 ABB_0 的两直角边 AB_0 和 BB_0 的长度可在投影图中量取。已知直角三角形的两条直角边，可以作出其三角形，并求出其斜边（直线的实长）。作图方法如下：

方法一：如图 8-2b 所示，过 b 作 bB_0 垂直于 ba，取 $bB_0 = b'b'_0$；直角三角形的斜边 B_0a 就是直线 AB 的实长。

方法二：如图 8-2c 所示，过 a' 作//X 轴的直线与 $b'b$ 交于 b'_0，使 $b'_0A_0 = ab$；

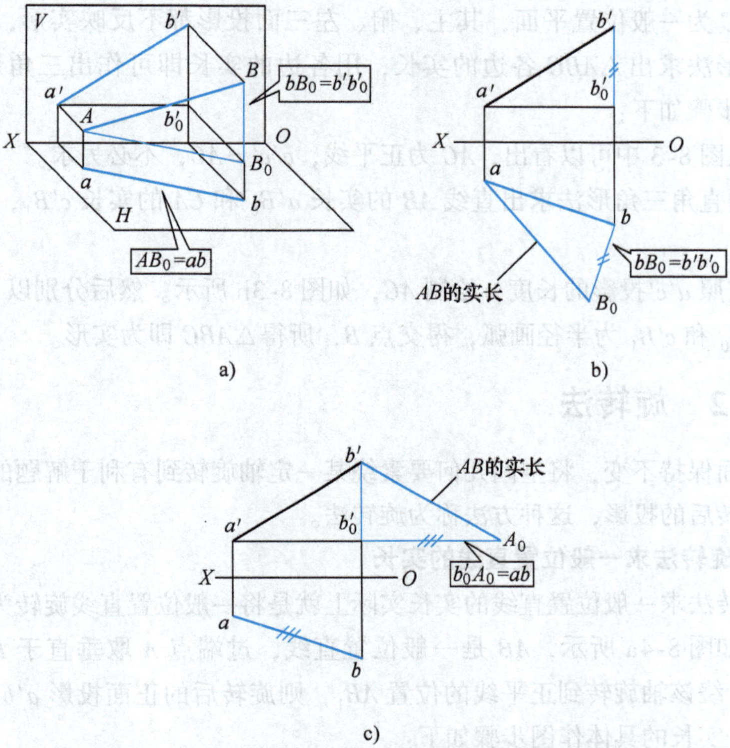

图 8-2　求直线的实长和直线与水平投影面的夹角

连接 $b'A_0$，即为 AB 的实长。

2. 直角三角形法求一般位置平面的实形

如图 8-3 所示，已知△ABC 的两面投影，下面通过求△ABC 的实形，学习用直角三角形法求平面实形的方法。

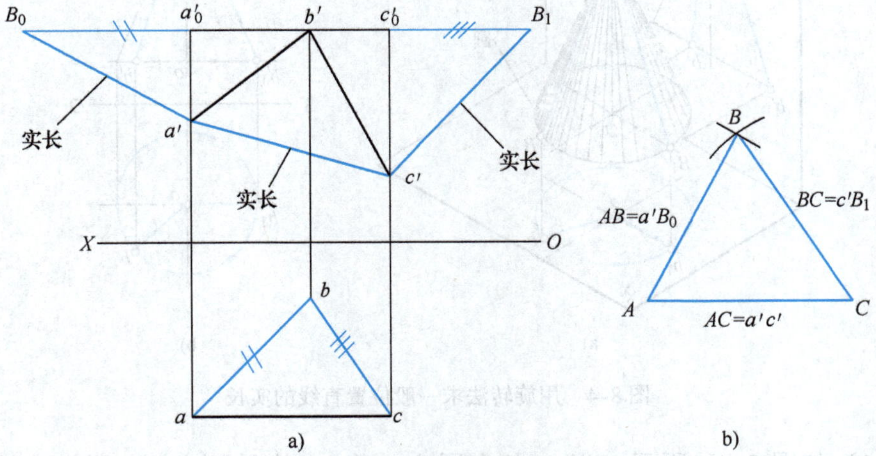

图 8-3　用三角形法求平面的实形

$\triangle ABC$ 为一般位置平面，其主、俯、左三面投影都不反映实形，但是可用直角三角形法求出 $\triangle ABC$ 各边的实长，用各边的实长即可作出三角形的实形，具体作图步骤如下：

1）从图 8-3 中可以看出，AC 为正平线，$a'c'=AC$，不必另求。

2）用直角三角形法求出直线 AB 的实长 $a'B_0$ 和 CA 的实长 $c'B_1$，如图 8-3a 所示。

3）按照 $a'c'$ 投影的长度，绘制 AC，如图 8-3b 所示。然后分别以 A、C 点为圆心，$a'B_0$ 和 $c'B_1$ 为半径画弧，得交点 B，所得 $\triangle ABC$ 即为实形。

8.1.2 旋转法

投影面保持不变，将空间几何要素绕某一定轴旋转到有利于解题的位置，再求出其旋转后的投影，这种方法称为旋转法。

1. 用旋转法求一般位置直线的实长

用旋转法求一般位置直线的实长实际上就是将一般位置直线旋转为投影面的平行线。如图 8-4a 所示，AB 是一般位置直线，过端点 A 取垂直于 H 面的 OO 轴，将 AB 绕该轴旋转到正平线的位置 AB_1，则旋转后的正面投影 $a'b_1'$ 即反映实长。求 AB 实长的具体作图步骤如下：

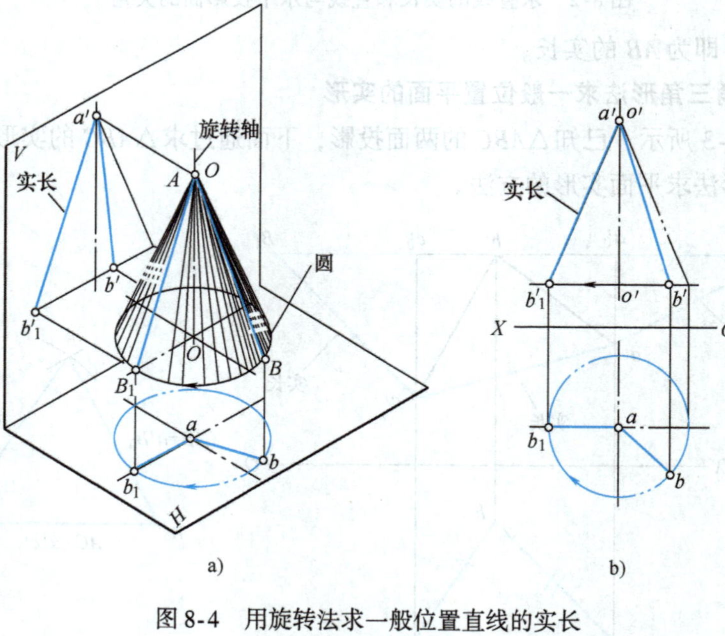

图 8-4　用旋转法求一般位置直线的实长

1）如图 8-4b 所示，以 a 点为圆心，将 ab 旋转到与 OX 轴平行的位

置 ab_1。

2）过 b'点作 OX 轴的平行线与过 b_1 作 OX 轴的垂线相交，得交点 b_1'。

3）连接 ab_1'，即为直线 AB 的实长。

2. 用旋转法求一般位置平面的实形

如图 8-5 所示，已知△ABC 的两面投影，下面通过求△ABC 的实形，学习用旋转法求平面实形的方法。

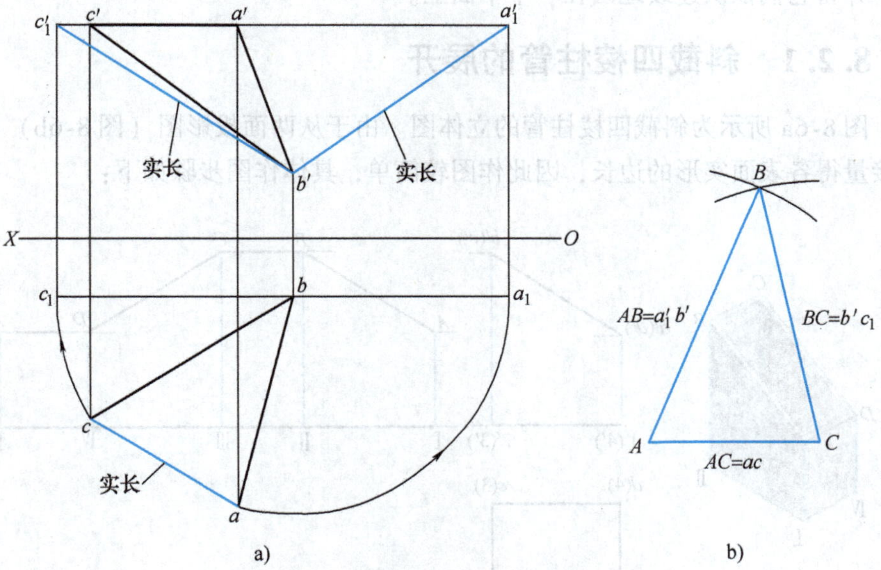

图 8-5 用旋转法求三角形的实形

△ABC 为一般位置平面，其中直线 AC 为水平线，其水平投影 ac 反映实长，AB 和 BC 直线的实长可用旋转法求得，其作图步骤如下：

1）如图 8-5a 所示，以 b 点为圆心，ba 为半径画弧，与过 b 所作 OX 轴的平行线交于 a_1，由 a_1 向上作 OX 轴的垂线，与过 a'点所作 OX 轴的平行线交于 a_1'，则 $b'a_1'$即为直线 AB 的实长。

2）如图 8-5a 所示，以 b 点为圆心，bc 为半径画弧，与过 b 所作 OX 轴的平行线交于 c_1，由 c_1 向上作 OX 轴的垂线，与过 c'点作 OX 轴的平行线交于 c_1'，则 $b'c_1'$即为直线 BC 的实长。

3）按照 ac 投影的长度，绘制 AC，如图 8-5b 所示。然后分别以 A、C 点为圆心，$b'a'_1$和 $b'c'_1$为半径画弧，得交点 B，所得△ABC 即为实形。

8.2 平面立体的表面展开

作平面立体的表面展开图，就是分别求出属于立体表面的所有多边形的实形，并将它们依次连续地画在一个平面上。

8.2.1 斜截四棱柱管的展开

图 8-6a 所示为斜截四棱柱管的立体图。由于从两面投影图（图 8-6b）中可直接量得各表面实形的边长，因此作图较简单，具体作图步骤如下：

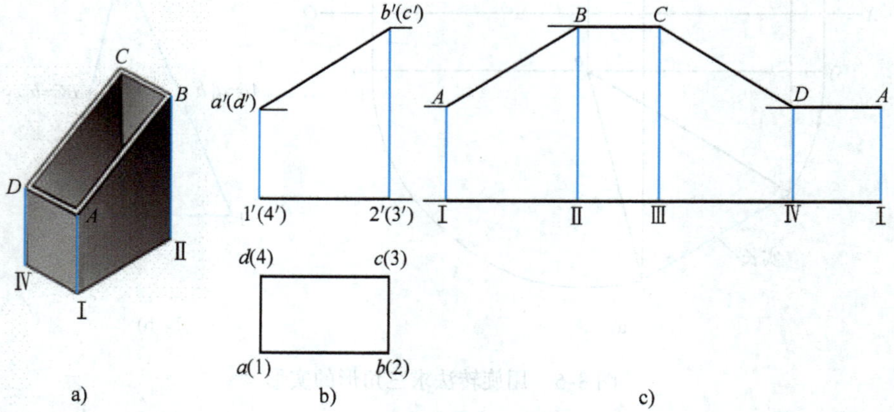

图 8-6　斜截四棱柱管的展开

1）如图 8-6c 所示。按各底边的实长，将底边展开成一条水平线，标出Ⅰ、Ⅱ、Ⅲ、Ⅳ、Ⅰ诸点。

2）过Ⅰ、Ⅱ、Ⅲ、Ⅳ、Ⅰ点作铅垂线，在其上分别量取各棱线的实长，即得 A、B、C、D、A 诸端点。

3）用直线依次连接各端点，即可得展开图。

8.2.2 吸气罩的展开

图 8-7a 所示为矩形吸气罩的立体图；图 8-7b 所示为其两面投影。从图中可知，吸气罩由四个梯形平面围成，其前后平面、左右平面对应相等。四个梯形平面皆为投影面的垂直面，在其投影图上不能反映实形。为求梯形平面的实形，可

将梯形分成两个三角形，然后求三角形三边实长，就可画出梯形形实形。具体作图步骤如下：

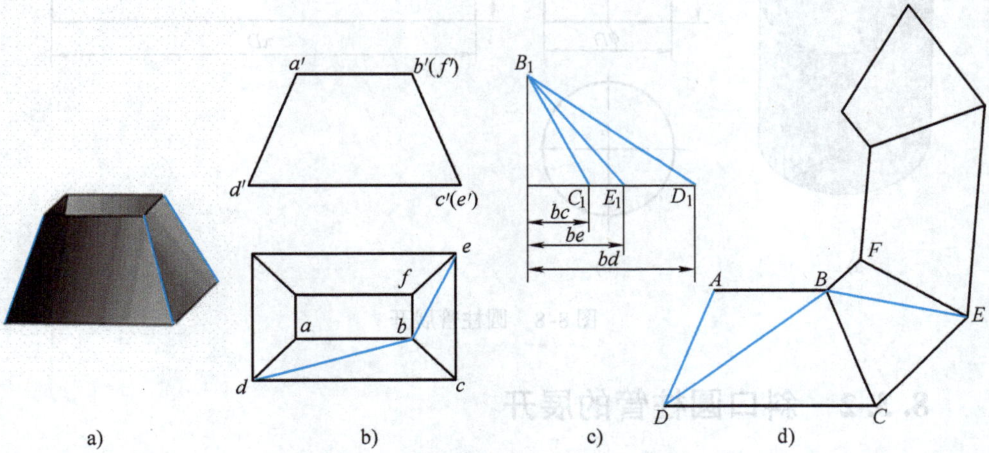

图 8-7 吸气罩展开

1）在图 8-7b 所示的俯视图上，将前面的梯形分成 *abd* 与 *bcd* 两个三角形，将右边梯形分成△*bfe* 与△*bec* 两个三角形。注意其中 *ab*、*dc*、*bf*、*ce* 分别为相应线段实长。

2）如图 8-7c 所示，用直角三角形法求出上述各三角形在投影图上不反映实长的另几条边 *BC*、*BD*、*BE* 的实长 B_1C_1、B_1D_1、B_1E_1。为了图形清晰且节省地方，把各线段实长的图集中画在一起。

3）如图 8-7d 所示，取 $AB=ab$，$BD=B_1D_1$，$AD=BC=B_1C_1$，$DC=dc$，画出△*ABD* 和△*BDC*，得前面梯形 *ABCD*。同理可作出右面梯形 *BCEF*。由于后面和左面两个梯形分别是前面和右面的全等图形，故可同样作出它们的实形。由此即可得吸气罩的展开图。

8.3 可展曲面的展开

8.3.1 圆柱管的展开

如图 8-8 所示，圆柱管表面展开为一矩形，其高为管高 *H*，长为圆柱管周长 πD。

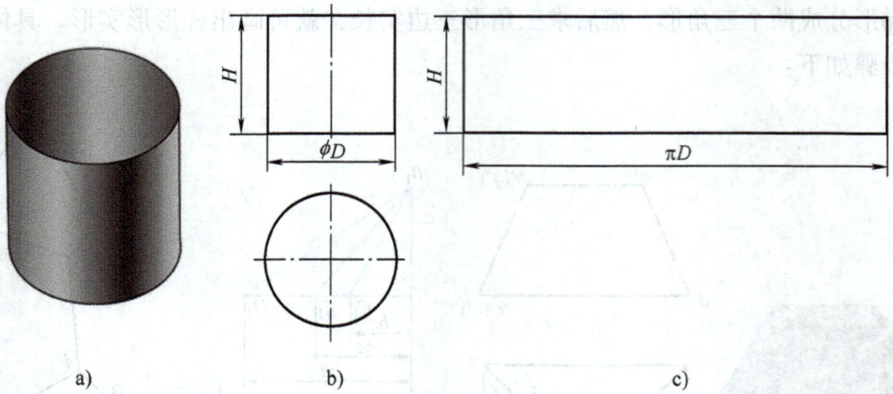

图 8-8　圆柱管展开

8.3.2　斜口圆柱管的展开

如图 8-9a 所示，圆柱管被斜切以后，表面每条素线的高度有了差异，但仍互相平行，且与底面垂直，其正面投影反映实长，斜口展开后成为曲线。具体作图步骤如下：

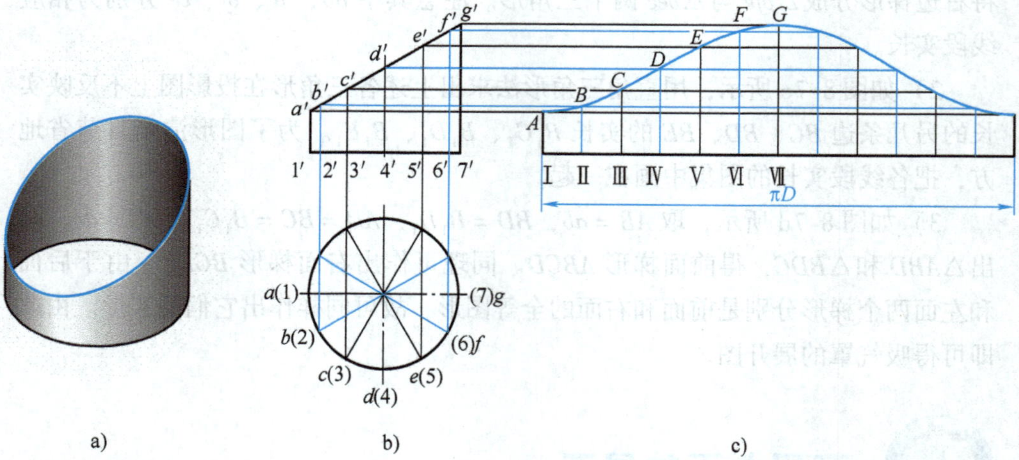

图 8-9　斜切圆柱管展开

1）如图 8-9b 所示，在俯视图上，将圆周 12 等分，得等分点 1、2、3、…，过各分点在主视图上作相应素线的投影 $1'a'$、$2'b'$、…。

2）如图 8-9c 所示，将底圆展开得一水平线，其长度为 πD，将展开的底圆 12 等分，得等分点 Ⅰ、Ⅱ、…，如准确程度要求不高时，各段长度可用底圆（图 8-9b）上的各段圆弧的弦长近似代替。

3）如图 8-9c 所示，过各等分点Ⅰ、Ⅱ、…作铅垂线，并截取相应素线的高度（实长）Ⅰ$A=1'a'$，Ⅱ$B=2'b'$、…，得各端点 A、B、C…。

4）光滑连接各端点 A、B、C、…，即可得到斜口圆柱管表面的展开图，如图 8-9c 所示。

8.3.3 等径直角弯管的展开

图 8-10 所示为等径直角弯管，用来连接等径两互相垂直的圆柱管，下面绘制其展开图。

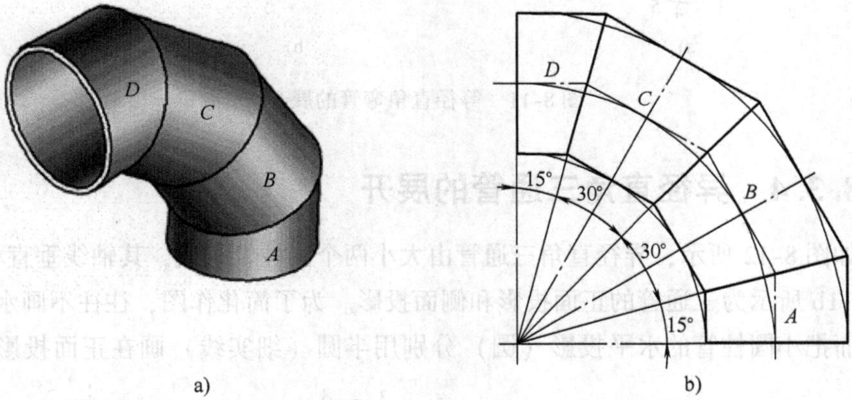

图 8-10 求作等径直角弯管的展开图

图 8-10 所示弯管由四节斜口圆柱管组成。中间两节是两面斜口的全节，端部两节是一个全节分成的两个半节。弯头各节斜口的展开曲线可按斜口圆柱管展开图的画法作出，其作图步骤如下：

1）A、B、C、D 四节斜口圆柱管可以排成一个圆柱，如图 8-11a 所示。从图中不难看出，直角弯管可以认为是由一个圆柱管切割后对接而成的。

2）在图 8-11a 的下方绘制半圆，作为圆柱管俯视方向的局部视图。将半圆六等分，在图上标注数字 1、2、3、4、5、6、7。

3）绘制圆柱管的展开图（矩形），如图 8-11b 所示。

4）将矩形的长 12 等分，绘制竖等分线，如图 8-11b 所示。

5）在等分竖线上截取相应母线的高度，如图 8-11b 所示。

6）光滑连接各个交点，得直角弯管的展开图，如图 8-11b 所示。

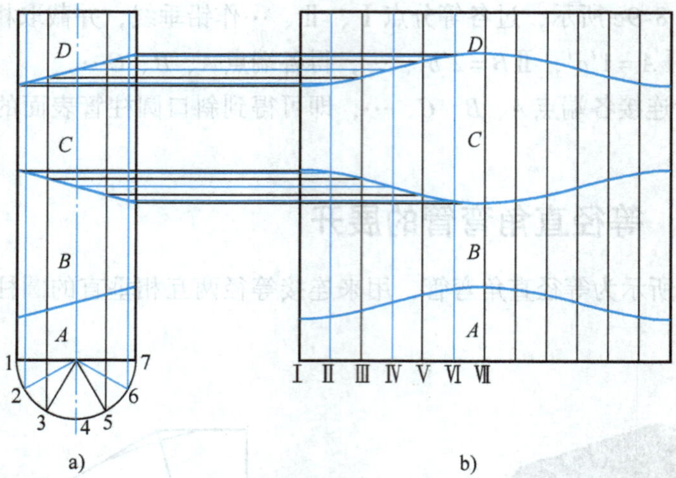

图 8-11　等径直角弯管的展开

8.3.4　异径直角三通管的展开

如图 8-12 所示，异径直角三通管由大小两个圆柱管组成，其轴线垂直相交。图 8-11b 所示为三通管的正面投影和侧面投影。为了简化作图，往往不画水平投影，而把小圆柱管的水平投影（圆）分别用半圆（细实线）画在正面投影和侧

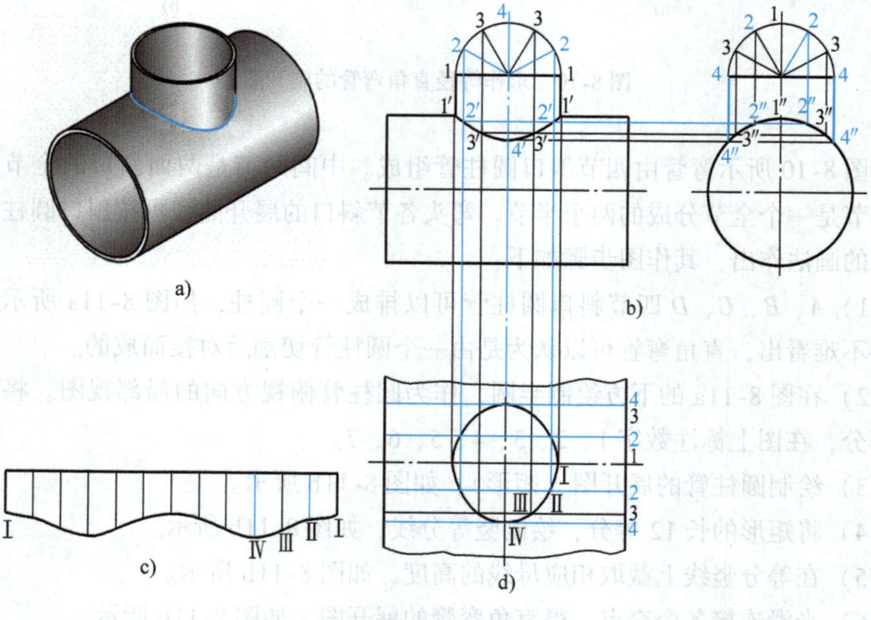

图 8-12　异径直角三通管的展开

面投影上。作展开图时，必须先在视图上准确地画出两圆柱管的相贯线，然后分别作出大、小圆柱管的展开图。具体作图步骤如下：

1. 作两圆柱管的相贯线

1）如图8-12b所示，在主、左视图上，小圆柱管的上方绘制半圆，将小圆柱管的半圆分成六等分，并标出相应符号。

提示

注意素线的正面投影和侧面投影符号的编写次序。

2）在图8-12b所示的主视图上作小圆柱管相应的等分素线。

3）在图8-12b所示的左视图上作小圆柱管相应的等分素线，与大圆柱管的圆交于点1″、2″、3″、4″，由这些点分别画横线线，在正投影面上与相应等分素线交于点1′、2′、3′、4′。

4）光滑连接各点，即为所求相贯线的正面投影。

2. 作小圆柱管展开图

1）如图8-12c所示，将底圆展开得一水平线，其长度为πD，将展开的底圆12等分。

2）过各等分点作铅垂线，并截取相应素线的高度，得Ⅰ、Ⅱ、Ⅲ、Ⅳ、Ⅴ、…各端点。

3）光滑连接Ⅰ、Ⅱ、Ⅲ、Ⅳ、Ⅴ、…各端点，即可得小圆柱管的展开图。

3. 作大圆柱管展开图

作大圆柱管的展开图主要是求相贯线展开后的图形，如图8-12d所示。

1）将大圆柱管展开成一个矩形，其边长分别为大圆柱管的长度和周长。

2）画水平对称线11，并作为大圆柱管最高素线的展开位置。

3）在大圆柱管展开图的垂直边上量取$12=\overset{\frown}{1''2''}$、$23=\overset{\frown}{2''3''}$、$34=\overset{\frown}{3''4''}$（可取弦长近似代替弧长）

4）在图8-12d上过1、2、3、4各点作水平线，与过正面投影上1′、2′、3′、4′各点（图8-12b）向下所引铅垂线相交，得相应交点Ⅰ、Ⅱ、Ⅲ、Ⅳ。

5）光滑连接各点，即得相贯线展开后的图形，如图8-12d所示。

在实际生产中，也常常只将小圆柱管展开，弯成圆柱管后，定位在大圆柱管上划线开口，最后把两管焊接起来。

8.3.5 正圆锥面的展开

正圆锥的表面展开图为一扇形，可计算出相应参数直接作图。其中，扇形的直线边等于圆锥素线的实长，扇形的圆弧长度等于圆锥底圆的周长 πD（D 为圆锥体的底圆直径），扇形的中心角 $\alpha = 360° \pi D/2\pi R = 180° D/R$，如图 8-13a 所示。

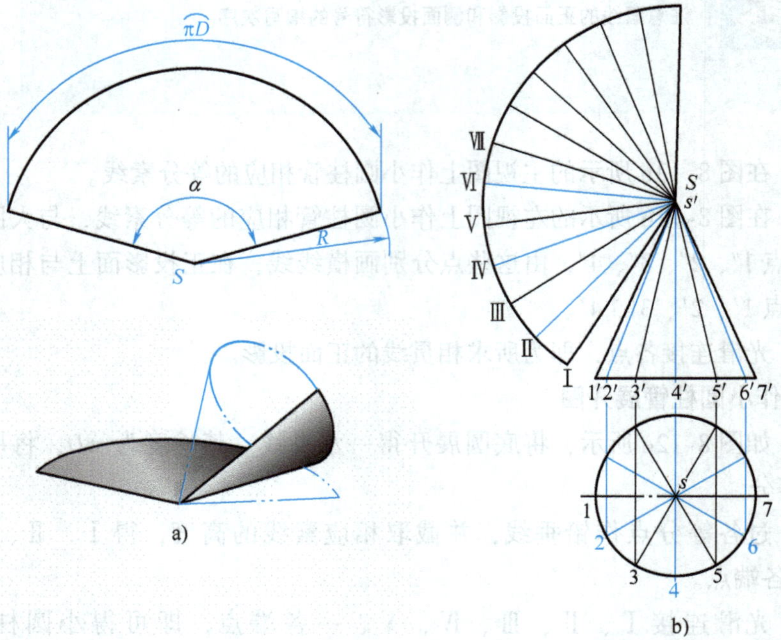

图 8-13　圆锥表面的展开

近似作图时，可将正圆锥表面看成是由很多三角形（即棱面）组成的，那么这些三角形的展开图近似地为锥管表面的展开图，具体作图步骤如下（图 8-13b）：

1）把水平投影圆周 12 等分，在正面投影图上作出相应投影 $s'1'$、$s'2'$、…。

2）以素线实长 $s'1'$ 为半径画弧。

3）在图 8-13b 所示的俯视图上量取圆弧 12 的弦长，并以此弦长近似代替各段的弧长，在展开图上截取，即 ⅠⅡ＝12、ⅡⅢ＝23、…。

4）将首尾两点与圆心相连，得正圆锥面的展开图。

8.3.6 变形接头的展开

图 8-14a 所示中间部分为一上连圆形管口，下连方形管口的上圆下方变形接

头，为了准确地画出这种接头的展开图，必须正确地分析它的表面组成。从 8-14b 所示的骨架模型图中可知，它由四个相同的等腰三角形和四个相同的 1/4 斜锥面组成，将这些组成部分依次展开画在同一平面上，即得该上方下圆变形接头的展开图。作图步骤如下：

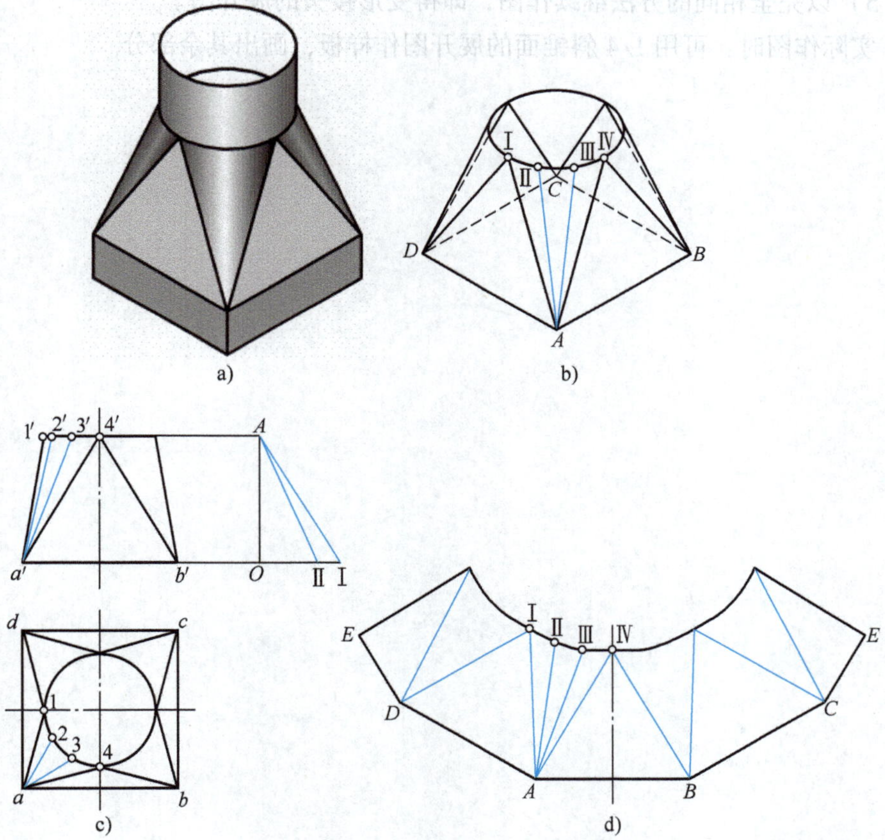

图 8-14　上圆下方变形接头的展开

1）如图 8-14c 所示，在水平投影图上，将圆口的 1/4 圆弧分成三等分，得等分点 2、3。由图 8-14b 可知，连线 *a*1、*a*2、*a*3、*a*4 分别为斜圆锥面上素线 *A*Ⅰ、*A*Ⅱ、*A*Ⅲ、*A*Ⅳ的水平投影，其中素线 *A*Ⅰ = *A*Ⅳ、*A*Ⅱ = *A*Ⅲ。

2）如图 8-14c 所示，用直角三角形法求作素线 *A*Ⅰ、*A*Ⅱ的实长，画在正面投影的右方。在图 8-14c 中，*O*Ⅰ = *a*1、*O*Ⅱ = *a*2，*A*Ⅰ（= *A*Ⅳ）、*A*Ⅱ（= *A*Ⅲ）为相应素线的实长。

3）如图 8-14d 所示，在展开图上，取 $AB = ab$，分别以 *A*、*B* 为圆心，*A*Ⅰ为半径作圆弧，得交点Ⅳ，即可作出反映实形的△*AB*Ⅳ。再分别以Ⅳ、*A* 为圆心，以 34 的弧长（近似作图用弦长代替）和 AⅡ为半径作圆弧，得交点Ⅲ，即可作出△AⅢⅣ。同理依次作出△AⅡⅢ和△AⅠⅡ。

4）如图 8-14d 所示，光滑连接Ⅰ、Ⅱ、Ⅲ、Ⅳ各点，即可得 1/4 斜锥面的展开图。

5）以完全相同的方法继续作图，即得变形接头的展开图。

实际作图时，可用 1/4 斜锥面的展开图作样板，画出其余部分。